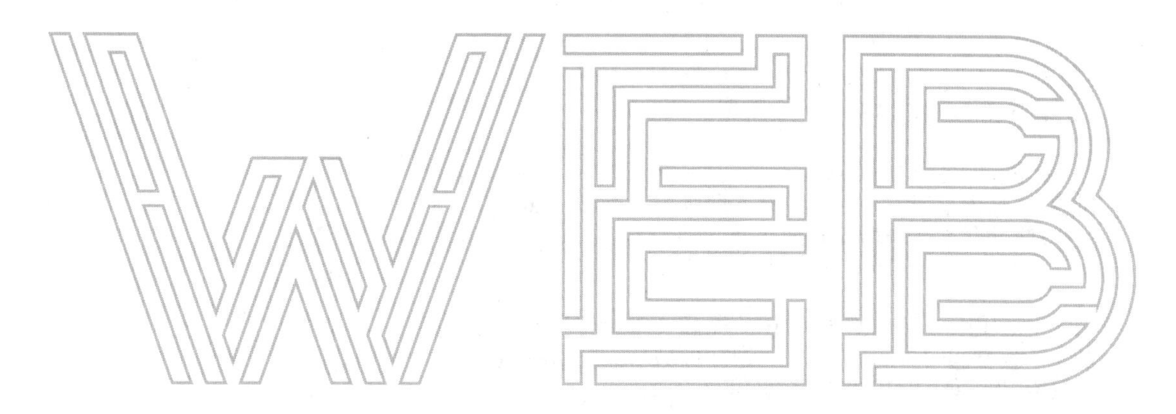

Web开发人才培养系列丛书

全栈开发工程师团队精心打磨新品力作

HTML5+CSS3+JavaScript Web开发案例教程

在线实训版

前沿科技 温谦 ◉ 编著

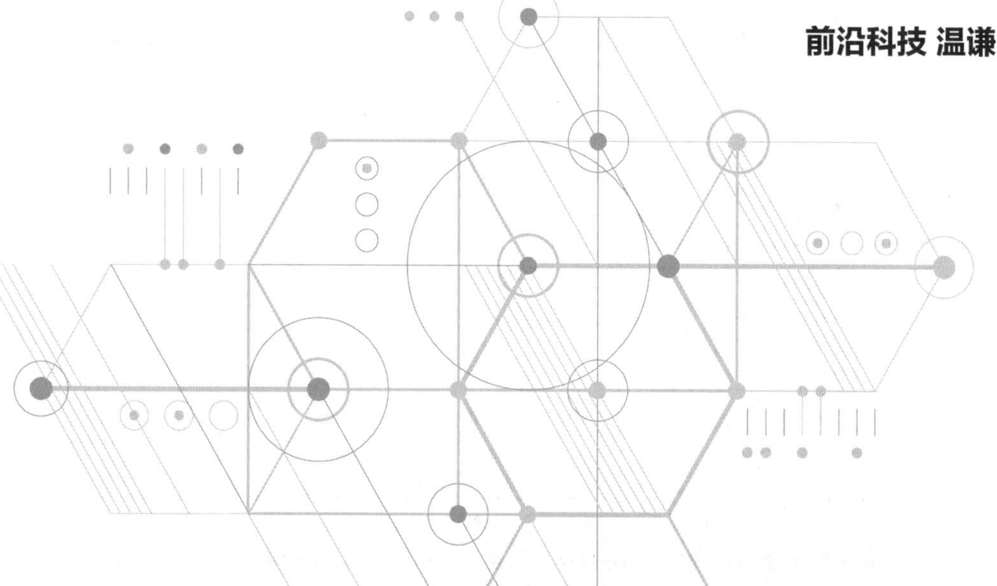

人民邮电出版社
北京

图书在版编目（CIP）数据

HTML5+CSS3+JavaScript Web开发案例教程 : 在线实训版 / 温谦编著. -- 北京 : 人民邮电出版社, 2022.5
（Web开发人才培养系列丛书）
ISBN 978-7-115-57754-2

Ⅰ. ①H… Ⅱ. ①温… Ⅲ. ①超文本标记语言－程序设计－教材②网页制作工具－教材③JAVA语言－程序设计－教材 Ⅳ. ①TP312.8②TP393.092.2

中国版本图书馆CIP数据核字(2021)第219802号

内 容 提 要

本书紧密围绕前端开发工程师在工作中会遇到的实际问题和应该掌握的解决方法与技术，全面介绍了使用 HTML5、CSS3 和 JavaScript（ES6）进行 Web 前端开发的知识内容与实战技巧。

本书共 14 章，分三篇，遵循 Web 标准，强调“表现”与“内容”的分离，规范、全面、系统地介绍了网页设计与制作的方法和技巧。书中给出了大量详细的案例，并对案例进行了分析，便于读者在理解的基础上直接修改后使用。本书编者具备丰富的 Web 前端开发和教育培训经验，行文细腻，对每一个技术细节和实际工作中可能遇到的难点与错误都进行了详细的说明和提示，大大降低了读者的学习门槛。

本书可以作为高等院校相关专业的网页设计与制作、Web 前端开发等课程的教材，也可供网页设计、制作与开发人员参考使用。读者可以在学习并掌握本书所讲的知识内容之后做出精美的网页。

◆ 编　　著　前沿科技　温　谦
责任编辑　王　宣
责任印制　王　郁　陈　犇
◆ 人民邮电出版社出版发行　　北京市丰台区成寿寺路 11 号
邮编　100164　　电子邮件　315@ptpress.com.cn
网址　https://www.ptpress.com.cn
三河市祥达印刷包装有限公司印刷
◆ 开本：787×1092　1/16　　插页：1
印张：21.5　　2022 年 5 月第 1 版
字数：559 千字　　2024 年12月河北第 8 次印刷

定价：69.80 元

读者服务热线：(010)81055256　印装质量热线：(010)81055316
反盗版热线：(010)81055315
广告经营许可证：京东市监广登字 20170147 号

技术背景

党的二十大报告中提到："推动战略性新兴产业融合集群发展，构建新一代信息技术、人工智能、生物技术、新能源、新材料、高端装备、绿色环保等一批新的增长引擎。"

Web 前端开发技术人才需求分析

随着互联网技术的快速发展，Web 前端开发作为一种新兴的职业，仍在高速发展之中。与此同时，Web 前端开发逐渐成为各种软件开发的基础，除了原来的网站开发，后来的移动应用开发、混合开发以及小程序开发等，都可以通过 Web 前端开发再配合相关技术加以实现。因此可以说，社会上相关企业的进一步发展，离不开大量 Web 前端开发技术人才的加盟。那么，究竟应该如何培养 Web 前端开发技术人才呢？

丛书设计

党的二十大报告中提到："培养造就大批德才兼备的高素质人才，是国家和民族长远发展大计。功以才成，业由才广。"

为了培养满足社会企业需求的 Web 前端开发技术人才，本丛书的编者以实际案例和实战项目为依托，从 3 种语言（HTML5、CSS3、JavaScript）和 3 个框架（jQuery、Vue.js、Bootstrap）入手进行整体布局，编写完成本丛书。在知识体系层面，本丛书可使读者同时掌握 Web 前端开发相关语言和框架的理论知识；在能力培养层面，本丛书可使读者在掌握相关理论的前提下，通过实践训练获得 Web 前端开发实战技能。本丛书的信息如下。

丛书信息表

序号	书名	书号
1	HTML5+CSS3 Web 开发案例教程（在线实训版）	978-7-115-57784-9
2	HTML5+CSS3+JavaScript Web 开发案例教程（在线实训版）	978-7-115-57754-2
3	JavaScript+jQuery Web 开发案例教程（在线实训版）	978-7-115-57753-5
4	jQuery Web 开发案例教程（在线实训版）	978-7-115-57785-6
5	jQuery+Bootstrap Web 开发案例教程（在线实训版）	978-7-115-57786-3
6	JavaScript+Vue.js Web 开发案例教程（在线实训版）	978-7-115-57817-4
7	Vue.js Web 开发案例教程（在线实训版）	978-7-115-57755-9
8	Vue.js+Bootstrap Web 开发案例教程（在线实训版）	978-7-115-57752-8

从技术角度来说，HTML5、CSS3 和 JavaScript 这 3 种语言分别用于编写 Web 页面的"结构""样式"和"行为"。这 3 种语言"三位一体"，是所有 Web 前端开发者必备的核心基础知识。jQuery 和 Vue.js 作为两个主流框架，用于对 Web 前端开发逻辑的实现提供支撑。在实际开发中，开发者通常会在 jQuery 和 Vue.js 中选一个，而不会同时使用它们。Bootstrap 则是一个用于实现 Web 前端高效开发的展示层框架。

本丛书涉及的都是当前业界主流的语言和框架，它们在实践中已被广泛使用。读者掌握了这些技术后，在工作中将会拥有较宽的选择面和较强的适应性。此外，为了满足不同基础和兴趣的读者的学习需求，我们给出以下两条学习路线。

第一条学习路线：首先学习“HTML5+CSS3”，掌握静态网页的制作技术；然后学习交互式网页的制作技术及相关框架，即学习涉及 jQuery 或 Vue.js 框架的 JavaScript 图书。

第二条学习路线：首先学习“HTML5+CSS3+JavaScript”，然后选择 jQuery 或 Vue.js 图书进行学习；如果读者对 Bootstrap 感兴趣，也可以选择包含 Bootstrap 的 jQuery 或 Vue.js 图书。

本丛书涵盖的各种技术所涉及的核心知识点，详见本书彩插中所示的 6 个知识导图。

丛书特点

1．知识体系完整，内容架构合理，语言通俗易懂

本丛书基本覆盖了 Web 前端开发所涉及的核心技术，同时，各本书又独立形成了各自的内容架构，并从基础内容到核心原理，再到工程实践，深入浅出地讲解了相关语言和框架的概念、原理以及案例；此外，在各本书中还对相关领域近年发展起来的新技术、新内容进行了拓展讲解，以满足读者能力进阶的需求。从书内容架构合理，语言通俗易懂，可以帮助读者快速进入 Web 前端开发领域。

2．以案例讲解贯穿全文，凭项目实战提升技能

本丛书所包含的各本书中（配合相关技术原理讲解）均在一定程度上循序渐进地融入了足量案例，以帮助读者更好地理解相关技术原理，掌握相关理论知识；此外，在适当的章节中，编者精心编排了综合实战项目，以帮助读者从宏观分析的角度入手，面向比较综合的实际任务，提升 Web 前端开发实战技能。

3．提供在线实训平台，支撑开展实战演练

为了使本丛书所含各本书中的案例的作用最大化，以最大程度地提高读者的实战技能，我们开发了针对本丛书的“在线实训平台”。读者可以登录该平台，选择您当下所学的某本书并进入对应的案例实操页面，然后在该页面中（通过下拉列表）选择并查看各章案例的源代码及其运行效果；同时，您也可以对源代码进行复制、修改、还原等操作，并且可以实时查看源代码被修改后的运行效果，以实现实战演练，进而帮助自己快速提升实战技能。

4．配套立体化教学资源，支持混合式教学模式

党的二十大报告中提到：“坚持以人民为中心发展教育，加快建设高质量教育体系，发展素质教育，促进教育公平。”为了使读者能够基于本丛书更高效地学习 Web 前端开发相关技术，我们打造了与本丛书相配套的立体化教学资源，包括文本类、视频类、案例类和平台类等，读者可以通过人邮教育社区（www.ryjiaoyu.com）进行下载。此外，利用书中的微课视频，通过丛书配套的“在线实训平台”，院校教师（基于网课软件）可以开展线上线下混合式教学。

- 文本类：PPT、教案、教学大纲、课后习题及答案等。
- 视频类：拓展视频、微课视频等。
- 案例类：案例库、源代码、实战项目、相关软件安装包等。
- 平台类：在线实训平台、前沿技术社区、教师服务与交流群等。

读者服务

本丛书的编者连同出版社为读者提供了以下服务方式/平台，以更好地帮助读者进行理论学习、技能训练以及问题交流。

1．人邮教育社区（http://www. ryjiaoyu.com）

通过该社区搜索具体图书，读者可以获取本书相关的最新出版信息，下载本书配套的立体化教学资源，包括一些专门为任课教师准备的拓展教辅资源。

2．在线实训平台（http://code.artech.cn）

通过该平台，读者可以在不安装任何开发软件的情况下，查看书中所有案例的源代码及其运行效果，同时也可以对源代码进行复制、修改、还原等操作，并实时查看源代码被修改后的运行效果。

3．前沿技术社区（http://www.artech.cn）

该社区是由本丛书编者主持的、面向所有读者且聚焦Web开发相关技术的社区。编者会通过该社区与所有读者进行交流，回答读者的提问。读者也可以通过该社区分享学习心得、共同提升技能。

4．教师服务与交流群（QQ群号：368845661）

该群是人民邮电出版社和本丛书编者一起建立的、专门为一线教师提供教学服务的群（仅限教师加入），同时，该群也可供相关领域的一线教师互相交流、探讨教学问题，扎实提高教学水平。

丛书评审

为了使本丛书能够满足院校的实际教学需求，帮助院校培养Web前端开发技术人才，我们邀请了多位院校一线教师，如刘伯成、石雷、刘德山、范玉玲、石彬、龙军、胡洪波、生力军、袁伟、袁乖宁、解欢庆等，对本丛书所含各本书的整体技术框架和具体知识内容进行了全方位的评审把关，以期通过“校企社”三方合力打造精品力作的模式，为高校提供内容优质的精品教材。在此，衷心感谢院校的各位评审专家为本丛书所提出的宝贵修改意见与建议。

致　谢

本丛书由前沿科技的温谦编著，编写工作的核心参与者还包括姚威和谷云婷这两位年轻的开发者，他们都为本丛书的编写贡献了重要力量，付出了巨大努力，在此向他们表示衷心感谢。同时，我要再次由衷地感谢各位评审专家为本丛书所提出的宝贵修改意见与建议，没有你们的专业评审，就没有本丛书的高质量出版。最后，我要向人民邮电出版社的各位编辑表示衷心的感谢。作为一名热爱技术的写作者，我与人民邮电出版社的合作已经持续了二十多年，先后与多位编辑进行过合作，并与他们建立了深厚的友谊。他们始终保持着专业高效的工作水准和真诚敬业的工作态度，没有他们的付出，就不会有本丛书的出版！

联系我们

作为本丛书的编者，我特别希望了解一线教师对本丛书的内容是否满意。如果您在教学或学习的过程中遇到了问题或者困难，请您通过“前沿技术社区”或“教师服务与交流群”联系我们，我们会尽快给您答复。另外，如果您有什么奇思妙想，也不妨分享给大家，让大家共同探讨、一起进步。

最后，祝愿选用本丛书的一线教师能够顺利开展相关课程的教学工作，为祖国培养更多人才；同时，也祝愿读者朋友通过学习本丛书，能够早日成为Web前端开发领域的技术型人才。

温　谦
资深全栈开发工程师
前沿科技 CTO

随着互联网技术的快速发展，HTML5、CSS3和JavaScript作为Web前端开发的3种核心基础语言，越来越受重视。因此，可以说掌握了HTML5、CSS3和JavaScript之后，就拥有了广阔的技术前景。

本书作为“Web开发人才培养系列丛书”中的一册，与其他图书可以组成有机整体。读者学完本书后，还可以继续学习各种前端框架的使用方法，从广度和深度两个维度不断扩展自己的技术领域，最终成为一名合格的、以Web前端开发为基础的核心开发人员。

编写思路

本书在讲解HTML5和CSS3时，采用了与大多数同类图书所不同的讲解思路，即未将二者分为两个独立的部分，而是穿插在一起讲解，例如在讲解一种网页元素的HTML标记的同时，会讲解其样式设置方法。这样不但可以更接近开发工作的实际情况，而且可以帮助读者更好地理解HTML5和CSS3这两者间的紧密关系。本书在讲解完HTML5和CSS3后，介绍了JavaScript的基础知识，使读者能对这3种Web前端开发的核心语言有一个完整的认知。本书十分重视“知识体系”和“案例体系”的构建，并且通过不同案例对相关知识点进行说明，以期培养读者在Web前端开发领域的实战技能。读者可以扫码预览本书各章案例。

各章案例预览

特别说明

（1）本书在结构的编排上与很多同类教材有所区别，并没有将HTML5和CSS3分为两个独立的部分进行讲解，而是将二者融为一体、贯穿讲解。这是作者精心设计的学习路径。通过这个路径进行学习，读者可以在学会原理的基础上，深入理解“结构”和“样式”的关系，从而自然地接受新的技术概念。

（2）由于JavaScript以浏览器为运行环境，且各种浏览器之间存在差异，JavaScript的标准长期不统一，导致已有教材中不同（新旧）时代的语法混用。考虑到ES6已经正式发布6年了，各种主流浏览器已经能够非常好地支持ES6，因此本书的讲解策略是，以ES6为标准，采用被广泛接受的“最佳实践”来组织知识内容；当然在必要时，会回顾一下与之前版本中的一些做法的区别与联系。

（3）HTML5、CSS3和JavaScript作为3块Web大厦的基石，具有其他任何知识所无法替代的重要性，因此，编者希望读者在学习本书的过程中能够深入理解HTML5、CSS3和JavaScript之间“三位一体”的关系。在此基础上，编者建议读者再学习一个前端框架（如jQuery或者Vue.js），并通过真正开发一些实际项目来巩固对这些技术的理解和掌握。

最后，祝愿读者学习愉快，早日成为一名优秀的Web前端开发者。

温 谦

2021年冬于北京

目录

第一篇 基础篇

第1章 Web前端开发基础知识

第2章 HTML5语言基础

第 3 章 CSS语言基础

第 4 章 CSS3选择器

第二篇 样式与布局篇

第 5 章 用CSS设置文本样式

第 6 章 用CSS设置图片效果

第 7 章 盒子模型

第 8 章 用CSS设置常用元素样式

第 9 章 经典DIV+CSS网页布局方法

第三篇 JavaScript 开发篇

第 10 章 JavaScript基础

第 11 章 程序控制流与函数

第 12 章 JavaScript中的对象

第 13 章 以集合方式处理数据

第 14 章 DOM

第一篇

基础篇

第1章 Web前端开发基础知识

本章首先会对一些与网络相关的概念做浅显的解释，使读者对互联网传递信息的基本原理有所了解，然后会对网页设计的一些原则和方法做一个简单的介绍。本章内容大多并不直接涉及具体操作，但是可以为读者学习后面章节的内容打下基础。因此，希望读者能够充分理解本章中所介绍的相关概念。本章思维导图如下。

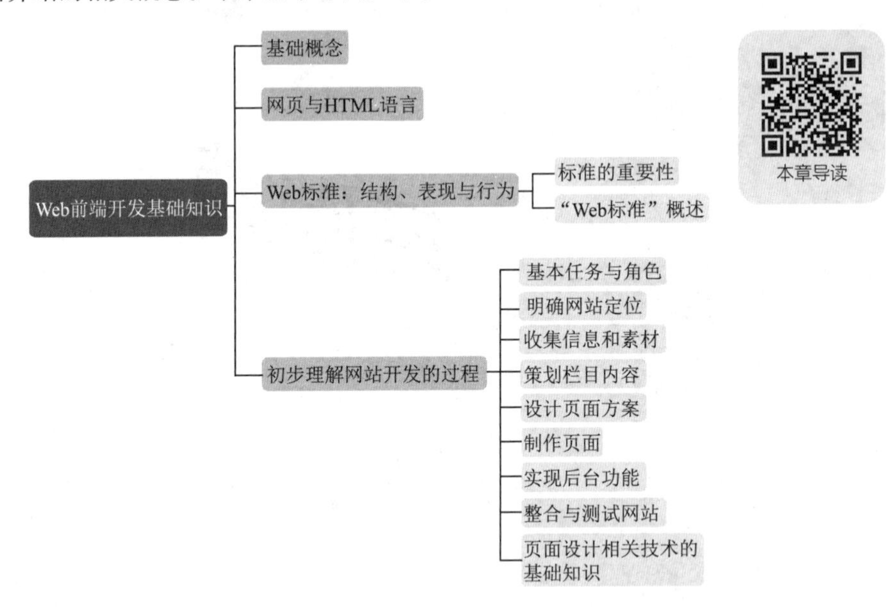

1.1 基础概念

相信读者大都有过“网上冲浪”的经历。读者打开浏览器并在地址栏输入一个网站的地址后，浏览器就会显示相应的网页内容，如图1.1所示。

网页中可以包含多种类型的内容，如文字、静态的图形和动画，以及声音和视频等其他形式的多媒体文件。它们都作为网页的元素，其中最基本的元素是文字。网页的最终目的就是给访问者显示有价值的信息，并使访问者对此留下最深刻的印象。

图 1.1　使用浏览器显示网页

技术背景

请读者理解一点，一个网页实际上并不是由一个单独的文件构成的，其与Word、PDF等格式的文件有明显的区别。网页显示的图片、背景声音以及其他多媒体文件都是单独存放的。这些文件的具体组织方式，本书在后面的讲解中将会逐渐深入介绍。

读者在开始设计网页和网站之前，需要了解一些基础知识。这些知识并不复杂，但是它们对读者以后顺利开展工作会有非常重要的影响。

这里需要说明几个非常重要的概念。首先，读者必须知道什么是“浏览器”和“服务器”。互联网就是处在世界各地的计算机互相连接而成的一个计算机网络。网站的访问者坐在家中查看各种网站上的内容，实际上就是从远程的计算机中读取一些内容，然后在本地的计算机上显示出来的过程。

因此，提供内容信息的计算机被称为“服务器”，访问者使用“浏览器”程序（例如集成在Windows操作系统中的Internet Explorer或者本书中使用的Chrome浏览器）就可以通过网络取得“服务器”上的文件以及其他信息。服务器可以同时供许多访问者（或“浏览器”）访问。

简单来说，访问的具体过程就是当访问者的计算机联入互联网后，通过浏览器发出访问某个站点的请求，然后这个站点的服务器就把信息传送到访问者的浏览器上，即将文件下载到本地的计算机，浏览器再显示出文件内容。这个过程的示意图如图1.2所示。

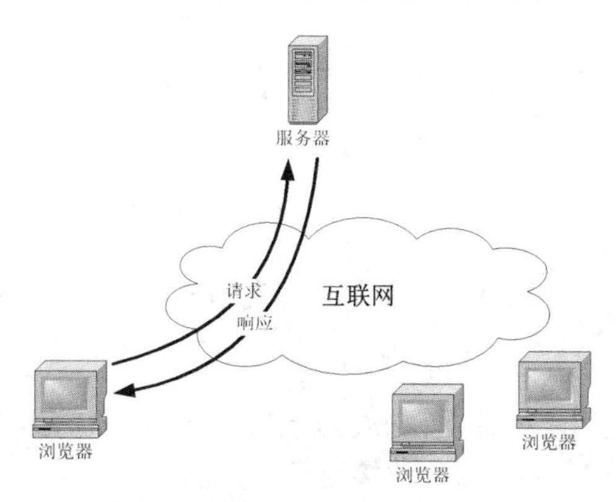

图 1.2　浏览器访问服务器的示意图

互联网的应用之一是万维网。万维网是从WWW这个词语翻译而来的。WWW是“World Wide Web”的首字母缩写，简称Web。WWW计划是由蒂姆·伯纳斯·李（Tim Berners Lee）在CERN（欧洲量子物理实验室）的时候发明的。实际上Web是一个大型的相互链接的文件所组成的集合体，范围包括了整个世界。

其实，WWW可以被认为是互联网所提供的很多功能中的一个，即通过浏览器访问各种网站的功能。当然，互联网还提供了很多其他功能，例如当制作好网站后，需要把网站传送到远程服务器上，这就要用到文件传输协议（file transfer protocol，FTP）功能，它就不属于WWW的范畴。

1.2 网页与HTML语言

网页文件是用一种被称为超文本标记语言（hypertext markup language，HTML）书写的文本文件，它可以在浏览器中按照设计者所设计的方式显示内容。网页文件也经常被称为HTML文件。用浏览器打开任意一个网页，然后选择浏览器的菜单中的“查看”→“源文件”命令，这时会自动打开记事本程序，里面显示的就是这个网页的HTML源文件，如图1.3所示。这些源文件看起来非常复杂，实际上并不难掌握。本书后面的任务就是教读者如何编写HTML文件。

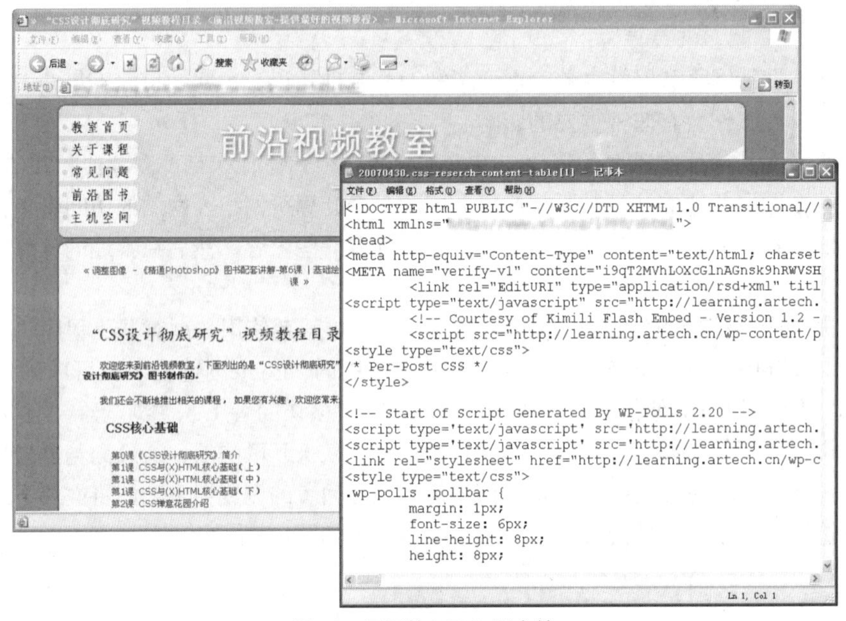

图 1.3　网页的 HTML 源文件

1.3 Web标准：结构、表现与行为

网页相关的技术走入实用阶段后，不过短短十几年的时间，就已经发生了很多重要变化，其中最重要的一点变化是“Web标准”被广泛接受。

1.3.1 标准的重要性

相信读者对“标准”这个词都非常熟悉，也能很容易地了解标准的重要性。在越来越开放的环境中，各个相互关联的事物要协同工作，就必须遵守一些共同的标准。

例如，个人计算机的型号是开放的标准，而个人计算机的零件的规格是统一的。为个人计算机生产零件的厂家成千上万，大家都是在同一个标准下进行设计和生产的，因此用户只需要买来一些零件，比如中央处理器（central processing unit，CPU）、内存条和硬盘等，简单地“插”（组合）在一起，就能获得一台好用的计算机，这就是“标准”的作用。相比之下，其他行业就远不如个人计算机行业。比如汽车行业，一个零件只能用在某个品牌的汽车上。这样不仅麻烦得多，而且也不利于降低成本。

互联网是另一个“标准”辈出的领域，连接到互联网的各种设备的品牌繁多，功能各不相同，因此必须依靠严谨、合理的标准，才能使这些纷繁复杂的设备协同工作。

“Web标准”也是互联网领域中的标准。实际上，它并不是一个标准，而是一系列标准的集合。

从发展历程来说，Web是逐步发展和完善的，目前还在快速发展之中。在早期阶段，互联网上的网站都很简单，网页的内容也非常简单，自然相应的标准也很简单。而随着技术的快速发展，相应的各种新标准应运而生。

打个比方，如果仅仅是简单地写一个便条（或者一封信），那么对格式的要求就很低；而如果要出版一本书，就必须严格设置书中的格式，比如各级标题用什么字体、正文用多大字号、表格的格式、图片的格式等。这是因为从一个便条到一本书，内容的性质已经改变了。

同样，在互联网上，刚开始时内容还很少，也很简单，也不存在更多的复杂应用，因此一些简单（或者说“简陋”）的标准就已经够用了。而现在互联网上的内容非常多，而且逻辑和结构日益复杂，出现了各种交互应用，这时就必须从更本质的角度来研究互联网上的信息，使这些信息仍然能够清晰、方便地被操作。

读者应该理解，一个标准并不是某个人或者某个公司在某一天忽然制定出来的。标准都是在实际应用的过程中，经过商业竞争与市场考验，并在一系列研究讨论和协商之后达成的共识。

1.3.2 “Web标准”概述

下面着重讲解关于网页的标准——“Web标准”。

网页主要由3个部分组成：结构（structure）、表现（presentation）和行为（behavior）。

用一本书来比喻，一本书分为篇、章、节和段落等层级，这就构成了一本书的“结构”，而每个层级用什么字体、什么字号、什么颜色等，被称为这本书的“表现”。由于传统的图书是固定的，不能变化的，因此它不存在“行为”。

一个网页同样可以被分为若干个组成部分，包括各级标题、正文段落、列表结构等，这就构成了一个网页的“结构”。每个组成部分的字号、字体和颜色等属性就构成了它的“表现”。与传统媒体不同的一点是，网页是可以随时变化的，而且可以和读者进行互动，因此如何变化以及如何互动，被称为它的“行为”。

概括来说，“结构”决定了网页“是什么”，“表现”决定了网页看起来“是什么样子”，而“行为”则决定了网页“做什么”。

不很严谨地说，“结构”“表现”和“行为”分别对应3种常用的语言，即HTML、CSS和

JavaScript。也就是说，HTML用来决定网页的结构和内容，CSS用来设定网页的表现样式，JavaScript用来控制网页的行为。

“结构”“表现”和“行为”的关系，如图1.4所示。

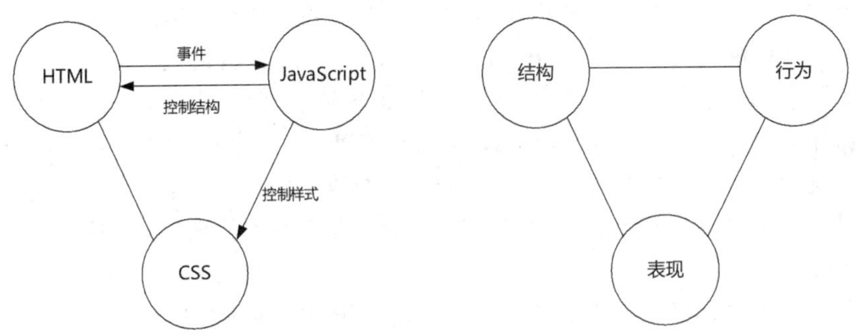

图 1.4　“结构”“表现”和“行为”的关系

这3个组成部分被明确后，一个重要的思想随之产生，即这三者的分离。最开始时HTML同时承担着“结构”与“表现”的双重任务，从而给网站的开发、维护等工作带来很多困难。而当把它们分离后，就会带来很多优点。具体内容在后文中将会一一讲解。

这里仅给出一个例子简单说明。图1.5中显示了一个页面的初始效果，即仅通过HTML定义这个页面的结构，图中使用文字说明了这个页面中的各个组成部分，以及所使用的HTML标记，右侧灰色线框中的效果是使用浏览器查看的效果。这个效果是很单调的，仅仅是所有元素依次排列而已。

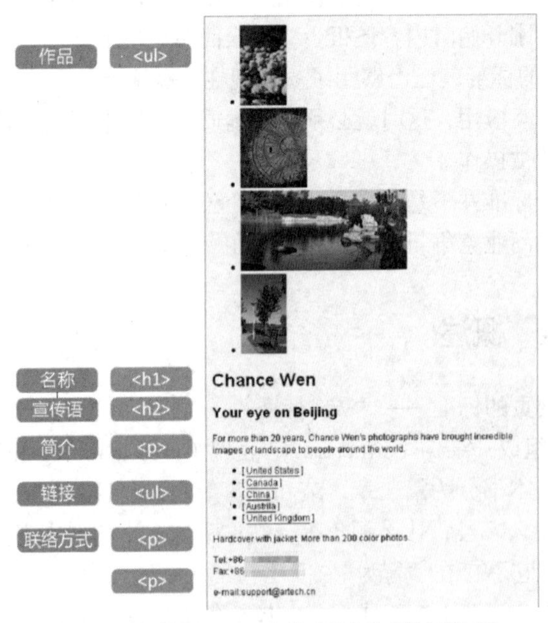

图 1.5　仅使用 HTML 定义“结构”的页面效果

对上述页面，使用CSS设定了样式以后，它的表现形式就完全不同了。图1.6所示为其表现形式之一。借助于CSS，在不改变它的HTML结构和内容的前提下，可以设计出很多种不同的表现形式，而且可以随时在不改变HTML结构的情况下修改样式。这就是“结构”与“表现”分离所带来的好处。

图 1.6　使用 CSS 设定样式后的表现形式

对应Web标准的3个部分，正好就有3种核心的基础语言——HTML、CSS和JavaScript。因此每一名前端开发人员都必须掌握这3种语言。它们构成了Web前端开发人员需要掌握的核心技术。

1.4 初步理解网站开发的过程

在理解了网页的基本原理后，我们自然需要知道网站是如何建立起来的。本节将对网站开发的过程进行介绍。

1.4.1 基本任务与角色

在每一个开发阶段，都需要相关各方人员的共同合作，包括客户、美术设计师（也称美工）和程序开发员等不同角色，每个角色在不同的阶段有各自需要承担的责任。表1.1列出了在网站建设与网页设计的各个阶段中需要参与的人员角色。

表1.1　网站建设与网页设计流程中的人员角色

策划与定义	设计	开发	测试	发布
客户 美术设计师 栏目负责人	美术设计师	美术设计师 程序开发员	客户 美术设计师 程序开发员	美术设计师 程序开发员

通常，客户会提出要求，并提供要在网站中呈现的具体内容。美术设计师负责进行页面设计，并构建网站。程序开发员为网站添加动态功能。在测试阶段，需要大家共同配合，寻找不完善的地方，并对其加以改进，等各方人员满意后才能把网站发布到互联网上。因此，每个参与者都需要以高度的责任感和参与感投入项目的开发过程中，只有这样才能开发出高水平的网站。

经过近20年的发展，互联网已经深入社会的各个领域。伴随着这一发展过程，网站开发已经成为一个拥有大量从业人员的行业，因此，其整个工作流程也日趋成熟和完善。通常开发一个网站需要经过图1.7所示的环节，下面就对其中的每一个环节进行介绍。

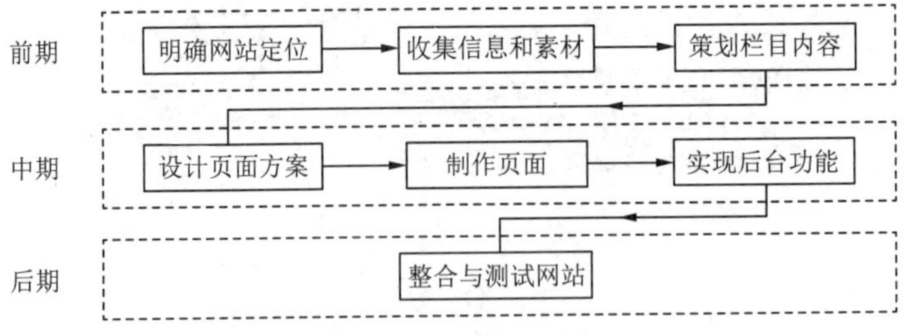

图 1.7 网站开发的工作流程

1.4.2 明确网站定位

在动手制作网站之前需要给要做的网站一个准确的定位，明确建站的目的是什么。谁能决定网站的定位呢？如果网站是做给自己的，比如一个个人网站，那么自己决定网站定位；如果是为客户建立网站，那么一定要与客户（的决策层人士）共同讨论，要理解他们的想法，这是十分重要的。

在理解了客户的想法后，就要站在客户的立场上探讨网站的定位。根据经验，如果设计师能够从客户的立场出发，给客户提出一些中肯的建议并融入策划中去，那么可以说设计工作已经成功了一半，这也可以大大减小在日后与客户在沟通中发生不愉快的可能性。

1.4.3 收集信息和素材

在明确建站目的和网站定位后，即可开始收集相关意见，这一过程要结合公司其他部门的实际情况，这样可以发挥网站的最大作用。

这一步是前期策划中最为关键的一步，因为网站是为公司服务的，所以全面地收集相关意见和想法可以使网站的信息和功能趋于完善。收集来的信息需要整理成文档，为了保证这个工作的顺利进行，可以让相关部门配合提交一份本部门需要在网站上开辟的栏目的计划书。这份计划书一定要考虑充分，因为如果要把网站作为一个正式的站点来运营，那么每个栏目的设置都应该是有规划的。如果考虑不充分，会导致以后突如其来的新加内容破坏网站的整体规划和风格。当然，这并不意味着网站成形后不许添加栏目，只是在添加的过程中需要结合网站的具体情况，过程更加复杂，因此最好在策划时考虑全面。

1.4.4 策划栏目内容

对收集的相关信息进行整理后，要找出重点，根据重点以及公司业务的侧重点，结合网站定位来确定网站的栏目。开始时可能会因为栏目较多而难以确定最终需要的栏目，这就需要展开另一轮讨论，需要所有的设计和开发人员在一起阐述自己的意见，反复比较，将确定下来的内容进行归类，形成网站栏目的树形列表，用以清晰表达站点结构。

对于比较大的网站，可能还需要讨论和确定二级栏目以下的子栏目，对它们进行归类，并逐一确定每个二级栏目的主页面需要放哪些具体内容，二级栏目下面的每个小栏目需要放哪些具体内容，让栏目负责人清楚了解本栏目的细节。讨论完以后，就应由栏目负责人按照讨论过的结果写栏目策划书。栏目策划书要求写得详细具体，并有统一的格式，以便网站留档。此时写的策划书只是第一版，以后在制作的过程中如果出现问题应及时修改该策划书，并且也需要留档。

1.4.5 设计页面方案

策划书完成后，需要美术设计师根据每个栏目的策划书来设计页面。这里需要再次指出，在设计之前，应该让栏目负责人把需要特殊处理的地方跟美术设计师讲明。在设计页面时，美术设计师要根据策划书把每个栏目的具体位置和网站的整体风格确定下来。为了让网站有整体感，应该在网页中放置一些贯穿性的元素。最终美术设计师要拿出至少3种不同风格的方案。每种方案应该考虑到公司的整体形象，与公司的精神相契合。确定设计方案后，相关人员经讨论后定稿。最后挑选出两种方案交给客户选择，由客户确定最终的方案。

1.4.6 制作页面

方案设计完成后，下一步是实现静态页面，由程序开发员负责根据美术设计师给出的设计方案制作页面，并制成模板。在这个过程中，需要十分注意网站页面之间的逻辑，并区分静态页面和需要服务器端实现的动态页面。

在制作页面的同时，栏目负责人应该开始收集每个栏目的具体内容并整理。模板制作完成后，由栏目负责人往每个栏目里添加具体内容。对于静态页面，将内容添加到页面中即可；对于需要服务器端编程实现的页面，则应交由程序开发员继续完成。

为了便于读者理解，在这里举一个例子，以区分动态页面和静态页面的含义。例如某个公司的网站，需要展示1 000种商品，每个页面中展示10种商品。如果只用静态页面来制作，那么一共需要100个静态页面，在日后需要修改某商品的信息时，需要重新制作相应的页面，修改得越多，工作量就越大。如果借助于服务器端的程序，制作动态页面，例如使用ASP技术，则只需要制作一个页面，把1 000种商品的信息存储在数据库中。页面根据浏览者的需求调用数据库中的数据，动态地显示这些商品的信息。需要修改商品信息时，只要修改数据库中的数据即可。这就是动态页面的作用。

1.4.7 实现后台功能

将动态页面设计好后，只剩下程序部分需要完成了。在这一步中，由程序开发员根据功能需求来编写程序，实现动态功能。

需要说明的是，网站建设过程中，“如何统筹”是一个比较重要的问题。在上面所讲述的过程进行的同时，网站的程序开发员正处于开发程序的阶段，如果实现的过程中出现什么问题，程序开发员应和设计师及时沟通，以免程序开发完成后发现问题再进行大规模的返工。

1.4.8 整合与测试网站

当制作和编程的工作都完成后，就要把程序和页面进行整合。整合完成后，需要进行内部测试，测试成功后即可上传到服务器上，交由客户检验。通常客户会提出一些修改意见，这时根据客户的意见完成修改即可。

如果这时客户提出会导致结构性调整的问题，工作量就会很大。客户并不了解网站建设的流程，很容易与网站开发人员产生不愉快的情况。因此最好在开发的前期准备阶段就充分理解客户的想法和需求，同时将一些可能发生的情况提前告诉客户，这样就容易与客户保持愉快的合作关系。

1.4.9 页面设计相关技术的基础知识

从上面的讲解中可以看出，一个完善的网站实际上是由若干个不同角色的人员共同配合完成的。本书重点介绍的是与页面制作相关的内容。

制作Web页面前，应该对一些与制作相关的技术因素和设计因素有所了解。下面首先介绍几个常用的技术因素。

在介绍页面布局前，对网页设计中首先会遇到的一些参数做一介绍。因为在设计一个页面前，首先要确定这个页面要设计成多大尺寸，以及用户的浏览器是否能够正确显示。

1．设备与分辨率

在移动设备没有出现之前，人们通常只在台式计算机上访问网站，当时只需要“屏幕显示分辨率”这一个因素。

“屏幕显示分辨率”是显示器在显示图像时的分辨率。分辨率是用“点”来衡量的，显示器上的这个“点”就是指像素（pixel）。

显示分辨率的数值是指整个显示器所有可视面积上水平像素和垂直像素的数量。例如800像素×600像素的分辨率，是指在整个屏幕上水平显示800个像素，垂直显示600个像素。显示分辨率的水平像素和垂直像素的总数总是成一定比例的，一般为4∶3、5∶4或8∶5。每个显示器都有自己的最高分辨率，并且可以兼容其他较低的显示分辨率，所以一个显示器可以设置多种不同的分辨率。

为什么设计页面时要考虑显示分辨率呢？这是因为浏览同一个页面的访问者所用的计算机显示器不同，分辨率设置不同，显示的效果也会不同。例如，如果以最常见的1 024像素×768像素的分辨率为目标设计了一个页面，那么使用800像素×600像素分辨率显示器的访问者浏览这个网页时会看到页面显示不完整，需要反复拖动浏览器的滚动条来查看未显示出来的部分。

十年前主流的显示分辨率是1 024像素×768像素，因此当时的大多数网站按照这个分辨率来进行页面设计，就可以保证绝大多数用户非常舒服地浏览网页。

而近十年来移动设备大量普及，也导致显示分辨率变化极大，同时“高分辨率显示屏”（简称“高分屏”）的出现又增加了相关的复杂性。原来通常将一个像素作为长度单位，而现在将分辨率区分为“物理分辨率”和“逻辑分辨率”两个概念。

物理分辨率的含义就是设备本身的分辨率，是由设备上的像素数量决定的。而逻辑分辨率则是将若干像素合起来当作一个像素看待而算得的分辨率，它的目的是使各种设备的分辨率有大致相当的可比性。

以一台iPhone 12 Pro Max手机为例，它的屏幕尺寸是6.7英寸（1英寸=2.54厘米），物理分辨率为1 284像素×2 778像素，逻辑分辨率为428像素×926像素，二者之间的比例是3∶1，1个逻辑像素的大小相当于9个物理像素的大小。它的物理像素密度高达458像素/英寸，而逻辑像素密度为153像素/英寸。

再如一台2015款MacBook Air 13英寸的笔记本电脑，它的物理分辨率和逻辑分辨率都是1 440像素×900像素，二者之间的比例是1∶1。它的逻辑像素密度只有128像素/英寸。

这样，一部面积小得多的手机，它的实际像素数却要比面积比它大很多的计算机的像素数多得多。

这时如果希望制作一个能够同时适应这两种设备的页面，但没有逻辑像素的概念，那么就会非常不好计算。因此，在页面设计和软件开发时，我们都使用逻辑分辨率，不同的设备其逻辑分辨率是接近的。这样就可以方便在基本相同的尺度上进行设计和开发了。

因此，实际上在网页设计和开发中使用的像素单位都是逻辑分辨率。例如2020款的MacBook Air 13英寸屏幕，它的物理分辨率是2 560像素 × 1 600像素，逻辑分辨率是1 280像素 × 800像素，二者之间的比例是2：1。它的逻辑像素密度是114像素/英寸。

可以看到，上面3种设备虽然包含手机、计算机以及跨越好几年的设备，但是它们的逻辑像素密度是接近的，因此在设计时，它们的尺度也是接近的，比如一个100像素宽的页面元素，其实际宽度在不同设备上也是大致接近的。

当然这也引出了一个问题，即如果在高分辨率的设备上，将几个像素当作一个像素，那何必还要高分屏呢？这是因为逻辑分辨率只是用来作为单位使用的，真正显示时的效果还是根据物理分辨率来实现的。比如一张宽度是300像素（物理像素）的图片，在页面中按照逻辑像素设置为100像素宽，如果是1：3的高分屏显示，它实际上每个像素都会对应到一个物理像素上，因此不会损失清晰度；而如果显示到一个1：1的屏幕上，就会损失清晰度。例如，在一个页面上，正文文字大小通常为14像素或者16像素，而在高分屏上看到的文字就非常清晰，低分屏上就会模糊很多。

2．浏览器类型

浏览器类型也是在网页设计时会遇到的一个问题。由于各个软件厂商对HTML的标准支持有所不同，同样的网页在不同的浏览器下会有不同的表现。

随着CSS在网页设计中的普及和流行，浏览器的因素变得比以往传统网页设计中更为重要。这是因为，各种浏览器对CSS标准支持的差异远远大于对HTML标准的支持。因此，读者必须认识到，设计出来的网页在不同的浏览器上的效果可能会有很大差异。具体的相关内容，在本书后面的章节中还会多次提及，这里先提醒读者注意。

表1.2显示了2020年中国国内浏览器的使用情况。

表1.2　2020年中国国内浏览器的使用情况

浏览器	占有率
Chrome	51.97%
UC浏览器	12.42%
Safari	10.52%
QQ浏览器	7.33%
IE	4.67%
Sogou浏览器	2.39%
Firefox	2.36%
其他安卓浏览器	4.01%
其他非安卓浏览器	4.33%

本章小结

通过本章的学习，读者可以了解到，网页设计和开发是一个综合性相当强的工作。网页设计中并没有非常复杂的技术，但是包罗万象，既需要有美术设计师进行视觉方面的设计，也需要程序开发员进行功能开发。因此美术设计师需要对各个方面的技术和知识有所掌握，才能从容应对可能会遇到的各种问题；也需要不断积累设计经验，只有这样才能胜任网页设计工作。

习题 1

一、关键词解释

浏览器　　服务器　　互联网　　网页　　Web标准　　分辨率

二、描述题

1. 请简单描述一下Web标准的3个组成部分分别是什么。
2. 请简单描述一下网站设计与开发的全过程大致可以分为几个阶段，分别是什么。

第2章 HTML5语言基础

在第1章中介绍了关于互联网的一些基础知识。制作网页最基础的两个语言分别被称为HTML和CSS，它们在网页中起着不同的作用。本章首先对HTML进行讲解，这里将介绍HTML的基本概念以及一些简单的应用。此外，Visual Studio Code是目前流行的网页制作软件之一，因此本章会对Visual Studio Code软件的使用进行简单介绍。

通过本章的学习，读者将会清楚地了解HTML在网络中所处的位置，这样能从总体上把握HTML，并熟悉Visual Studio Code软件的基本操作，为后面章节的学习打下基础。本章思维导图如下。

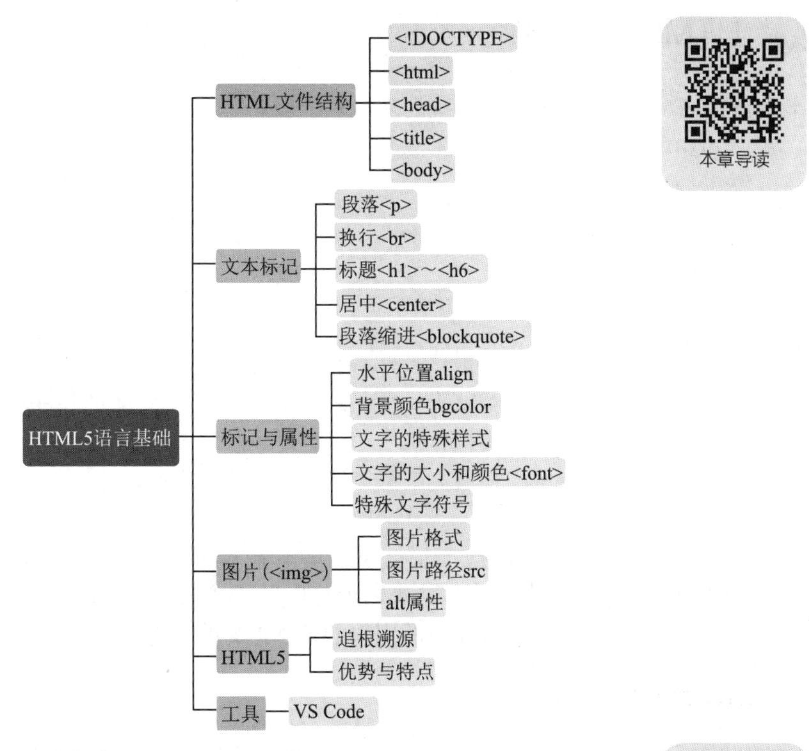

2.1 HTML5基本知识

前面提到过网页的基础是超文本标记语言（hypertext markup language，HTML）。

读者首先应该明确一个概念，HTML不是一种程序设计语言，而是一种描述性的标记语言，用于描述超文本中内容的显示方式。比如如何在网页中定义一个标题、一段文本或者一个表格等，这些都是利用一个个HTML标记完成的。其最基本的语法就是：<标记>内容</标记>。标记通常都是成对使用的，有一个开头标记就对应有一个结束标记。结束标记只是在开头标记的前面加一个斜杠“/”。当浏览器从服务器接收到HTML文件后，就会解释里面的标记符，然后把标记符相对应的功能表达出来。

例如，在HTML中以<p></p>标记来定义一个文本段落，以<table></table>标记来定义一个表格。当浏览器碰到<p></p>标记时，就会把<p></p>标记之间的所有文字以一个段落的样式显示出来。

再进一步，上面说的<p>标记和<table>标记都属于结构标记，也就是说它们是用于定义网页内容的结构的标记。此外，还有一类标记，被称为形式标记，用于定义网页内容的形式。比如浏览器遇到<b></b>标记时，就会把<b></b>标记中的所有文字以粗体样式显示出来。或者对于“<i>网页</i>”这样一个HTML语句，其显示结果就是斜体的“*网页*”两个字。

读者可以看到，HTML就是这样易学易用。总的原则就是，用什么样的标记就能得到什么样的效果。希望获得什么样的效果，就用相应的标记即可。因此，学习HTML实际上就是学习如何使用各种HTML的标记。

2.1.1 HTML文件结构

作为学习HTML的第一个例子，我们来看一个最简单的网页代码，如下所示，配套资源文件位于“第2章/02-01.html”。

```
1   <!DOCTYPE html>
2   <html>
3      <head>
4         <title>test</title>
5      </head>
6      <body>
7         <p>
8           互联网，我来了!
9         </p>
10     </body>
11  </html>
```

在上面的HTML文件中用到5个HTML标记，以及一个特殊的<!DOCTYPE>声明。下面就依次讲解它们的作用。它们构成了最简单的完整的HTML文件结构。

1．<!DOCTYPE>声明

在整个页面文档的第1行，应该使用<!DOCTYPE>声明，使浏览器知道这个文档的类型。在HTML5中，已经对此进行了简化，简单写作<!DOCTYPE html>就可以了。注意，它不能出现在文档的任何其他位置。

2．<html>标记

<html>标记放在HTML文件的开头，并没有实质性的功能，只是一个形式上的标记。在

HTML文件开头使用<html>标记作为文档的开始。

3．<head>标记

<head>被称为头标记，放在<html>标记内部，其作用是放置关于此HTML文件的信息，如提供关于该网页的索引信息（meta）、定义CSS样式等。

4．<title>标记

<title>被称为标题标记，包含在<head>标记内，它的作用是设定网页标题，可以在浏览器左上方的标题栏中显示这个标题；此外，在Windows任务栏中显示的也是这个标题，如图2.1所示。

图 2.1 HTML 文件标题

5．<body>标记

<body>被称为主体标记，网页所要显示的内容都放在这个标记内，它是HTML文件的重点。在后面的章节中所介绍的HTML标记都将放在这个标记内。然而它并不仅仅是一个形式上的标记，其本身也可以控制网页的背景颜色或背景图像，这将在后面进行介绍。

另外在构建HTML框架时要注意一个问题，标记是不可以交错的，否则会造成错误，如：

```
1   <html>
2      <head>
3         <title>test</title>
4      <body>
5      </head>
6      </body>
7   </html>
```

这里面，第4行与第5行出现了一个交错，这是错误的。

6．<p>标记

<p>标记表示的是段落，即其间的文字会被显示为一个文字段落。

以上就完成了全书的第一个页面。它是学习的起点，在后面我们会一砖一瓦地建立起一座知识体系的大厦。

2.1.2 简单的HTML案例

通过以上学习，我们已经对HTML有了一个基本的认识，下面举几个简单的例子。希望读者能够通过这几个简单的例子理解HTML的基本原理，这对于以后深入掌握各种HTML的标记会有很大帮助。

例1：设置标题。配套资源文件位于“第2章/02-02.html”。

```
1    <html>
2       <head>
3          <title>标题标记</title>
4       </head>
5       <body>
6          以下为标题样式：
7          <h1>H1标题大小</h1>
8          <h2>H2标题大小</h2>
9          <h3>H3标题大小</h3>
10         <h4>H4标题大小</h4>
11         <h5>H5标题大小</h5>
12         <h6>H6标题大小</h6>
13      </body>
14   </html>
```

在浏览器中打开这个网页，其效果如图2.2所示。

图 2.2　标题标记

这里运用了标题标记<hn></hn>（n表示1到6的数字）。这个标记用来设置标题文字以加粗样式显示在网页中。它共有6个层次，即可以设置6种样式。

例2：设置文字颜色。配套资源文件位于“第2章/02-03.html”。

```
1    <html>
2       <head>
3          <title>设置文字颜色</title>
4       </head>
5       <body>
6          <font color="blue">
7             这是蓝色文字
8          </font>
9       </body>
10   </html>
```

在浏览器中打开这个网页，其效果如图2.3所示。

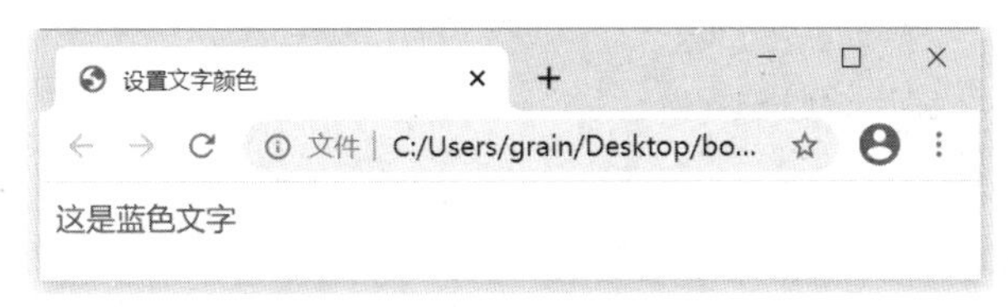

图 2.3 字体颜色标记

<font color=#></font>标记可以用来控制文字颜色，#代表颜色的英文名称。这里的标记写法和前面的例子有所不同，在标记名称（font）的后面还有一个单词color，它被称为标记的“属性”，用于设置某一个标记的某些附属性质，例如color这个属性，用来设置文字的颜色属性。

常用的颜色名称有black（黑）、gray（深灰）、silver（浅灰）、green（绿）、purple（紫）、yellow（黄）、red（红）、white（白）等。

大多数中国用户对绝大部分颜色的名称都不太熟悉，因此一般都会使用其他方法来描述颜色的具体值，这在后面的章节中会详细介绍。

例3：同时设置加粗、倾斜以及文字的颜色。配套资源文件位于“第2章/02-04.html”。

```
1   <html>
2      <head>
3         <title>蓝色粗斜字体</title>
4      </head>
5      <body>
6        <b>
7          <i>
8           <font color="blue">
9            这是蓝色粗斜字体
10          </font>
11         </i>
12       </b>
13     </body>
14  </html>
```

在浏览器中打开这个网页，其效果如图2.4所示。

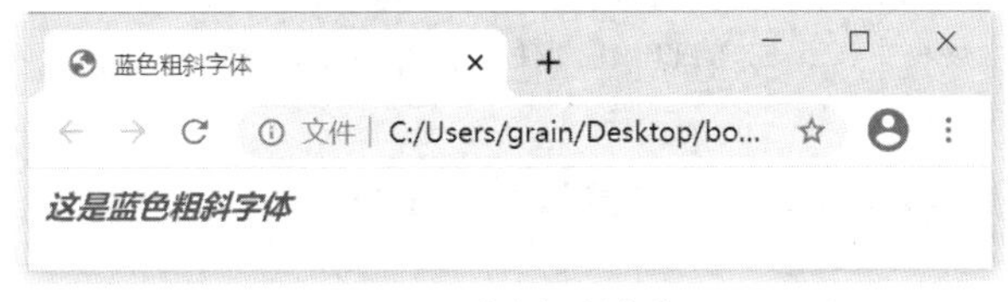

图 2.4 蓝色粗斜字体

<b></b>标记的作用是使其中的文字以加粗的形式显示，<i></i>标记的作用是使其中的文字以倾斜的形式显示。

需要注意的是，这是一个标记间的相互嵌套，也就是一个标记放在另一个标记之中，它们共同控制了最里面的文字的显示方式。

例4：插入图片。配套资源文件位于“第2章/02-05.html”。

```
1    <html>
2       <head>
3          <title>插入图片</title>
4       </head>
5       <body>
6          <center>
7          <img src="cup.gif">
8            <p>网页也可以图文并茂！</p>
9          </center>
10      </body>
11   </html>
```

在浏览器中打开这个网页，其效果如图2.5所示。

图 2.5　插入图片

插入图片的HTML标记是<img>，它有一个src属性，用于指明图片的位置。例如上面的代码中，src属性被设置为“cup.gif”，也就是说该图片和调用它的HTML文件处于同一目录中，这时可以直接使用其图片的文件名，图片的扩展名也要一并加上。

注意

这里可以印证前面谈到过的一个问题，网页文件中的图片文件与HTML文件是分离各自保存的，假设需要把这个网页复制到别人的计算机上，就要把这个HTML文件和图片文件一起复制过去，否则就不能正常显示。读者可以和Word文档对比一下，在Word文档中插入图片后，这个Word文档本身就把图像信息包含在文档数据中了，它与HTML文件存在着明显的区别。

例5：注释标记。配套资源文件位于“第2章/02-06.html”。

```
1    <html>
2       <head>
3          <title>注释标记</title>
4       </head>
5       <body>
6          这是正文文本……        <!--  这是注释文本……    -->
7       </body>
8    </html>
```

在浏览器中打开这个网页，其效果如图2.6所示。

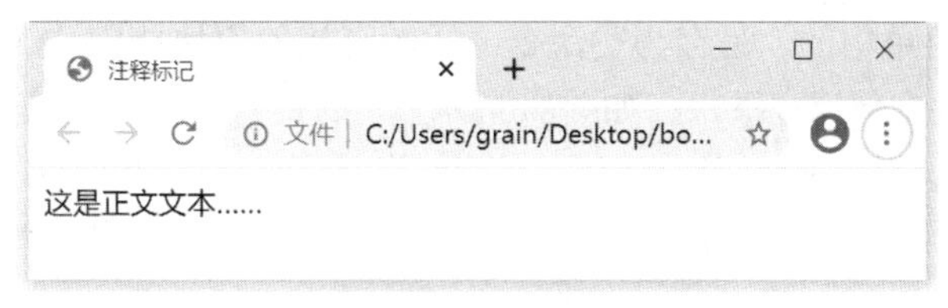

图 2.6　注释标记

可以看到，在“<!--”和“-->”之间的内容，即“这是注释文本……”这行字，并没有在浏览器中显示出来。“<!--”和“-->”这对标记被称为注释标记，它的作用是使网页的设计者自己或用户了解该文件的内容，所以注释标记中的内容是不会显示在浏览器中的。

通过上面5个案例，读者已经了解了网页文件的基本原理。当然，在实际工作中设计者需要用到的标记、属性远不止于此，这也正是我们在后面的章节中要详细讲解的内容。

2.1.3 网页源文件的获取

通过上面的几个实例，读者应该更加了解HTML标记的概念，无论是希望在网页中显示文字还是插入图片，都是利用相应的HTML标记来完成的。一句话，HTML标记直接掌握着网页的内容。

HTML本身是十分简单的，可是要做一个精美的网页却是不容易的，这需要较长时间的实践。在这个过程中，除了要多动手，还要多看，看别人的优秀网页是怎么设计、制作的。有时同一种网页效果，可以采用多种方法来实现，因此初学者不要轻易放过任何一个网页，要实际看看别人是怎样编写HTML代码的，即查看网页源文件。

1．直接查看网页源文件

查看网页源文件的具体操作步骤如下：打开浏览器，这里以Chrome浏览器为例；在网页正文位置单击鼠标右键，选择菜单中的“查看网页源代码”命令即可看到该网页的源文件，或者直接使用快捷键“Ctrl+U”，如图2.7所示。

图 2.7　查看网页源文件

2．保存网页

我们不但可以查看网页的源文件，也可以把整个网页保存下来，具体的操作步骤如下。

选择浏览器右键菜单中的“另存为”命令，或者直接使用快捷键“Ctrl+S”，就可以将所需的与该网页相关的部件全部保存下来，如图2.8所示。

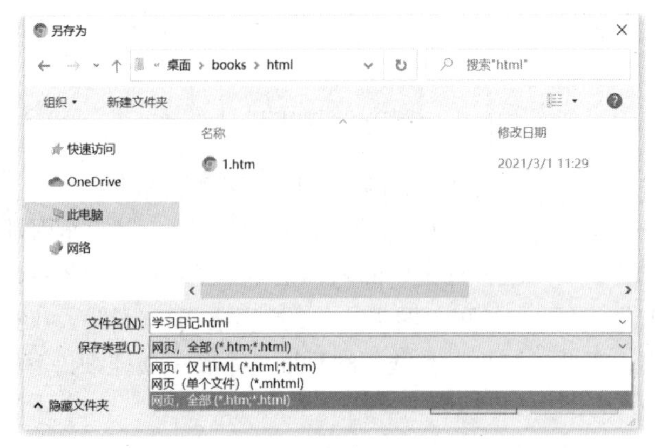

图 2.8　保存网页

注意在“保存类型”下拉列表中选择“网页，全部（*.htm;*.html）”选项，这样即可将网页中包含的图片等相关内容都保存下来。在保存的HTML文件的同一个文件夹中会出现一个文件夹，里面有所有的相关文件，如图2.9所示。

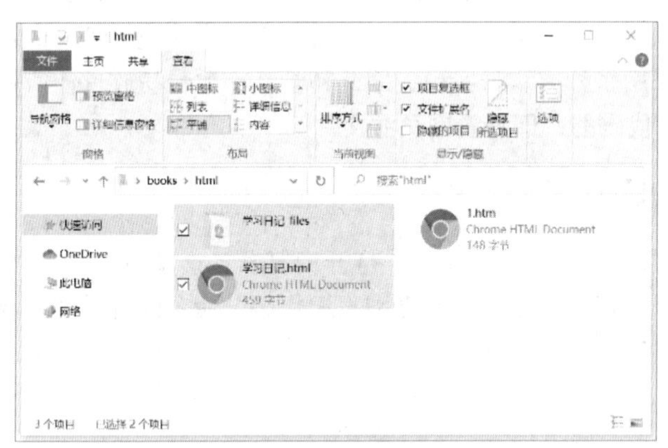

图 2.9　保存的网页文件

说明

有些设计者为其制作的网页采用了特殊技术，使得浏览者不能将网页或某些相关的文件保存下来；还有些设计者采用了“隐藏”网页功能，使浏览者看不到保存下来的HTML文件的详细HTML代码。不过绝大部分网页都是非常友善的，可以让浏览者充分查看网页中所提供的资源。

注意

正是这种极其充分的开放性，才使互联网的发展如此迅猛，也使全世界的人民从中受益。但是同时也要注意不要侵犯他人的知识产权，尽管可以参考别人的设计方法和技术，但是不要直接使用他人拥有知识产权的内容。只有每一个人都很好地尊重他人的劳动成果，互联网的发展才会更健康。

科技自立自强

2.2 实例：利用 VS Code 快速建立基本文档

Visual Studio Code（以下简称VS Code）是当前流行且好用的前端开发工具之一。本节将介绍使用VS Code快速建立基本文档的方法。

2.2.1 创建新的空白文档

VS Code是一个功能强大的轻量级源代码编辑器，它适合用来编辑任何类型的文本文件。如果要用VS Code新建HTML文档，可以先选择“文件”菜单中的“新建文件”命令（或者使用快捷键“Ctrl+N”），这时会直接创建一个“Untitled-1”文件，如图2.10所示（此时其还不是HTML类型的文件）。然后将它保存到计算机上，选择“文件”菜单中的“保存”命令（或者使用快捷键“Ctrl+S”），此时会弹出选择框，选择一个文件夹来保存，并将文件命名为“1.html”。此时VS Code会根据文件扩展名，将该文件识别为HTML类型的文件，并且“Untitle-1”也变成了“1.html”。

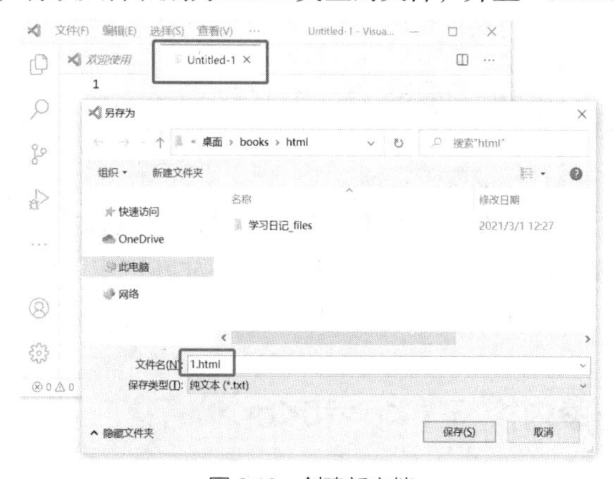

图 2.10　创建新文档

2.2.2 编写基础的HTML

创建空白文档后，我们可以快速生成HTML文件模板，先输入html，并选择html:5生成的代码，如图2.11所示。

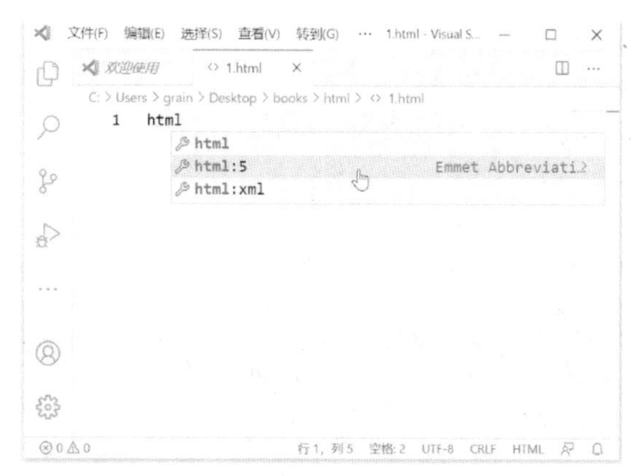

图 2.11　快速生成 html 代码

```
1   <!DOCTYPE html>
2   <html lang="en">
3   <head>
4     <meta charset="UTF-8">
5     <meta http-equiv="X-UA-Compatible" content="IE=edge">
6     <meta name="viewport" content="width=device-width, initial-scale=1.0">
7     <title>Document</title>
8   </head>
9   <body>
10
11  </body>
12  </html>
```

可以看到，上述代码的结构与前面介绍的网页结构相似，如<html>、<head>和<body>等标记都可以被看到，此外还有一些前面没有提到的内容，如<meta>标记中显示的一些关于页面的描述内容，这些内容通常保留即可。

2.3 文本标记

在网页中对文字段落进行排版，并不像文本编辑软件Word那样可以定义许多模式来安排文字的位置。在网页中，要让某一段文字放在特定的位置是通过HTML标记来完成的。下面先来看几个简单的例子。

知识点讲解

2.3.1 实现段落与段内换行（<p>和
）

浏览器会完全按照HTML标记来解释HTML代码，并且会忽略多余的空格和换行。在HTML文件里，不管输入多少空格（按空格键）都将被视为一个空格；换行（按“Enter”键）也是无效的。如果需要换行，就必须用一个标记来告诉浏览器这里要进行回车操作，这样浏览器才会执行换行操作。

首先观察如下HTML代码，配套资源文件位于“第2章\02-07.html”。

```
1   <html>
2      <head>
3         <title>文章排版-未排版</title>
4      </head>
5      <body>
6   互联网发展的起源
7   1969年，为了保障通信联络，美国国防部高级研究计划署ARPA资助建立了世界上第一个分组交换试
    验网ARPANET，连接美国4所大学。ARPANET的建成和不断发展标志着计算机网络发展的新纪元。
8   20世纪70年代末到80年代初，计算机网络蓬勃发展，各种各样的计算机网络应运而生，如MILNET、
    USENET、BITNET、CSNET等，在网络的规模和数量上都得到了很大的发展。一系列网络的建设，产
    生了不同网络之间互联的需求，并最终导致了TCP/IP的诞生。
9      </body>
10  </html>
```

在浏览器中打开这个网页，其效果如图2.12所示。

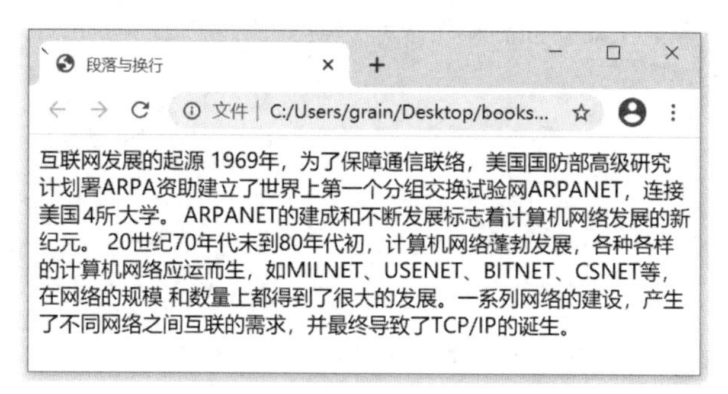

图 2.12 浏览器会忽略代码中的换行和空格

可以看到，在HTML代码中，实际上一共有3段内容，第1段是标题，后两段是正文内容。然而在浏览器中，这些文字全部显示在一个段落中，这显然不是我们希望的效果。因此，为了对文字做最简单的排版，首先介绍两个最基本的HTML标记。

（1）段落标记：“<p></p>”，p是英文单词“paragraph”（即“段落”）的首字母，用来定义网页中的一段文本，文本在一个段落中会自动换行。

（2）换行标记：“<br>”，这是一个单独使用的标记（br是英文单词“break”的缩写），作用是将文字在一个段内强制换行。

对上面的代码进行如下修改，配套资源文件位于“第2章\02-08.html”。

```
1   <html>
2       <head>
3           <title>文章排版-分段落</title>
4       </head>
5       <body>
6           <p>互联网发展的起源</p>
7           <p>1969年，为了能在……发展的新纪元。</p>
8           <p>20世纪70年代末到……TCP/IP的诞生。</p>
9       </body>
10  </html>
```

可以看到，在每个段落的前后分别加上<p>标记和</p>标记，这时的效果如图2.13所示。

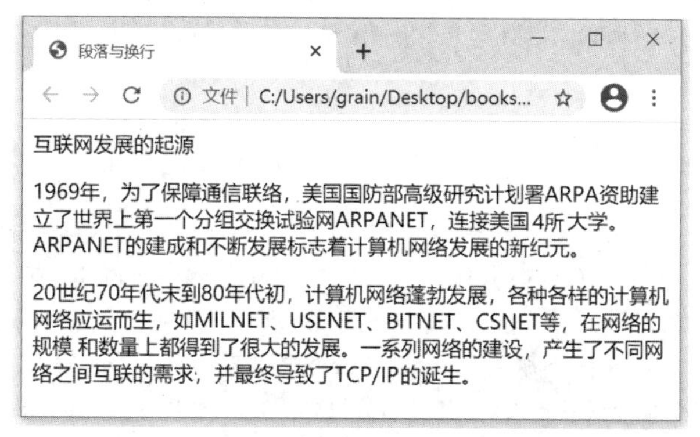

图 2.13 使用段落标记后的效果

可以看出，通过使用<p>标记，每个段落都会单独显示，并在段落之间设置了一定的间隔，这样显示就清晰多了。

在HTML中，一个段落中的文字会一直从左向右依次排列，直到浏览器窗口的右端，然后自动换行显示。而如果希望在某处强制换行显示，例如出现图2.14中的效果，在一个段落中间换行，则可以使用
标记。

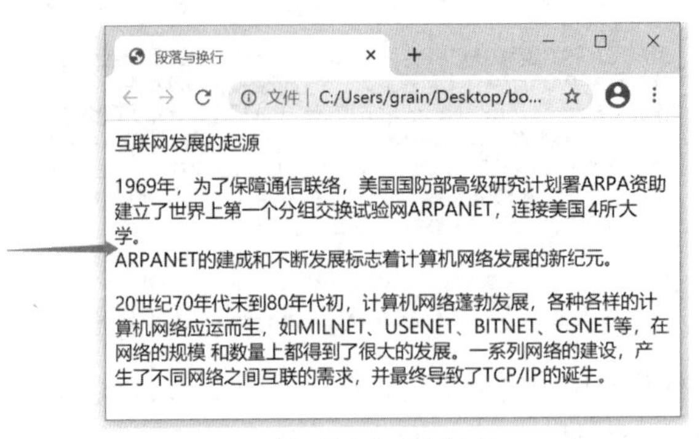

图 2.14　在段落内部强制换行

标记与<p>标记不同，它是单独使用的，只要在希望换行的地方放置一个
标记即可。例如，对上面的代码进行如下修改，配套资源文件位于“第2章\02-09.html”。

```
1   <html>
2      <head>
3         <title>文章排版-段落内换行</title>
4      </head>
5      <body>
6   <p>互联网发展的起源</p>
7   <p>1969年，为了能在……国4所大学。<br>ARPANET的建成……新纪元。</p>
8   <p>20世纪70年代末到……TCP/IP的诞生。</p>
9      </body>
10  </html>
```

注意

（1）从图2.14中可以看出，在HTML中，段落之间的距离和段落内部的行间距是不同的，段落间距比较大，行间距比较小，二者不要混淆。

（2）仅仅通过使用HTML是无法调整（设置）段落间距和行间距的。如果希望调整它们，就必须使用CSS。我们会在本书后面的章节详细介绍使用CSS进行设置的方法。

注意

可以看到，在HTML中<p>标签和
标签代表了两种标签。<p>这样的标签被称为“双标签”，即要写成开始（<p>）和结束（</p>）两个，然后在其中间插入一些内容。而
这样的标签被称为“单标签”，即独立存在，写成
，斜线表示该标签已经封闭。

在HTML中使用
和
都是可以的，
是XHTML1.1中的写法，也是XML中的写法。在HTML5中，二者均可被接受，不过在HTML5中的规范写法是
。

2.3.2 设置标题（<h1>~<h6>）

在HTML中，文本除了以段落的形式显示，还可作为标题出现。从结构来说，通常一篇文档最基本的结构就是由若干不同级别的标题和正文组成的，这一点和使用Word软件写文档类似。

在HTML中，设定了6个标题标记，分别用于显示不同级别的标题。例如<h1>标记表示1级标题，<h2>表示2级标题，一直到<h6>表示6级标题，数字越小，级别越高，文字也相应地越大。

例如再对前面的代码进行如下修改，配套资源文件位于“第2章\02-10.html”。

```
1   <html>
2       <head>
3           <title>段落与换行</title>
4       </head>
5       <body>
6           <h1>互联网发展的起源</h1>
7           <h2>第1阶段</h2>
8               <p>1969年，为了……的新纪元。</p>
9           <h2>第2阶段</h2>
10              <p>20世纪……的诞生。</p>
11      </body>
12  </html>
```

可以看到，在代码中把第一行的一个段落改为了一个1级标题，又增加了两个2级标题，这时效果如图2.15所示。

图 2.15　段落与标题的效果

2.3.3 使文字水平居中（<center>）

如果对文字显示在浏览器中的位置不加以限定，浏览器就会以默认的方式来显示文字的位置，即从靠左的位置开始显示文字。但在实际应用中，可能需要在窗口的正中间开始显示文字，这时可以使用另一对HTML标记——<center>和</center>来完成。

例如对上面的代码继续进行如下修改，配套资源文件位于“第2章\02-11.html”。

```
1   <html>
2       <head>
```

```
3           <title>文本排版</title>
4       </head>
5       <body>
6           <center><h1>互联网发展的起源</h1></center>
7           <h2>第1阶段</h2>
8           ……部分省略……
9       </body>
10  </html>
```

在浏览器中打开这个网页，其效果如图2.16所示。

图 2.16　居中显示

可以看到，居中对齐标记“<center>”的作用是将文字以居中对齐方式显示在网页中。

注意

这里读者需要特别注意，前面介绍的<p>标记以及各级标题标记与这个居中对齐标记有非常大的区别。<p>标记以及各级标题标记都是定义了某一些文本的作用，或称为某种文档结构，而居中对齐则用于定义文本的显示方式。也就是说，前者定义的是内容，后者定义的是形式。随着学习的深入，读者会逐渐发现这个区别的重要意义。

实际上在HTML5中，已经废弃了<center>标记。虽然目前浏览器都支持这个标记，但是不再推荐使用它。那么在废弃了这种与样式相关的HTML标记后，如何实现相关的效果呢？在本书后面的章节中将会仔细回答这个问题。

2.3.4 设置文字段落的缩进（<blockquote>）

有时在文档中需要对某段落进行缩进显示，例如显示引用的内容等，这时可以使用文本缩进标记<blockquote>和</blockquote>。

对上面的代码继续进行如下修改，配套资源文件位于“第2章\02-12.html”。

```
1   <html>
2       <head>
```

```
3           <title>文本排版</title>
4       </head>
5       <body>
6           <center><h1>互联网发展的起源</h1></center>
7           <h2>第1阶段</h2>
8               <blockquote>1969年，……的新纪元。</blockquote>
9           <h2>第2阶段</h2>
10              <blockquote >1969年，为了……的新纪元。</blockquote >
11      </body>
12  <html>
```

可以看到，代码中原来的两个用<p>标记定义的段落，改为用<blockquote>定义，这时在浏览器中打开这个网页，其效果如图2.17所示，正文的左右两侧都距离浏览器的边界增加了一定的距离。

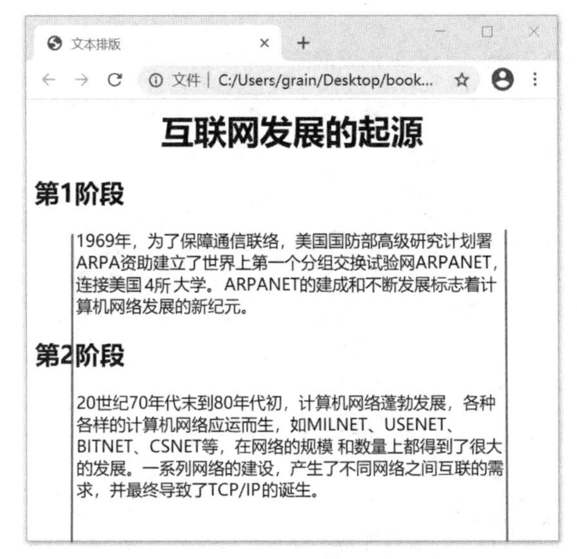

图 2.17　段落缩进

2.4 HTML标记与HTML属性

通过学习上面几个实例，读者对文字的排版应该已经有了一个基本认识。到目前为止，都是通过HTML标记对文字进行编排的，但版面编排并不仅如此，还可以利用一些HTML属性来更加灵活地编排网页中的文字，那什么是HTML属性呢？

在大多数HTML标记中都可以加入属性，属性的作用是帮助HTML标记进一步控制HTML文件的内容，如内容的对齐方式，文字的大小、字体、颜色，网页的背景样式，图片的插入等。其基本语法为：

```
<标记名称  属性名1= “属性值1” 属性名2= “属性值2” ……>
```

如果一个标记中使用了多个属性，则各个属性之间以空格来间隔。不同的标记可以使用相同的属性，但某些标记有着自己专门的属性。下面就通过几个实例来加深对属性的理解和应用。

2.4.1 用align属性控制段落的水平位置

在2.3节中，介绍过使用<center>标记可以使文本水平居中，而如果希望文本右对齐，又该怎么办呢？这时就可以使用一个HTML的align属性。

对上面的代码继续进行如下修改，配套资源文件位于“第2章\02-13.html”。

```
1   <html>
2      <head>
3         <title>文本排版-右对齐</title>
4      </head>
5      <body>
6         <h1 align="center">互联网发展的起源</h1>
7         <h2 align="right">第1阶段</h2>
8         <p> 1969年……的新纪元。</p>
9         <h2 align="right">第2阶段</h2>
10        <p>20世纪……的诞生。</p>
11     </body>
12  </html>
```

可以看到，在1级标题标记中，增加了align属性的设置。当align属性设置为“center”时，标题即居中对齐。而在<h2>标记中也增加了align属性的设置，并将其设置为“right”，这时该标题就右对齐了。

在浏览器中打开这个网页，其效果如图2.18所示。

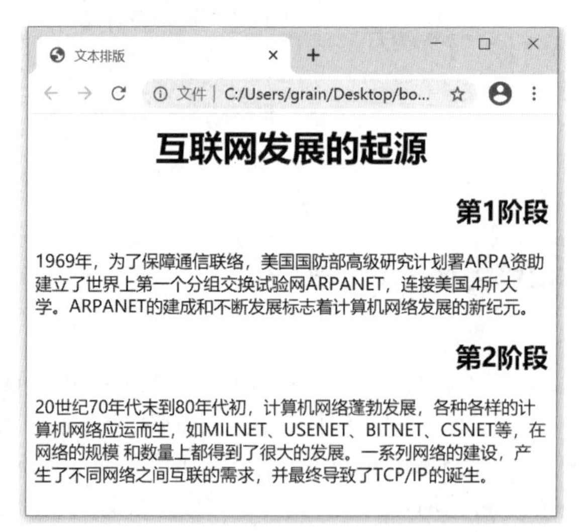

图 2.18　段落对齐方式

从这个例子中可以非常清晰地看出属性的作用。在标记内加入了属性的控制，如“align=center”“align=left”“align=right”。“align”就是一个属性，它的作用是控制该标记所包含文字的显示位置；而“center”“left”“right”就是该属性的属性值，用于指明该属性应以什么样的方式进行控制。align属性不仅可以用于标题标记，而且可以用于<p>标记，读者可以自己验证一下。

为了理解HTML属性的含义，下面再举一个例子。

2.4.2 用bgcolor属性设置背景颜色

HTML中，不同的标记会有各自不同的属性，例如在前面曾介绍过的<body>标记，使用它的属性就可以控制网页的背景以及文字字体的颜色。

例如在上面的代码中，将<body>一行改为：

```
<body text="blue" bgcolor="#CCCCFF">
```

页面效果如图2.19所示，整个网页的背景颜色和字体颜色发生了变化。配套资源文件位于“第2章\02-14.html”。

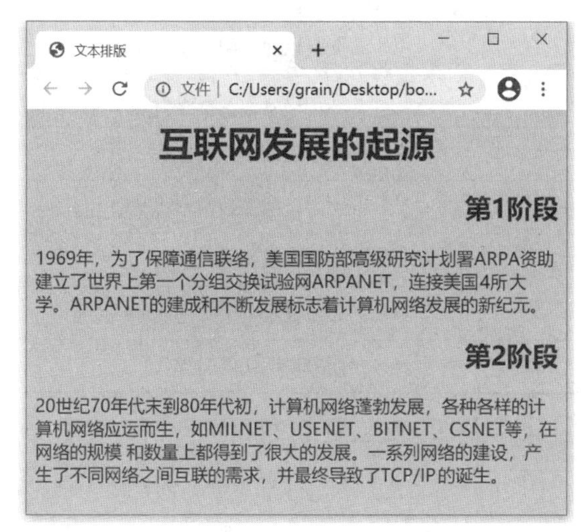

图 2.19 通过 <body> 标记的属性控制背景颜色和字体颜色

其中字体颜色通过<body>标记的text属性设置，例如这里把text属性设置为“blue”，这样文字就以蓝色显示了。在HTML中已经定义了若干种颜色的名称，如红色“red”、绿色“green”等，它们都可直接作为颜色属性的属性值。具体在网页中可以使用哪些颜色名称，以及它们是如何与数值方式表达的颜色相互对应的，读者可以到互联网上查阅了解。

在页面中，除了可以使用预先通过名称定义的颜色，还可以使用颜色代码的方式来指定颜色。例如上面案例中的页面背景颜色就是通过bgcolor属性定义的，这里将bgcolor属性设置为“#CCCCFF”，这是用了另一种颜色的表达方式，即颜色代码的方式。

在HTML页面中，颜色统一采用RGB的模式显示，也就是人们通常所说的“红绿蓝”三原色模式。每种颜色都由这3种颜色的不同比重组成，且每种颜色的比重分为0~255档。当红绿蓝3个分量都设置为255时就是白色，例如rgb(100%,100%,100%)和#FFFFFF都是指白色，其中“#FFFFFF”为十六进制的表示方法，前两位为红色分量，中间两位为绿色分量，最后两位为蓝色分量，“FF”即为十进制中的255。再如，“#FFFF00”表示黄色，因为当红色和绿色都为最大值且蓝色为0时产生的就是黄色。

2.4.3 设置文字的特殊样式

使用HTML标记和属性，还可以设置文字的样式。下面对此详细讲解，主要目的是希望读者能够深入理解HTML标记和属性的含义与作用。

在HTML4中，设置文字显示样式的主要标记及其显示效果如表2.1所示。

表2.1 标记及其显示效果

标记	显示效果
<b></b>	文字以粗体方式显示
<i></i>	文字以斜体方式显示
<u></u>	文字以加下画线方式显示
<s></s>	文字以加下删除线方式显示
<big></big>	文字以放大方式显示
<small></small>	文字以缩小方式显示
<strong></strong>	文字以加强强调方式显示
<em></em>	文字以强调方式显示
<address></address>	用来显示电子邮件地址或网址
<code></code>	用来说明代码与指令

例如把上面的代码进行如下修改，配套资源文件位于“第2章\02-15.html”。

```
1   <html>
2      <head>
3         <title>文本排版-强调文字</title>
4      </head>
5      <body>
6         <h1 align="center">互联网发展的<i>起源</i></h1>
7         <h2 align="right">第1阶段</h2>
8         <p>1969年，为了<b>保障通信</b>联络，美国国防……的新纪元。</p>
9         <h2 align="right">第2阶段</h2>
10        <p>20世纪……的诞生。</p>
11     </body>
```

在标题和正文中分别使用<i>标记和<b>标记，从而使文字产生了倾斜和加粗的显示效果，如图2.20所示。

其余几种设置字体样式的标记的使用方法非常类似，读者可以根据表2.1中的描述，自己验证一下，就可以掌握它们了。

需要特别注意的是，在HTML4时期，CSS还没有发展成熟，因此HTML规范中包括了不少与样式相关的标记。而当HTML4演进到HTML5后，内容与样式进行了更彻底的分离，人们废弃了一些与样式相关的标记，同时对一些HTML标记重新进行了定义。

例如上面提到的<b>的作用是以粗体显示文字，<strong>的作用是强调文字，从实际效果来看它们都是将文字以粗体显示，但是<b>标记属于视觉性元素，用于定义样式，而<strong>标记属于表达性元素，用于表达元素的内容结构性质。

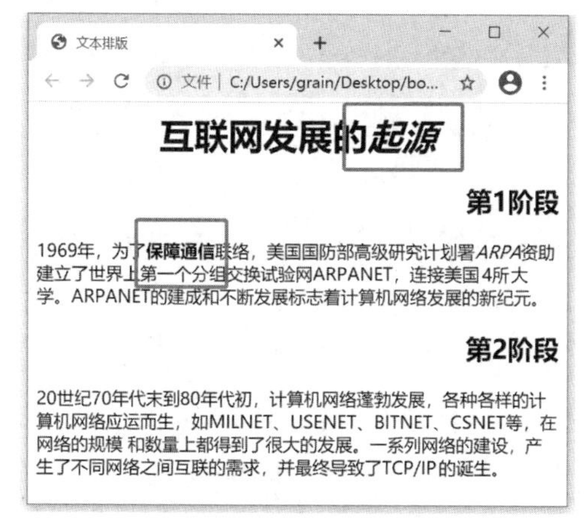

图 2.20　设置字体样式

在HTML5中虽然保留了<b>标记，但对它进行了重新描述和定义。<b>标记被描述为在普通文章中仅从文体上突出，而不包含任何额外重要性的一段文本，例如文档概要中的关键字、评论中的产品名等。

类似地，HTML4中的<i>标记与<em>标记也进行了相应的改变。

2.4.4　设置文字的大小和颜色（<font>）

除了可以设置文字的样式，还可以使用<font>标记设置与字体相关的属性。<font>标记有3个主要属性，分别用于设置文字的字体、大小和颜色。

face属性用于设置文字的字体，如宋体、楷体等；size属性用于控制文字的大小，可以取1到7之间的整数值；color属性用于设置文字的颜色。

例如将前面代码中的<h1>标题行改为：

```
1   <h1 align="center">
2       <font color="green" face="宋体" size="7"> 互联网发展的</font><i>起源</i>
3   </h1>
```

这时页面效果如图2.21所示，配套资源文件位于“第2章\02-16.html”。

图 2.21　使用 <font> 标记设置文字的字体、大小和颜色

注意

如果显示这个页面的浏览器所在的计算机中没有安装相应的字体，则浏览器将按照默认的字体进行显示。

注意

在这一小节中，介绍了一些HTML的标记和属性，可以发现其中很多是和样式相关的，比如用<align>标记定义段落的对齐方式，以及用bgcolor属性定义背景颜色等，它们都是典型的定义样式，而非定义结构。

HTML中之所以存在这些标记和属性，都是因为历史原因。HTML刚出现时还没有CSS，当时还是互联网的“史前时代”，那时HTML不得不同时承担一些“样式”相关的功能，所以它们也一直保留到了现在。

但是现在CSS的发展已经高度成熟，所以对于很多HTML标记，例如<font>这样的标记，都应该用CSS来实现，而不应该使用HTML标记。随着后面学习的深入，读者会逐渐发现，即使CSS属性和HTML属性实现某些样式的效果看起来是相同的，但实际上CSS属性所能实现的控制远远比HTML要细致、精确得多。

2.4.5 网页中的特殊文字符号

现在，网页的功能已不再是单纯地传播一些信息，它还包括传播大量的专业知识，如数学、物理和化学知识等。那么如何在网页上显示数学公式、化学方程式以及各种各样特殊的符号呢？就拿HTML来说，如何在网页上显示一个HTML标记。其实HTML早为大家想到了这点，它有许多特殊字符可以实现这一切。

（1）由于大于号和小于号被用于声明标记，因此如果在HTML代码中出现“<”和“>”就不会再被认为是普通的大于号或者小于号了。如果要显示“x>y”这样一个数学公式该怎么办呢？这时就需要用特殊字符“<”代表符号“<”，用“>”代表符号“>”。

（2）前面谈到过，文字与文字之间，如果超过一个空格，那么从第2个空格开始，都会被忽略掉。如果需要在某处使用空格，就需要使用特殊符号来代替，空格的符号是“ ”。

（3）一些符号是无法直接用键盘输入的，也需要使用这种方式来显示，例如版权符号“©”需要使用“©”来输入。

针对这几个符号有如下代码，配套资源文件位于“第2章\02-17.html”。

```
1   <html>
2      <head>
3           <title>不等式</title>
4      </head>
5      <body>
6           <p>   假设有如下4个变量,并满足如下不等式:</p>
7           <p align="center">
8                 x &gt; y <br>
9                 m &lt; n
10          </p>
11
```

```
12              <p align="right"> 版权所有&copy;前沿教室</p>
13          </body>
14      </html>
```

这时的网页效果如图2.22所示，可以看到，在第1行文字的开头有两个空格，在数学公式中显示了大于号和小于号，最后一行中显示了版权符号。

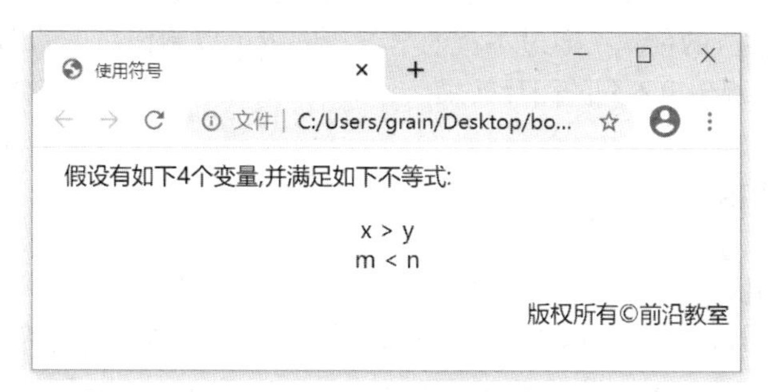

图 2.22　在网页中使用特殊符号

在一些公式中，有时需要以上标或者下标的方式显示一些文字，这时可以使用如下的标记。

（1）标记，为上标标记，用于将数字缩小后显示于上方；

（2）标记，为下标标记，用于将数字缩小后显示于下方。

此外，还有几个特殊字符，字符“÷”代表符号“÷”，字符“±”代表“±”，字符“‰”代表“‰”，字符“↔”代表双向的箭头。

基于上面这些符号和标记，再举一个更为复杂的例子，看看如何在网页中显示数学运算式和化学方程式。配套资源文件位于“第2章\02-18.html”。

```
1   <html>
2       <head>
3           <title>运算式</title>
4       </head>
5       <body>
6             [(6 <sup>3</sup> + 3 <sup>6</sup>) &divide; 2] &plusmn; 1 = ?<br>
7           结果以 &permil; 表示。<p>
8           H <sub>2</sub> + O <sub>2</sub> &hArr; H <sub>2</sub> O
9       </body>
10  </html>
```

在浏览器中打开这个网页，其效果如图2.23所示。

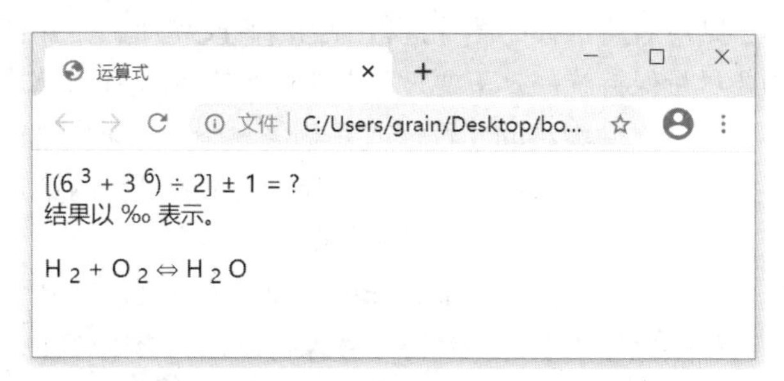

图 2.23　在网页中显示数学运算式和化学方程式

2.5 在网页中使用图片（<img>）

图片是网页中不可缺少的元素，巧妙地使用图片可以为网页增色不少。这里首先介绍在网页中常用的三种图片格式，然后再介绍如何在网页中插入图片，以及设置图片的样式和插入的位置。通过本章的学习，读者可以制作简单的图文网页，并根据自己的喜好制作出不同的图片效果。

知识点讲解

2.5.1 网页中的图片格式

目前在网页上使用的图片格式主要是PNG、JPG和GIF三种。

JPG格式为静态图片压缩标准格式，它为摄影图片提供了一种标准的有损耗压缩方案。它可以保留大约1 670万种颜色。对于照片类型的图片，通常选择以JPG格式保存，而且在图片处理软件中可以选择适当的压缩率，以达到清晰度和文件大小的平衡。

GIF格式只支持256色以内的图片，如果用GIF格式保存颜色丰富的照片类型图片，效果就会很差，因此它适合保存以线条为主的卡通类图片。GIF格式的另一个特点是支持透明色，可以使图片浮现在背景之上。

PNG格式的出现晚于JPG格式和GIF格式，它能够兼具二者的优点。当设置为256色时，PNG格式可以达到和GIF格式相同的效果，也可以实现无损耗高清晰度压缩。同时PNG拥有alpha透明，即半透明的能力。但PNG格式不支持有损压缩，它采用的是固定的LZ77压缩算法，不能设定压缩率。

总体来说，PNG是非常流行的用于网页的图片格式，但是具体使用时还有很多技巧和知识需要了解。由于它不属于HTML语言本身的范围，因此这里不再深入介绍，有兴趣的读者可以查找相关资料进行了解。

2.5.2 一个简单的插入了图片的网页

在网页上使用图片，从视觉效果而言，能使网页充满生机，并且直观且巧妙地表达出网页的主题，这是仅靠文字很难达到的效果。一个精美的图片网页不但能引起浏览者浏览网页的兴趣，而且网站制作者在很多时候要通过图片以及相关颜色的配合来做出本网站的网页风格。

首先是图片的选用。图片要与网页风格贴近，最好是由自己制作以完全体现该网页的设计意图。如果不能自己制作，则应对所选择的图片进行适当的修改和加工，并且要注意图片的版权问题。另外，图片的色调要尽量保持统一，不要过于花哨。再有就是所选择的图片不应过大，一般来说，图片文件的大小是文字文件大小的几百倍或几千倍，所以如果发现HTML文件过大，则往往是图片文件造成的，这样既不利于上传网页，也不利于浏览者进行浏览。如果迫不得已要使用较大的图片，也要进行一定的处理，这在本书后面的部分将会介绍。

其次是颜色的选择。一般在制作网页时都会选用一种主色调来体现网页的风格，再以其他颜色加以辅助。一旦选定某种颜色作为主色调就要一直保持下去，否则会让人感到眼花缭乱，无所适从。另外在以其他颜色来配合主色调时，不要喧宾夺主，比如当选用了灰色作为主色调时，在其他颜色的选用上就要尽量不用或者少用明色调，否则明色调就会非常刺眼。当然，如果需要的正是这样的效果就另当别论了。

下面就来看看如何在网页中插入图片。在网页中插入图片的方法是非常简单的，只要利用<img>标记就可以实现。

请看如下代码，配套资源文件位于“第2章\02-19.html”。

```
1   <html>
2      <head>
3         <title>图片</title>
4      </head>
5      <body>
6         <img src="cup.png">
7      </body>
8   </html>
```

在浏览器中打开这个网页，其效果如图2.24所示。

图 2.24　在网页中插入图片

<img>标记的作用就是在网页中插入图片，其中属性src是该标记的必要属性，该属性指定导入图片的保存位置和名称。在这里，插入的图片与HTML文件处于同一目录下；如果不处于同一目录下，就必须采用路径的方式来指定图片文件的位置。

2.5.3 使用路径

在2.5.2小节的例子中，强调了在网页中显示的图片文件必须和网页文件放在同一个文件夹中。下面首先做一个简单的实验。把图片文件从原来的文件夹中移到其他任意位置，不要修改网页文件，这时再用浏览器打开这个网页，其效果如图2.25所示。

图 2.25　浏览器不能正常显示图像

通过这个实验可知，改变了“cup.png”图片文件的位置，而HTML文件中的代码没有任何变化，引用的还是同样的图片文件，浏览器就找不到这个图片文件了。由于浏览器默认的是HTML文件所处的目录，因此在图片文件和HTML文件处于同一目录的情况下，浏览器就可以找到图片并正常显示。上面的例子中，因为浏览器并不知道已经把图片文件的位置换了，所以它仍然会到原来的位置去找这个图片，导致图片不能正常显示。这时就需要通过设置“路径”来帮助浏览器找到相应的引用文件。

为了更好地说明“路径”这个非常重要的概念，这里举一个生活中的例子作为类比。计算机中的文件都是按照层次结构保存在一级一级的文件夹中的，这就好像是学校分为若干个年级，每个年级又分为若干个班级。例如，在3年级2班中，有两个学生分别叫“小龙”和“小丽”，可以画一个示意图，如图2.26所示。

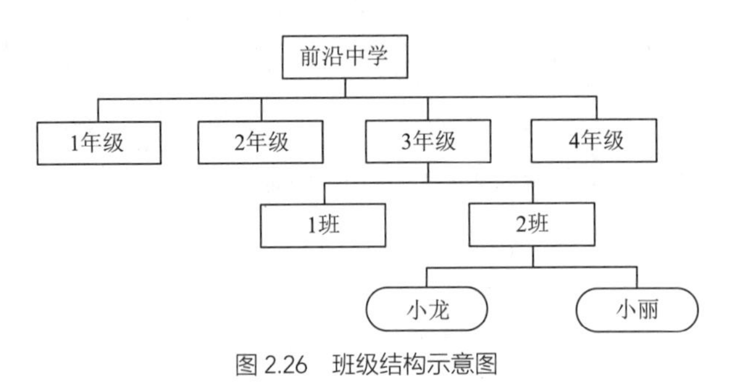

图 2.26　班级结构示意图

如果小龙要找小丽，那么不需要额外的说明，在本班内部就可以找到她了。而如果是同年级的另一个班的学生要找小丽，那么除了姓名之外，还需要说明是“2班的小丽”。再进一步，如果是另外一个年级的学生要找小丽，就应该说明是“3年级2班的小丽”。

实际上，这就是路径的概念。在上面的HTML网页中，由于网页文件和图片文件都在同一个文件夹中，这就好像是在同一个班级中的两个同学，因此不需要说明额外的路径信息。如果它们不在同一个文件夹中，就必须说明足够的“路径”信息。

对于路径信息的说明，通常分为以下两种情况。

（1）相对路径，即从自己的位置出发，依次说明到达目标文件的路径。这就好像如果班主任要找本班的一名学生，则只须直接说名字即可，而如果校长要找一名学生，则还要说明年级和班级。

（2）绝对路径，即先指明最高级的层次，然后依次向下说明。例如要找外校的一名学生，就无法以本校为起点找到他，因此可以说“八一中学3年级4班的张伟”，这就是绝对路径的概念。

网站中的路径也是类似的，通常可以分为两种情况。

（1）如果图片文件就在本网站内部，则通常以要显示该图片的网页文件为起点，通过层级关系描述图片的位置。

（2）如果图片不在本网站内部，则以“http://”开头的URL通常会被作为图片文件的路径，其通常也被称为“外部链接”。

下面举几个例子来说明路径的使用方法。这里把上面的结构再变化一下，如图2.27所示。

图2.27中的矩形表示文件夹，圆角矩形表示文件，包括网页文件和图片文件。

（1）如果在f-01文件夹中的a.htm需要显示同一个文件夹中的cup.png文件，则直接写文件名即可。

（2）如果在f-04文件夹中的02文件夹中的b.htm需要显示同一个文件夹中的cap.gif 文件，则直接写文件名即可。

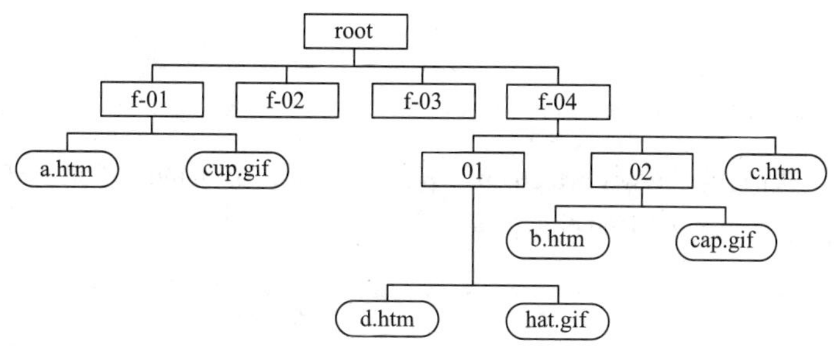

图 2.27 文件系统结构示意图

（3）如果在f-04文件夹中的c.htm需要显示02文件夹中的cap.gif 文件，应该写作“…/02/cap.gif ”。这里的斜线就表示了层级关系，即下一级的意思。这里的三个点号表示的是上一级文件夹的意思。

（4）如果在f-04文件夹中的02文件夹中的b.htm需要显示01文件夹中的hat.gif 文件，应该写作“…/01/hat.gif”。

（5）如果在f-04文件夹中的02文件夹中的b.htm需要显示f-01文件夹中的cup.gif 文件，应该写作“…/f-01/cup.gif”。

（6）如果在f-01文件夹中的a.htm需要显示f-04文件夹中的02文件夹中的cap.gif 文件，应该写作“…/f-04/02/cap.gif”。

例如，基于上面制作的02-18.html文件，如果把在网页所在的文件夹中新建的文件夹命名为“images”，然后把原来的图片移动到images文件夹中，这时网页文件就应该进行如下修改，以保证图片正确显示。配套资源文件位于“第2章\02-20.html”。

```
1   <html>
2      <head>
3         <title>图片</title>
4      </head>
5      <body>
6         <img src="images/cup.png">
7      </body>
8   </html>
```

下面作为练习，请读者参照图2.27写出如下6种情况的路径。

（1）在f-04文件夹中的01文件夹中的d.htm需要显示同一个文件夹中的hat.gif文件，路径应该如何书写？

（2）在f-04文件夹中的c.htm需要显示01文件夹中的hat.gif文件，路径应该如何书写？

（3）在f-04文件夹中的c.htm需要显示f-01文件夹中的cup.png文件，路径应该如何书写？

（4）在f-04文件夹中的01文件夹中的d.htm需要显示02文件夹中的cap.gif 文件，路径应该如何书写？

（5）在f-04文件夹中的01文件夹中的d.htm需要显示f-01文件夹中的cup.png文件，路径应该如何书写？

（6）在f-01文件夹中的a.htm需要显示f-04文件夹中的01文件夹中的cat.gif 文件，路径应该如何书写？

除了上面所说的这种相对路径方式，也常使用另一种方式，即当引用的图片是其他网站上的某一个图片文件时，就无法使用相对路径了。这时可以直接使用图片的URL作为地址。

例如如下代码：

```
<img src="http://www.artech.cn/images/cup.png">
```

这里在“http://”后面的“www.artech.cn”表示在网页上显示的图片来源于这个网站，它后面的部分则是图片位于网站结构中的具体位置。

注意

这里要特别说明的是，如果使用其他网站的图片，就必须遵守知识产权的相关规定，不要侵犯他人的知识产权。

此外，在实际制作网页时，如果出现图片不能正常显示的情况，往往就是因为路径设置出了问题，这对于初学者来说是一个令人头疼的问题。不过，只要真正理解了路径的概念和含义，问题就会迎刃而解。

2.5.4 用alt属性为图片设置替换文本

有时由于某些原因，如网络速度太慢、浏览器版本过低等，图片可能无法正常显示，因此应该为图片设置一个替换文本，用于图片无法显示时告诉浏览者该图片的内容。

这需要使用图片“alt”属性来实现。例如下面的代码，配套资源文件位于“第2章\02-21.html”。

```
1   <html>
2   <head>
3       <title>图片</title>
4   </head>
5   <body>
6     <img src="no-image.gif" width="200" height="200" alt="杯子图片">
7   </body>
8   </html>
```

在浏览器中打开这个网页，如果浏览器不能打开图片，则其效果如图2.28所示。

图 2.28　alt 属性的作用

在过去网速比较慢时，alt属性的主要作用是使看不到图片的访问者能够了解图片的内容。而随着互联网的发展，现在显示不了图片的情况很少发生，同时alt属性也有了新的作用，Google和百度等搜索引擎在收录页面时会通过alt属性的内容来分析网页的内容。因此，如果在制作网页时能够为图片配上清晰明确的替换文本，就可以帮助搜索引擎更好地理解网页内容，从而更有利于搜索引擎的优化，可能会使更多人通过搜索引擎找到这个网页。

2.6 再谈HTML5

在本章中，我们介绍了如何在一个网页中使用文本和图片。在有了一些基本的认知后，本节再回顾一下HTML的发展历程和一些特性。

知识点讲解

HTML及其规范对于互联网非常重要，这也导致其与众多的组织、厂商的关系十分密切，因此HTML相关规范的演进也备受各方关注，而演进道路也颇为曲折。了解一下其中的过程有助于我们理解这个语言。

2.6.1 追根溯源

HTML是访问网页不可或缺的基础，几乎所有网页都是使用HTML编写的。HTML在近30年的发展过程大致可以分为3个阶段。

1. 兴起：早期HTML阶段

HTML在初期，为了能更广泛地被接受，大幅度放宽了标准的严格性，例如标记可以不封闭，属性可以加引号，也可以不加引号等。正是这样比较宽松的标准促进了互联网早期的蓬勃发展。

- HTML 2.0：于1995年11月发布。
- HTML 3.2：于1996年1月14日发布。
- HTML 4.0：于1997年12月18日发布。
- HTML 4.01（微小改进）：于1999年12月24日发布。

2. 弯路：XHTML阶段

宽松的HTML标准导致出现很多混乱和不规范的代码，从长远看这不符合标准化的发展趋势。W3C组织很快意识到了这个问题，并认为这是互联网的一个基础性问题，应该加以解决。为了规范HTML，W3C结合XML制定了XHTML 1.0标准。

- XHTML 1.0：于2000年1月发布，后经过修订，于2002年8月重新发布为XHTML 1.0第二版。
- XHTML 1.1：于2001年5月31日发布。
- XHTML 2.0：中途废弃。

由于XHTML规范过于严格，并且对大量原来存在的HTML兼容度不够，特别是激进的XHTML 2.0标准几乎是一个全新的语言，各大厂商反对这个标准，导致XHTML标准被废弃。

3．回归：HTML5阶段

XHTML规范停止演进后，Apple等三家厂商宣布在一个名为WHATWG的组织中继续付出相关努力，并提出了HTML5的概念。2006年，W3C表示愿意参与HTML5的开发，并于2007年组建了一个工作组，专门与WHATWG合作开发HTML规范，从而又回到了原有的HTML的演进路线上。

在照顾兼容性的同时，HTML5将Web带入一个成熟的应用平台。在这个平台上，视频、音频、图片、动画以及与设备的交互都进行了规范。

说明

这些规范实际上主要是为浏览器的开发者提供的，因为他们必须了解这些规范的所有细节。而对于网页设计师来说，并不需要了解规范之间的细微差别，这与其实际工作并不十分相关，而且这些规范的文字也都比较晦涩，并不易阅读，因此网页设计师通常只要知道一些大的原则就可以了。当然，如果设计师能够花一些时间把HTML和CSS的规范仔细通读一遍，将会有巨大的收获，因为这些规范是所有设计师的“圣经”。

说明

W3C（World Wide Web Consortium，万维网联盟）组织创建于1994年，通过研究Web规范和指导方针，致力于推动Web发展，保证各种Web技术能很好地协同工作。W3C的主要职责是确定未来万维网的发展方向，并且制定相关的建议（recommendation）。由于W3C是一个民间组织，没有约束性，因此只提供建议。

2.6.2 HTML5的优势与特点

HTML5之所以能够取代XHTML，而被各方广泛接纳，关键在于它采用了一套非常合理的设计理念，这些设计理念主要包括以下3点。

1．兼容

HTML5并不是颠覆性的革新，它的一个核心理念就是保持一切新特性平滑过渡。一旦浏览器不支持HTML5的某项功能，就会使用针对这个功能的备选行为。互联网上很多文档已经存在二三十年，因此，HTML5采取的兼容理念显得尤为重要。

2．实用

HTML5规范是基于用户优先准则编写的，其宗旨是“用户至上”，这意味着在遇到无法解决的冲突时，规范会把用户放到第一位，其次是页面作者，再次是实现者（或浏览器），然后是规范制定者，最后才考虑理论的纯粹性。因此，HTML5的绝大部分是实用的，只是在某些特定情况下不够完美，这也是取舍后所做出的选择。

HTML5的研究者花费了大量的精力来研究具有通用性的行为，希望把最常用的行为抽象出来。例如在分析了上百万的页面后，得出<div>标记往往存在几个通用id，重复量很大。再如，很多开发人员使用id="header"来标记页头区域。因此就在HTML5中直接引入一个<header>标记来解决实际问题。这就是所谓的语义化标记的概念。

3. 简化与互通

HTML5力求简单，避免不必要的复杂。HTML5的口号是“简单至上，尽可能简化”。因此，HTML5做了以下改进。

（1）以浏览器原生能力替代复杂的JavaScript代码。

（2）新的简化的DOCTYPE。

（3）新的简化的字符集声明。

（4）简单而强大的HTML5 API。

“简单”的目的是更好地“互通”。为实现所有的简化操作，HTML5规范已经变得非常大，因为它需要精确再精确，而实际上它要比以往任何版本的HTML规范都要精确。这些努力都是为了达到真正实现浏览器互通的目标。

2.6.3 HTML5的新增标记

需要指出的是，在实际开发中使用最多的仍是HTML4中已经定义的标记。HTML5中引入了大量新的标记，但是它们主要是对HTML4中标记的补充与细化。HTML5中新引入或修改的标记大体上分为如下4类。

1. 结构性标记

结构性标记主要用来对页面结构进行划分，就像在设计网页时将页面分为导航、内容部分、页脚等，以确保HTML文档的完整性。

- article：用于表示一篇文章的主题内容，一般为文字集中显示的区域。
- header：页面主体上的头部。
- nav：专门用于菜单导航、链接导航的标记。
- section：用于表达书的一部分或一章；在Web页面应用中，该标记也可用于区域的章节表述。

2. 多媒体标记

多媒体标记主要解决以往通过Flash等进行视频展示所存在的问题，新增的标记使HTML的功能变得更加强大。

- video：视频标记，用于支持和实现视频文件的直接播放，支持缓冲预载和多种视频媒体格式，如WebM、MP4、OGG等。
- audio：音频标记，用于支持和实现音频文件的直接播放，支持缓冲预载和多种音频媒体格式，如MP3、OGG、WAV等。

3. 重定义标记

在HTML5中，对原有的一些标记做了重新定义，使得这些标记更符合语义化的要求。例如，在前面的章节中已经介绍过，在HTML4中，<b>和<strong>的作用都是使文字以粗体显示，但是<b>标记属于视觉性元素，用于定义样式，而<strong>标记属于表达性元素，用于表达元素的内容结构性质。而在HTML5中虽然保留了<b>标记，但对它进行了重新描述与定义：<b>标记被描述为在普通文章中仅从文体上突出，而不包含任何额外重要性的一段文本，例如文档概要中的关键字、评论中的产品名等。

4. 其他标记

在近20年的发展实践中，新产生了大量被使用的新的网页对象和属性，例如在表单中，增加了新的元素类别和属性等。在本书中，我们在后面的章节中讲解CSS的同时，会对HTML的常用标记进行讲解。针对HTML5新增的标记，读者可以参考本书的配套资源加以了解。

2.7 实例：创建一个简单的网页

这个练习的内容是创建一个新的页面文档，并在其中插入一些基本元素，这些元素的详细内容在后面的章节中还会深入介绍，这里仅做一个预习。

希望读者可以通过这个案例了解VS Code的基本操作方法。本例最终效果如图2.29所示，也可以参见本书配套资源文件“第2章\02-22.html”。

图 2.29　最终效果

（1）要进行网页制作，首先要创建一个新文档。先创建一个新的文件夹，比如在桌面上创建文件夹“html”，然后用VS Code打开该文件夹，如图2.30所示。

图 2.30　打开文件夹

（2）按2.2节中的方法，在html文件夹中创建文件1.html，并生成初始代码。

（3）新文档创建好后，在<body>标记内部输入相关的文字信息，如图2.31所示。这里用到了段落标记<p>，具体含义会在后面的章节中讲解，此处先做一个直观的体验。

图 2.31　输入文字信息

（4）插入图片时需要用到<img>标记，先输入img，VS Code会给出相应的提示，然后进行选择，如图2.32所示。

图 2.32　输入 img

（5）然后需要输入具体的图片路径，我们先将图片放入html文件夹中，如图2.33所示。

图 2.33　将图片放入 html 文件夹中

（6）在src属性处输入图片路径，VS Code会给出相应的提示，如图2.34所示。选择相应的图片即可。

图 2.34　选择图片

（7）这样，一个非常简单的网页就制作好了。在浏览器中打开网页，效果如图2.29所示。

在各种各样的网页中，文字和图片是最基本的两种网页元素。文字和图片在网页中可以起到传递信息、导航和交互等作用。在网页中添加文字和图片并不困难，更重要的问题是要如何编排这些内容以及控制它们的显示方式，让文字和图片看上去编排有序、整齐美观，这就是本章要向读者介绍的内容。通过本章的学习，读者可以掌握如何在网页中合理地使用文字和图片，如何根据需要选择不同的显示效果。

本章小结

在本章中分别介绍了文本和图片相关的HTML标记与属性，读者需要理解的是本章所讲的通过设置HTML属性来确定文本和图片的特定样式，如文本的颜色、对齐方式等。我们虽然学习了这么多，但是仍然感觉能够设置的样式是很有限的，例如在一个文本段落中，通过HTML是无法设置行间距的，这时就必须借助另一个CSS规范来实现，具体内容将在后面讲解。

习题 2

一、关键词解释

HTML　　HTML标记　　网页源代码　　VS Code　　HTML属性　　段落标记
标题标记　　图片标记　　HTML5　　W3C组织

二、描述题

1. 请简单描述一下HTML5文件结构有哪几个标记。
2. 请简单描述一下本章中介绍的几个文本标记分别是什么。
3. 请简单描述一下本章中介绍的设置文字特殊样式的标记分别是什么。

4. 请简单描述一下图片标记是什么，如何使用它。
5. 请简单描述一下HTML5的优势与特点。

三、实操题

通过使用本章讲解的知识，实现题图2.1所示的页面效果，具体要求如下。

- 将“天安门”设置为一级标题，其后面的内容设置为小号字。
- 一级标题和图片都居中显示。
- 将“结构形制”设置为二级标题。
- 第一段落中的“北京城”设置下画线。
- 将“城楼”和“城台”文字颜色设置为蓝色，并加粗显示。
- 主体内容设置为段落，并缩进。

题图 2.1　页面效果

第3章 CSS语言基础

通过前面的学习和实践，我们已经理解HTML语言的核心原理。实际上使用HTML非常简单，其核心思想就是需要设置什么样式，就使用相应的HTML标记或者属性。虽然早期的HTML中带有一些用于设置样式的标记和属性，但其远远不能满足网页设计的要求。

相关组织和厂商也在努力寻找解决这些问题的方法，而CSS就在这个背景下应运而生。它能够与HTML分离，并与之配合，完成对页面样式丰富且精确的定义。为了解决HTML结构标记与表现标记混杂在一起的问题，引入了CSS这个新的规范来专门负责网页的表现形式。因此，HTML与CSS的关系就是“内容结构”与“表现形式”的关系，HTML确定网页的内容结构，而CSS决定网页的表现形式。本章思维导图如下。

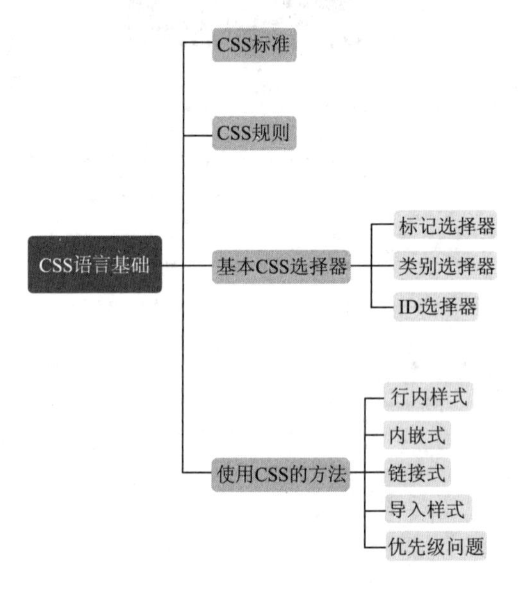

3.1 入门知识

在正式学习CSS语法规则之前，先介绍一些相关的背景知识，以及基本的操作方法，便于读者在学习中能够方便地上手操作。

3.1.1 CSS标准

CSS（cascading style sheet，层叠样式表）语言是用于控制网页样式并允许将样式信息与网页内容分离的一种标记性语言。CSS是1996年由W3C审核通过并且推荐使用的。简单来说，CSS的引入就是为了使HTML语言更好地适应页面的美工设计。它以HTML语言为基础，提供了丰富的格式化功能，如字体、颜色、背景和整体排版等，并且网页设计者可以针对各种可视化浏览器（包括显示器、打印机、打字机、投影仪和PDA等）来设置不同的样式风格。CSS的引入随即引发了网页设计一个又一个的新高潮，使用CSS设计的优秀页面层出不穷。

和HTML类似，CSS也是由W3C组织负责制定和发布的。1996年12月，W3C组织发布了CSS 1.0规范；1998年5月，发布了CSS 2.0规范。

此后，CSS3的规范于1999年开始被制定。2001年5月23日，W3C完成了CSS3的工作草案。从CSS3开始，其演进的一个主要变化就是W3C决定将CSS3分成一系列模块，各个模块可以独立制定和发布标准。这样，通过采用模块方法，CSS3规范里的元素能以不同的速度向前发展，因为不同的浏览器厂商只支持给定的特性。但不同浏览器在不同时间支持的特性不同，这也使页面跨浏览器的开发变得复杂。

经过近20年的发展，主流的浏览器目前基本上已经可以很好地支持CSS3规范，这对开发者来说是非常有利的。本节从CSS对标记的控制入手，讲解CSS的基础知识以及编辑方法。

3.1.2 传统HTML的缺点

在CSS还没有被引入页面设计之前，传统的HTML语言要实现页面美工设计是十分麻烦的。例如在一个网页中有一个使用<h2>标记定义的标题，如果要把它设置为蓝色，并对字体进行相应的设置，则需要引入<font>标记，如下：

```
<h2><font color="#0000FF" face="黑体">CSS标记1</font></h2>
```

看上去这样的修改并不是很麻烦，但是当页面内容不仅仅只有一段，而是整个页面时，情况就变得复杂了。

首先观察如下HTML代码，配套资源文件位于“第3章\03-01.html”。

```
1   <html>
2   <head>
3       <title>用HTML设置文字大小和颜色</title>
4       <meta http-equiv="Content-Type" content="text/html; charset=gb2312">
5   </head>
6   <body>
7       <h2><font color="#0000FF" face="幼圆">这是标题文本</font></h2>
8       <p>这里是正文内容</p>
9       <h2><font color="#0000FF" face="幼圆">这是标题文本</font></h2>
10      <p>这里是正文内容</p>
11      <h2><font color="#0000FF" face="幼圆">这是标题文本</font></h2>
12      <p>这里是正文内容</p>
13  </body>
14  </html>
```

这段代码在浏览器中的显示效果如图3.1所示，3个标题都是蓝色黑体字。这时如果要将这

3个标题都改成红色，在这种传统的HTML语言中就需要对每个标题的<font>标记进行修改。如果是一个规模很大的网站，而且需要对整个网站进行修改，那么工作量就会非常大，甚至无法实现。

图 3.1　给标题添加效果

其实传统HTML的缺陷远不止上例中所反映的这一点，相比以CSS为基础的页面设计方法，其所体现出的劣势主要有以下几点。

（1）维护困难。为了修改某个特殊标记（例如上例中的<h2>标记）的格式，需要花费很多时间，尤其对于整个网站而言，后期修改和维护的成本很高。

（2）标记不足。HTML本身的标记很少，很多标记都是为网页内容服务的，而关于美工样式的标记，如文字间距、段落缩进等标记在HTML中很难找到。

（3）网页过“胖”。由于没有统一对各种风格样式进行控制，因此HTML的页面往往体积过大，占用了很多宝贵的带宽。

（4）定位困难。在整体布局页面时，HTML对于各个模块的位置调整显得捉襟见肘，过多的其他标记同样也导致了页面的复杂和后期维护的困难。

3.1.3 CSS的引入

对于上面的页面，如果引入CSS对其中的<h2>标记进行控制，那么情况将完全不同。代码进行如下修改，配套资源文件位于“第3章\03-02.html”。

```
1    <html>
2    <head>
3        <title>用CSS设置文字大小和颜色</title>
4        <meta http-equiv="Content-Type" content="text/html; charset=gb2312">
5        <style>
6            h2{
7                font-family:幼圆;
8                color:blue;
9            }
10       </style>
11   </head>
12   <body>
```

```
13        <h2>这是标题文本</h2>
14        <p>这里是正文内容</p>
15        <h2>这是标题文本</h2>
16        <p>这里是正文内容</p>
17        <h2>这是标题文</h2>
18        <p>这里是正文内容</p>
19    </body>
20    </html>
```

其显示效果与前面的例子完全一样。可以发现在页面中的<font>标记全部消失了，取而代之的是最开始的<style>标记，以及其中对<h2>标记的定义，即：

```
1    <style>
2        h2{
3            font-family: 幼圆;
4            color:blue;
5        }
6    </style>
```

页面中所有的<h2>标记的样式风格都是由这段代码控制的，如果希望标题的颜色变成红色，字体使用黑体，则仅仅需要将这段代码修改为：

```
1    <style>
2        h2{
3            font-family:黑体;
4            color:red;
5        }
6    </style>
```

实例文件参见本书配套资源“第3章\03-03.html”，其显示效果如图3.2所示。

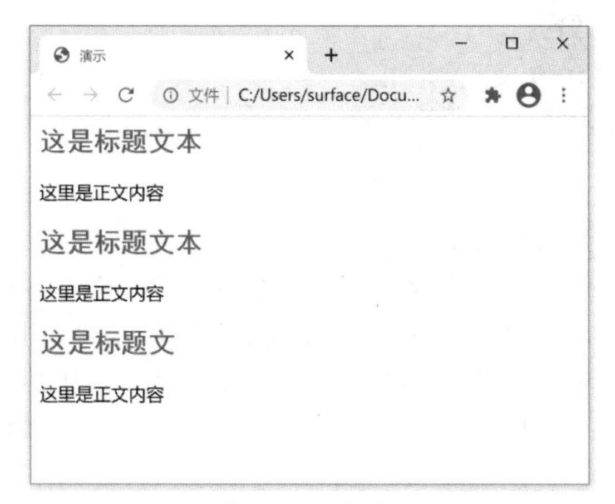

图 3.2　CSS 的引入

说明

由于本书黑白印刷，建议读者在阅读本章的案例时配合本书配套资源中的案例代码，查看一下实际效果，这样对于读者理解其中的原理会更有帮助。

从这个简单的例子中可以明显看出，CSS对于网页的整体控制较单纯的HTML语言有了突破性进展，并且后期修改和维护都十分方便。不仅如此，CSS还提供了各种丰富的格式控制方法，使得网页设计者能够轻松地实现各种页面效果，这些都将在后面的章节中逐一讲解。

最核心的变化就是，原来由HTML同时承担的“内容”和“表现”双重任务现在分离了，内容仍然由HTML负责，但表现形式则由<style>标记中的CSS代码负责。当然，由于还没有介绍CSS的具体用法，因此以上代码的具体内容读者可能还无法清晰地理解，但是读者只要明白其中的原理即可。

3.1.4 如何编写CSS

CSS文件与HTML文件一样，都是纯文本文件，因此一般的文字处理软件都可以对CSS进行编辑。早期比较流行使用Dreamweaver软件来制作网页，也可以用它来编辑CSS代码，图3.3所示就是对CSS代码着色的效果。

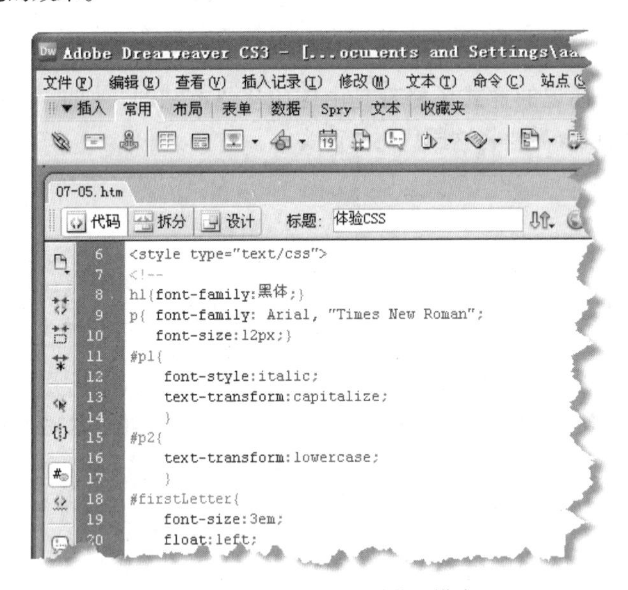

图 3.3 Dreamweaver 的代码模式

后来Adobe公司停止了对Dreamweaver等软件的更新，目前最受前端开发人员欢迎的编辑软件是Visual Studio Code，简称“VS Code”。前面已经讲解了如何利用VS Code编写HTML，下面介绍如何使用它来编写CSS。仍然使用Dreamweaver的用户可以尝试使用VS Code。

下面先用VS Code打开一个HTML网页，例如打开前面例子中的网页。CSS代码一般写在<style>标记内部，具体用法在后面会详细讲解。VS Code不仅会给代码着色，还会给出智能提示，非常方便，如图3.4所示。

通过前面的例子，已经可以体现出使用CSS所带来的优点。从本章开始，将正式介绍使用CSS的方法。在传统的介绍HTML的书籍和资料中，都会有大量的篇幅介绍HTML的相关属性，也就是如何用HTML来控制页面的表现，而大多数HTML标记和属性在目前已经被废弃，因此本书对于废弃和过时的HTML内容将不再介绍，而是着重从实际使用出发，介绍最常用的方法。

图 3.4　用 VS Code 编写 CSS

3.2 理解CSS规则

在具体使用CSS前，请读者思考一个生活中的问题，通常我们是如何描述一个人的？我们可以为某人列一张表：

```
1    张飞{
2         身高：185cm;
3         体重：105kg;
4         性别：男;
5         民族：汉族;
6    }
```

这个表实际上是由3个要素组成的，即姓名、属性和属性值。通过这样一张表，就可以把一个人的基本情况描述出来。表中每一行分别描述了一个人的某一种属性，以及该属性的属性值。

CSS的作用就是设置网页各个组成部分的表现形式。因此，如果把上面的表格换成描述网页上一个标题的属性表，可以设想应该大致如下：

```
1    2级标题{
2         字体：宋体;
3         大小：15像素;
4         颜色：红色;
5         装饰：下画线
6    }
```

再进一步，如果把上面的表格用英语写出来，则有：

```
1   h2{
2       font-family: 宋体;
3       font-size:15px;
4       color: red;
5       text-decoration: underline;
6   }
```

这就是完全正确的CSS代码了。由此可见，CSS的原理实际上非常简单，对于英语为母语的人来说，写CSS代码几乎就像使用自然语言一样简单。而对于我们，只要理解了这些属性的含义，写CSS代码其实也并不复杂，相信每一位读者都可以掌握它。

CSS的思想就是首先指定对什么“对象”进行设置，然后指定对该对象哪个方面的“属性”进行设置，最后给出该属性的“值”。因此，概括来说，CSS就是由3个基本部分组成的——“对象”“属性”和“值”。

3.3 基本CSS选择器

在CSS的3个组成部分中，“对象”是很重要的，它指定了对哪些网页元素进行设置，因此，它有一个专门的名称——选择器（selector）。

知识点讲解

选择器是CSS中很重要的概念，所有HTML语言中的标记样式都是通过不同的CSS选择器进行控制的。用户只需要通过选择器对不同的HTML标记进行选择，并赋予各种样式声明，即可实现各种效果。

为了理解选择器的概念，可以用“地图”作为类比。在地图上可以看到一些“图例”，如河流用蓝色的线表示，公路用红色的线表示，省会城市用黑色圆点表示等。本质上，这就是一种“内容”与“表现形式”的对应关系。在网页上，也同样存在着这样的对应关系，例如<h1>标记用蓝色文字表示，<h2>标记用红色文字表示。因此为了能够使CSS规则与HTML元素对应起来，就必须定义一套完整的规则，实现CSS对HTML的“选择”，这就是将其叫作“选择器”的原因。

在CSS中，有几种不同类型的选择器，本节先来介绍基本选择器。所谓“基本”，是相对于下一节中要介绍的复合选择器而言的。也就是说，复合选择器是通过对基本选择器进行组合而构成的。

基本选择器有标记选择器、类别选择器和ID选择器三种，下面分别介绍。

3.3.1 标记选择器

一个HTML页面由很多不同的标记组成，而CSS标记选择器就负责声明哪些标记采用哪种CSS样式。因此，每一种HTML标记的名称都可以作为相应的标记选择器的名称。例如p选择器，就是用于声明页面中所有<p>标记的样式风格。同样可以通过h1选择器来声明页面中所有的<h1>标记的CSS风格。例如下面这段代码：

```
1   <style>
2       h1{
3          color: red;
```

```
4           font-size: 25px;
5       }
6   </style>
```

这段CSS代码声明了HTML页面中所有的<h1>标记，文字的颜色都采用红色，大小都为25px。每一个CSS选择器都包含选择器本身、属性和值，其中属性和值可以设置多个，从而实现对同一个标记声明多种样式风格，如图3.5所示。

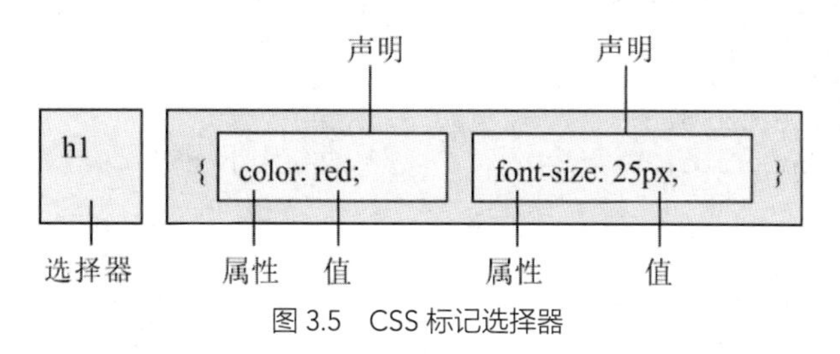

图 3.5　CSS 标记选择器

如果希望所有<h1>标记不再采用红色，而是采用蓝色，这时仅仅需要将属性color的值修改为blue，即可全部生效。

CSS语言对于所有属性和值都有相对严格的要求。如果声明的属性在CSS规范中没有，或者某个属性的值不符合该属性的要求，都不能使该CSS语句生效。下面是一些典型的错误语句：

```
1   Head-height: 48px;      /* 非法属性 */
2   color: ultraviolet;     /* 非法值 */
```

对于上面提到的错误，通常情况下可以直接利用CSS编辑器（如VS Code）的语法提示功能来避免，但某些时候还需要查阅CSS手册，或者直接登录W3C的官方网站来查阅CSS的详细规则说明。

3.3.2　类别选择器

在3.3.1小节中提到的标记选择器一旦被声明，页面中所有的相应标记都会发生变化。例如当声明了<p>标记为红色时，页面中所有的<p>标记都将显示为红色。如果希望其中的某一个<p>标记不是红色，而是蓝色，这时仅依靠标记选择器是不够的，还需要引入类别（class）选择器。

类别选择器的名称可以由用户自定义，属性和值跟标记选择器一样，也必须符合CSS规范，如图3.6所示。

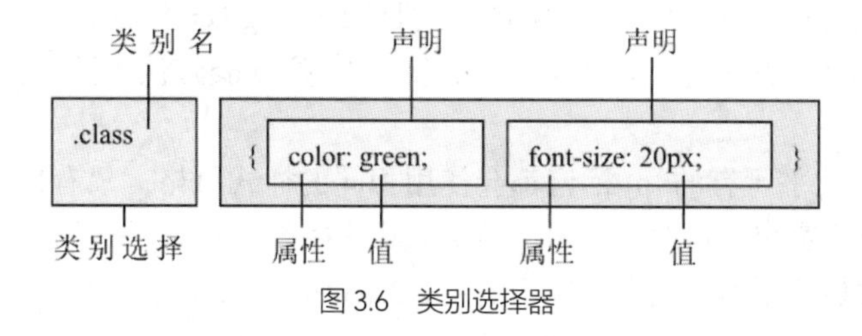

图 3.6　类别选择器

例如当页面中同时出现两个<p>标记，并且希望它们的颜色不一样时，就可以通过设置不同的类别选择器来实现。一个完整的案例如下所示，实例文件位于本书配套资源中的“第3章\03-04.html”。

```
1    <html>
2    <head>
3        <title>class选择器</title>
4        <style type="text/css">
5            .red{
6                color:red;              /* 红色 */
7                font-size:18px;         /* 文字大小 */
8            }
9            .green{
10               color:green;            /* 绿色 */
11               font-size:20px;         /* 文字大小 */
12           }
13       </style>
14   </head>
15
16   <body>
17       <p class="red">class选择器1</p>
18       <p class="green">class选择器2</p>
19       <h3 class="green">h3同样适用</h3>
20   </body>
21   </html>
```

上述代码的显示效果如图3.7所示，可以看到两个<p>标记分别呈现出了不同的颜色和字体大小。任何一个class选择器都适用于所有HTML标记，只需要用HTML标记的class属性声明即可，例如<h3>标记同样使用了.green这个类别。

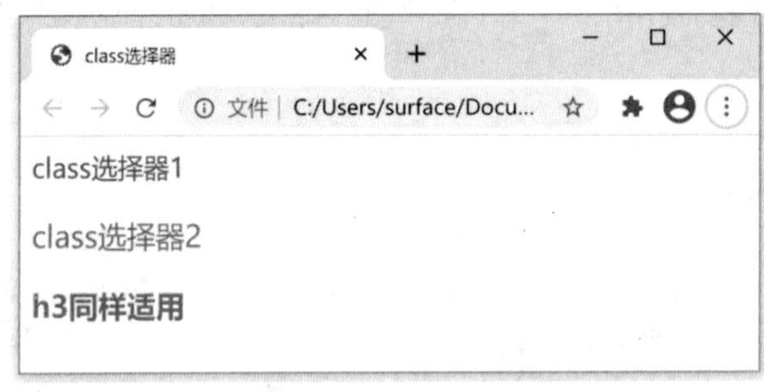

图 3.7　类别选择器示例

在上例中仔细观察还会发现，最后一行<h3>标记的显示效果为粗体字，而同样使用了.green类别选择器的第2个<p>标记却没有变成粗体。这是因为在.green类别中没有定义字体的粗细属性，因此各个HTML标记都采用了其自身默认的显示方式，<p>默认为正常粗细，而<h3>默认为粗体字。

很多时候页面中几乎所有的<p>标记都会使用相同的样式风格，只有1～2个特殊的<p>标记需要使用不同的风格来突出，这时可以组合使用class选择器与上一节提到的标记选择器。例如下面这段代码，示例文件位于本书配套资源中的“第3章\03-05.html”。

```
1    <html>
2    <head>
3        <title>类别选择器与标记选择器</title>
4        <style type="text/css">
```

```
5           p{                          /* 标记选择器 */
6               color:blue;
7               font-size:18px;
8           }
9           .special{                   /* 类别选择器 */
10              color:red;              /* 红色 */
11              font-size:23px;         /* 文字大小 */
12          }
13      </style>
14  </head>
15  <body>
16      <p>类别选择器与标记选择器1</p>
17      <p>类别选择器与标记选择器2</p>
18      <p>类别选择器与标记选择器3</p>
19      <p class="special">类别选择器与标记选择器4</p>
20      <p>类别选择器与标记选择器5</p>
21      <p>类别选择器与标记选择器6</p>
22  </body>
23  </html>
```

首先通过标记选择器定义<p>标记的全局显示方案，然后再通过一个类别选择器对需要突出显示的<p>标记进行单独设置，这样大大提高了代码的编写效率，其显示效果如图3.8所示。

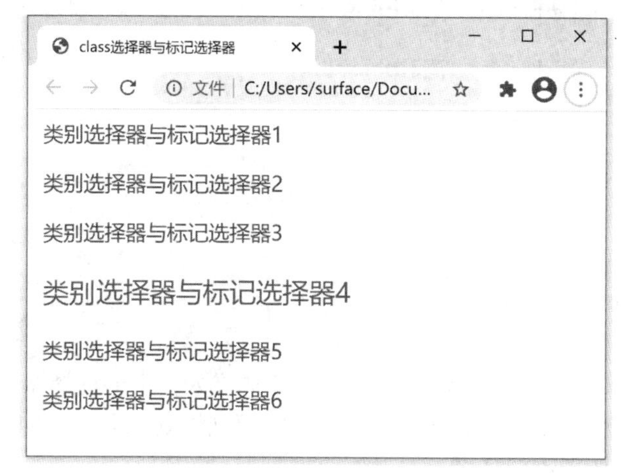

图 3.8　两种选择器配合使用

在HTML的标记中，还可以同时给一个标记运用多个类别选择器，从而将两个类别的样式风格同时运用到一个标记中。这在实际制作网站时往往很有用，可以适当减少代码的长度。如下例所示，实例文件位于本书配套资源中的“第3章\03-06.html”。

```
1   <html>
2   <head>
3       <title>同时使用两个class</title>
4       <style type="text/css">
5           .blue{
6               color:blue;         /* 颜色 */
7           }
8           .big{
9               font-size:22px;     /* 字体大小 */
```

```
10          }
11      </style>
12  </head>
13  <body>
14      <h4>一种都不使用</h4>
15      <h4 class="blue">两种class，只使用blue</h4>
16      <h4 class="big">两种class，只使用big </h4>
17      <h4 class="blue big">两种class，同时blue和big</h4>
18      <h4>一种都不使用</h4>
19  </body>
20  </html>
```

显示效果如图3.9所示，可以看到使用第1种class的第2行显示为蓝色，而第3行则仍为黑色，但由于使用了big，因此字体变大。第4行通过“class="blue big"”将两个样式同时加入，得到蓝色大字体。第1行和第5行没有使用任何样式，仅作为对比时的参考。

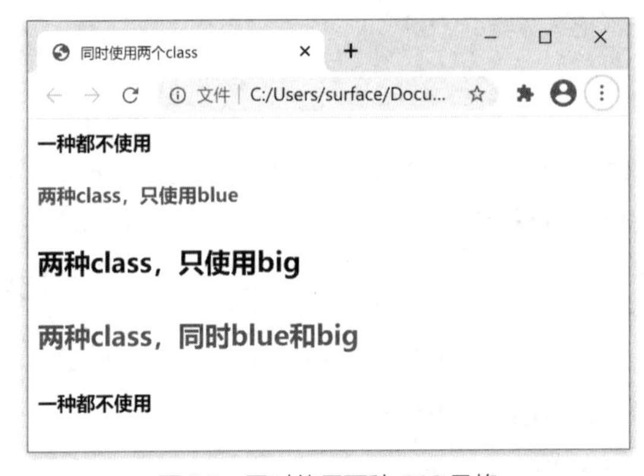

图 3.9　同时使用两种 CSS 风格

3.3.3 ID选择器

ID选择器的使用方法与类别选择器基本相同，不同之处在于ID选择器只能在HTML页面中使用一次，因此其针对性更强。在HTML的标记中只需要利用id属性，就可以直接调用CSS中的ID选择器，其格式如图3.10所示。

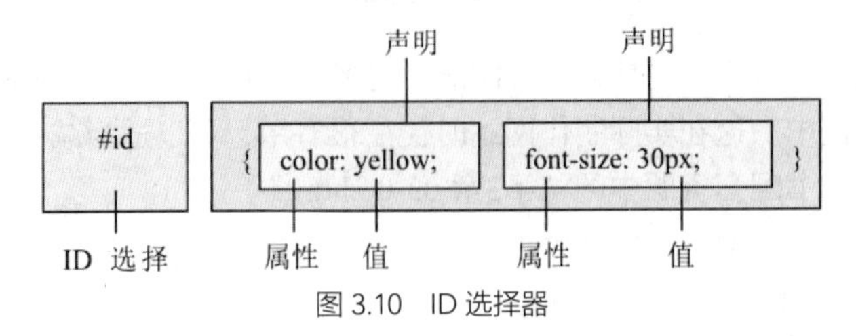

图 3.10　ID 选择器

下面举一个实际案例，实例文件位于本书配套资源中的“第3章\03-07.html”。

```
1   <html>
2   <head>
3       <title>ID选择器</title>
4       <style type="text/css">
```

```
5           #bold{
6               font-weight:bold;           /* 粗体 */
7           }
8           #green{
9               font-size:30px;             /* 字体大小 */
10              color:#009900;              /* 颜色 */
11          }
12      </style>
13  </head>
14  <body>
15      <p id="bold">ID选择器1</p>
16      <p id="green">ID选择器2</p>
17      <p id="green">ID选择器3</p>
18      <p id="bold green">ID选择器4</p>
19  </body>
20  </html>
```

显示效果如图3.11所示，可以看到第2行与第3行都显示了CSS的方案，换句话说，在很多浏览器下，ID选择器也可以用于多个标记。但这里需要指出的是，将ID选择器用于多个标记是错误的，因为每个标记定义的id不只CSS可以调用，JavaScript等其他脚本语言同样也可以调用。如果一个HTML中有两个相同id的标记，那么将会导致JavaScript在查找id时出错，例如函数getElementById()。

图 3.11 ID 选择器示例

正因为JavaScript等脚本语言也能调用HTML中设置的id，因此ID选择器一直被广泛使用。网站建设者在编写CSS代码时，应该养成良好的编写习惯，一个id最多只能赋予一个HTML标记。

另外从图3.11中还可以看到，最后一行没有任何CSS样式风格显示，这意味着ID选择器不支持像类别选择器那样的多风格同时使用，类似“id="bold green"”是完全错误的语法。

3.4 在HTML中使用CSS的方法

知识点讲解

在对CSS有了大致的了解后，就可以使用CSS对页面进行全方位的控制。本节主要介绍如何在HTML中使用CSS，包括行内样式、内嵌式、链接式和导入样式等，最后探讨各种方式的优先级问题。

3.4.1 行内样式

行内样式是所有样式方法中最为直接的一种，它直接对HTML的标记使用style属性，然后将CSS代码直接写在其中。例如如下代码，实例文件位于本书配套资源中的“第3章\03-08.html”。

```
1   <html>
2   <head>
3       <title>页面标题</title>
4   </head>
5   <body>
6       <p style="color:#FF0000; font-size:20px; text-decoration:underline;">
        正文内容1</p>
7       <p style="color:#000000; font-style:italic;">正文内容2</p>
8       <p style="color:#FF00FF; font-size:25px; font-weight:bold;">正文内容3</p>
9   </body>
10  </html>
```

其显示效果如图3.12所示。可以看到在3个<p>标记中都使用了style属性，并且设置了不同的CSS样式，各个样式之间互不影响，分别显示自己的样式效果。

图 3.12　行内样式

第1个<p>标记设置了字体为红色（color:#FF0000;），字号为20px（font-size:20px;），并有下画线（text-decoration:underline;）。第2个<p>标记则设置文字的颜色为黑色，字体为斜体。最后一个<p>标记设置文字为紫色、字号为25px的粗体字。

行内样式是最为简单的CSS使用方法，但由于需要为每一个标记设置style属性，后期维护成本很高，而且网页容易过“胖”，因此不推荐使用。

3.4.2 内嵌式

内嵌式就是将CSS写在<head>与</head>之间，并且用<style>和</style>标记进行声明，如前面的03-06.html就是采用这种方法。对于03-07.html，如果采用内嵌式方法，则3个<p>标记显示的效果将完全相同。例如下面这段代码，实例文件位于本书配套资源中的“第3章\03-09.html”。

```
1   <html>
2   <head>
3       <title>页面标题</title>
4       <style type="text/css">
5           p{
```

```
6               color:#0000FF;
7               text-decoration:underline;
8               font-weight:bold;
9               font-size:25px;
10          }
11      </style>
12  </head>
13  <body>
14      <p>这是第1行正文内容……</p>
15      <p>这是第2行正文内容……</p>
16      <p>这是第3行正文内容……</p>
17  </body>
18  </html>
```

可以从03-09.html中看到，所有CSS的代码部分被集中在同一个区域，方便后期的维护，页面本身也大大瘦身，其效果如图3.13所示。但如果当一个网站拥有很多页面，对于不同页面上的<p>标记都要采用同样的风格时，内嵌式方法就显得略微麻烦，维护成本也高，因此其仅适用于对特殊的页面设置单独的样式风格。

图 3.13 内嵌式

3.4.3 链接式

链接式CSS样式表是使用频率最高、最为实用的方法。它将HTML页面本身与CSS样式风格分离为两个或者多个文件，实现了页面框架HTML代码与美工CSS代码的完全分离，使得前期制作和后期维护都十分方便，网站后台的技术人员与美工设计者也可以很好地分工合作。

同一个CSS文件可以链接到多个HTML文件中，甚至可以链接到整个网站的所有页面中，使网站整体风格统一、协调，并且后期维护的工作量也大大减少。下面来看一个链接式CSS样式表的实例，文件位于本书配套资源中的“第3章\03-10.html”。

首先创建HTML文件，代码如下。

```
1   <html>
2   <head>
3       <title>页面标题</title>
4   <link href="03-10.css" type="text/css" rel="stylesheet">
5   </head>
6   <body>
7       <h2>CSS标题</h2>
```

```
8        <p>这是正文内容……</p>
9        <h2>CSS标题</h2>
10       <p>这是正文内容……
11   </p>
12   </body>
13   </html>
```

然后创建文件03-10.css，内容如下。保存文件时须确保这个文件和03-10.html在同一个文件夹中，否则href属性中需要带有正确的文件路径。

```
1    h2{
2        color:#0000FF;
3    }
4    p{
5        color:#FF0000;
6        text-decoration:underline;
7        font-weight:bold;
8        font-size:15px;
9    }
```

从03-10.html中可以看到，文件03-10.css将所有的CSS代码从HTML文件中分离出来，然后在文件03-10.html的<head>和</head>标记之间加上“<link href="03-10.css" type="text/css" rel="stylesheet">”语句，将CSS文件链接到页面中，并对其中的标记进行样式控制。其显示效果如图3.14所示。

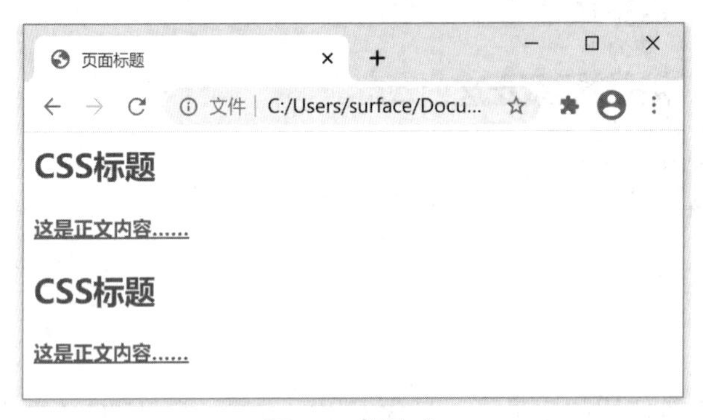

图 3.14　链接式

链接式CSS样式表的最大优势在于CSS代码与HTML代码完全分离，并且同一个CSS文件可以被不同的HTML链接使用。因此在设计整个网站时，可以将所有页面都链接到同一个CSS文件，使用相同的样式风格。如果整个网站需要进行样式上的修改，则只需要修改这一个CSS文件即可。

3.4.4 导入样式

导入样式与3.4.3小节提到的链接式的功能基本相同，只是在语法和运作方式上略有区别。采用import方式导入的样式表，在HTML文件初始化时，会被导入到HTML文件内，作为文件的一部分，这类似内嵌式的效果。而链接式CSS样式表则是在HTML的标记需要格式时才以链接的方式引入。

在HTML文件中导入样式表，常用如下几种@import语句。我们可以选择任意一种并将其放在<style>与</style>标记之间。

```
1    @import url(sheet1.css);
2    @import url("sheet1.css");
3    @import url('sheet1.css');
4    @import sheet1.css;
5    @import "sheet1.css";
6    @import 'sheet1.css';
```

下面制作一个实例，文件位于本书配套资源中的“第3章\03-11.html”。

```
1    <html>
2    <head>
3        <title>页面标题</title>
4        <style type="text/css">
5            @import url(03-10.css);
6        </style>
7    </head>
8    <body>
9        <h2>CSS标题</h2>
10       <p>这是正文内容……</p>
11       <h2>CSS标题</h2>
12       <p>这是正文内容……</p>
13   </body>
14   </html>
```

03-11.html在03-10.html的基础上进行了修改，页面内容与03-10.html中的显示效果完全相同，区别在于引入CSS的方式不同，页面效果如图3.15所示。可以看到效果和前面使用链接式引入的没有任何区别。

图 3.15　导入样式

导入样式的最大用处在于可以让一个HTML文件导入很多样式表，以03-11.html为基础进行修改，创建文件03-12.css，同时使用两个@import语句将03-10.css和03-12.css同时导入HTML中，具体如下所示，实例文件位于本书配套资源中的“第3章\03-12.html”。

首先创建03-12.html文件，代码如下。

```
1    <html>
2    <head>
3        <title>页面标题</title>
```

```
4       <style>
5           @import url(03-10.css);
6           @import url(03-12.css);          /* 同时导入两个CSS样式表 */
7       </style>
8   </head>
9   <body>
10      <h2>CSS标题</h2>
11      <p>这是正文内容……</p>
12      <h2>CSS标题</h2>
13      <p>这是正文内容……
14      <h3>新增加的标题</h3>
15      <p>新增加的正文内容</p>
16  </body>
17  </html>
```

可以看到，引入了两个CSS文件，其中一个是前面已经制作好的03-10.css。下面再新建一个03-12.css，将<h3>设置为斜体，颜色为绿色，大小为40px，代码如下。

```
1   h3{
2       color:#33CC33;
3       font-style:italic;
4       font-size:40px;
5   }
```

其效果如图3.16所示，可以看到新导入的03-12.css中设置的<h3>风格样式也被运用到了页面效果中，而原有03-10.css中设置的效果保持不变。

图 3.16　导入多个样式表

不单是HTML文件的<style>与</style>标记中可以导入多个样式表，在CSS文件内也可以导入其他样式表。以03-12.html为例，将“@import url(03-10.css);”去掉，然后在03-12.css文件中加入“@import url(03-10.css);”，也可以实现相同的效果。

3.4.5 各种方法的优先级问题

本节前面的4个小节分别介绍了CSS控制页面的4种不同方法，各种方法都有其自身的特点。这4种方法如果同时运用到同一个HTML文件的同一个标记上，就会出现优先级的问题。如果在各种方法中设置的属性不一样，例如内嵌式设置字体为宋体，行内样式设置颜色为红色，那么显示结果会让二者同时生效，即宋体红色字。但当各种方法同时设置一个属性时，例如都设置字体的颜色，情况就会比较复杂，如下所示，实例文件位于本书配套资源中的“第3章\03-13.html”。

首先创建两个CSS文件，其中第一个命名为red.css，内容如下：

```
1    p{
2        color:red;
3    }
```

第二个命名为green.css，内容如下：

```
1    p{
2        color:green;
3    }
```

这两个CSS文件的作用分别是将文本段落文字的颜色设置为红色和绿色，接着创建一个HTML文件，代码如下：

```
1    <html>
2    <head>
3        <title>页面标题</title>
4        <style type="text/css">
5            p{
6                color:#blue;
7            }
8            @import url(red.css);
9        </style>
10   </head>
11   <body>
12       <p style="color:gray;">观察文字颜色</p>
13   </body>
14   </html>
```

从代码中可以看到，在内嵌式的样式规则中，将p段落文字的颜色设置为蓝色，而行内样式又将p段落文字的颜色设置为灰色。此外，通过导入的方式引入了red.css，其将文字颜色设置为红色，那么此时这个段落文字到底会显示什么颜色呢？在浏览器中的效果如图3.17所示。

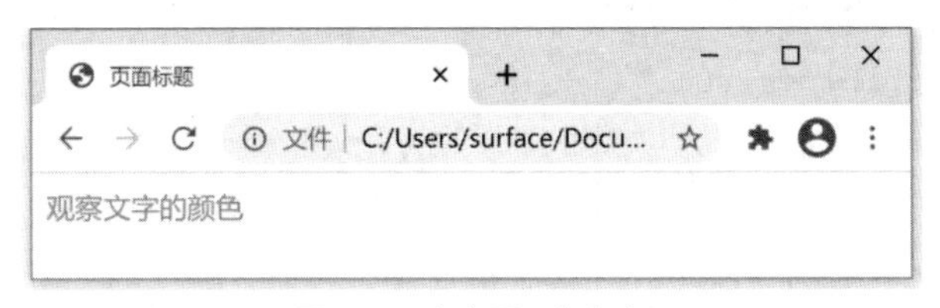

图 3.17　文字显示为灰色

可以看到，结果是灰色，即以行内样式为准。接下来，将行内样式代码删除，再次在浏览器中观察，可以看到效果如图3.18所示。

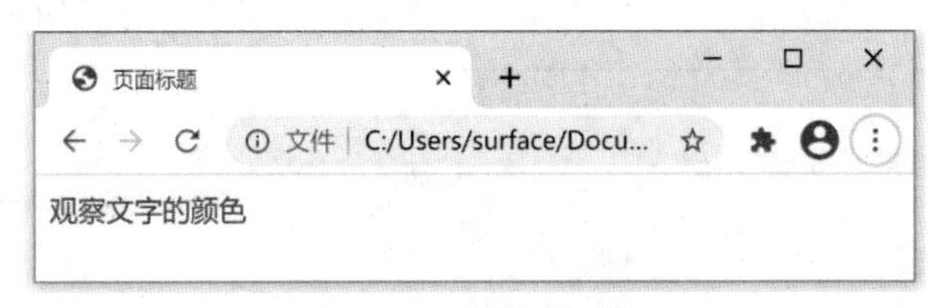

图 3.18　文字显示为蓝色

可以看到，结果是蓝色，即以嵌入式为准。接着把嵌入的代码删除，仅保留导入的命令，这时在浏览器中将看到红色的文字，从而说明，在行内样式、嵌入式和导入样式三种方式之间的优先级关系是：行内样式 > 嵌入式 > 导入样式。

接下来，在代码中增加链接式引入的CSS文件，分别尝试如下两种情况。

情况A：

```
1   <head>
2       <style type="text/css">
3           @import url(red.css);
4       </style>
5   <link href="green.css" type="text/css" rel="stylesheet">
6   </head>
```

情况B：

```
1   <head>
2       <link href="green.css" type="text/css" rel="stylesheet">
3       <style type="text/css">
4           @import url(red.css);
5       </style>
6   </head>
```

这两种情况的区别在于哪种方式的样式表放在前面。经过尝试可以发现，谁放在后面就以谁为准。

因此，结合前面的结论，如果把导入样式和链接式统称为外部样式，那么优先级规则应该写为：

（1）行内样式 > 嵌入式 > 外部样式；

（2）在外部样式中，出现在后面的优先级高于出现在前面的。

这个规则已经比较完善了，然而还没有结束。如果将<head>部分的代码改为：

```
1   <head>
2       <style type="text/css">
3           p{
4               color:blue;
5           }
6       </style>
7       <style type="text/css">
8           @import url(red.css);
9       </style>
10  </head>
```

将导入样式的命令和嵌入式的样式放在两个<style>中，这时在浏览器中的效果是文字显示为红色，这就说明此时不再遵循嵌入式优先于导入样式的规则了。再例如对于如下代码：

```
1   <head>
2       <style type="text/css">
3               p{
4                   color:blue;
5               }
```

```
6         </style>
7         <link href="green.css" type="text/css" rel="stylesheet">
8         <style type="text/css">
9              @import url(red.css);
10        </style>
11    </head>
```

这说明优先级最高的是最后面的导入样式，其次是链接式，最后才是嵌入式。因此，如果在<head>中存在多个<style>标记，那么这些<style>标记和链接式之间将由先后顺序决定优先级；而在同一个<style>内部才会遵循嵌入式优先于导入样式的规则。

经验之谈

虽然各种CSS样式加入页面的方式有优先级的区别，但在建设网站时最好只使用其中的1～2种，这样既有利于后期的维护和管理，也不会出现各种样式“冲突”的情况，便于设计者理顺设计的整体思路。

本章小结

本章讲解了CSS的核心基础，具体而言，首先介绍了CSS规则的定义方法，即CSS规则是如何由选择器、属性和属性值三者构成的；然后讲解了选择器的含义和3种基本选择器；最后介绍了4种在HTML中使用CSS样式的方式。在第4章中，我们将对CSS3的选择器进行进一步讲解，并通过实际操作的方式实践如何通过CSS对一个页面进行样式设置。

习题 3

一、关键词解释

CSS　　CSS标准　　CSS规则　　选择器　　标记选择器　　类别选择器
ID选择器　　行内样式　　内嵌式　　链接式　　导入样式　　样式优先级

二、描述题

1. 请简单描述一下传统HTML的缺点。
2. 请简单描述一下本章介绍的基本CSS选择器有哪几种。
3. 请简单描述一下HTML中使用CSS样式的几种方式分别是什么。
4. 请简单描述一下CSS各种使用方式的优先级规则。

三、实操题

使用本章讲解的选择器实现与第2章实操题相同的页面效果。

第4章 CSS3选择器

第3章介绍了利用CSS设置网页样式的基本方法，希望读者能够逐渐深刻地理解CSS的核心思想，也就是尽可能地使网页内容与样式分离。本章将首先深入介绍CSS的相关概念，在前面介绍的3种基本选择器的基础上，讲解由这3种基本选择器组合构成的复合选择器；然后再介绍CSS的两个重要特性，以及CSS3新增的选择器。本章思维导图如下。

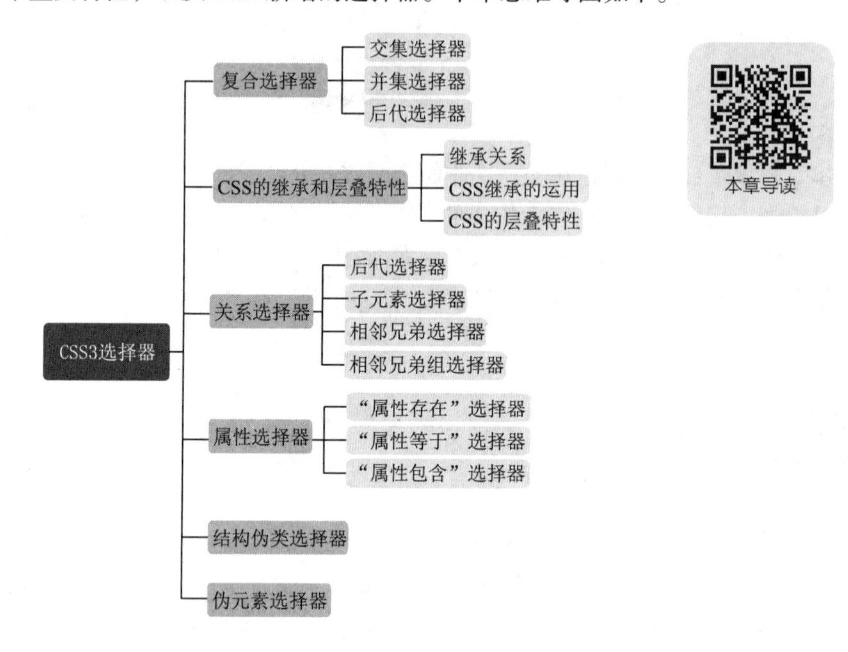

4.1 理解复合选择器

第3章中介绍了3种基本选择器。以这3种基本选择器为基础，通过组合，还可以产生更多种类的选择器，以实现更强、更方便的选择功能。

CSS3在CSS2的基础上引入了更为丰富的选择器，同时浏览器厂商经过若干年的发展，已经对CSS3的选择器有了很好的支持，从而在实际开发中，开发人员有了更多的选择器可以使用。

在本节中，我们通过“交集”“并集”和“后代”选择器，先对复合选择器有一个基本的认识，以便在4.2节着重理解CSS的两个非常重要的特性。在此基础上，从4.3节开始分门别类地介绍各种进阶的复合选择器。

4.1.1 交集选择器

交集选择器由两个选择器直接连接构成，其结果是选中二者各自元素范围的交集。其中第1个必须是标记选择器，第2个必须是类别选择器或者ID选择器。这两个选择器之间不能有空格，必须连续书写，形式如图4.1所示。

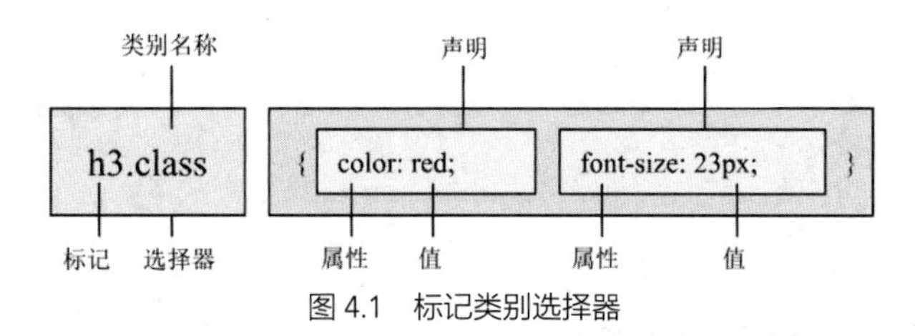

图 4.1　标记类别选择器

这种方式构成的选择器，将选中同时满足前后二者定义的元素，也就是前者所定义的标记类型，以及后者所指定类别或者id的元素，因此其被称为交集选择器。

例如，声明了p、.special、p.special这3种选择器，它们的选择范围如图4.2所示。

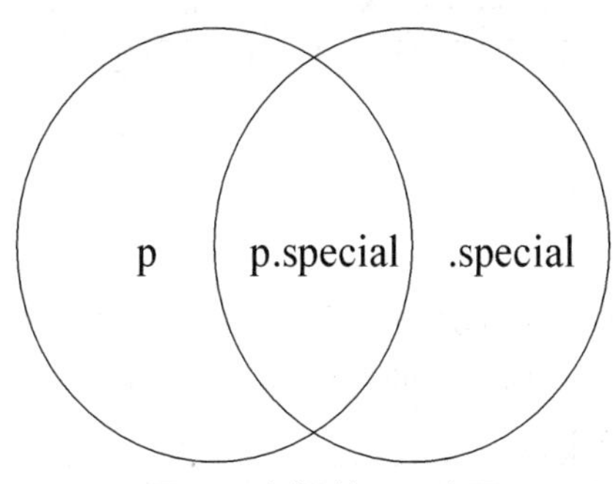

图 4.2　交集选择器示意图

下面举一个实际案例，示例文件位于本书配套资源“第4章\04-01.html”。

```
1   <!DOCTYPE html>
2   <html>
3   <head>
4       <title>选择器.class</title>
5       <style type="text/css">
6           p{                                  /* 标记选择器 */
7               color:blue;
8           }
9           p.special{                          /* 标记.类别选择器 */
10              color:red;                      /* 红色 */
11          }
12          .special{                           /* 类别选择器 */
13              color:green;
14          }
15      </style>
16  </head>
```

```
17  <body>
18      <p>普通段落文本（蓝色）</p>
19      <h3>普通标题文本（黑色）</h3>
20      <p class="special">指定了.special类别的段落文本（红色）</p>
21      <h3 class="special">指定了.special类别的标题文本（绿色）</h3>
22  </body>
23  </html>
```

上面的代码中定义了<p>标记的样式，也定义了“.special”类别的样式，此外还单独定义了p.special，用于特殊的控制，而在这个p.special中定义的风格样式仅仅适用于<p class="special">标记，而不会影响使用了.special的其他标记，显示效果如图4.3所示。

图 4.3　标记 . 类别选择器示例

4.1.2　并集选择器

与交集选择器相对应，还有一种并集选择器，或者称为“集体声明”。它的结果是同时选中各个基本选择器所选择的范围。任何形式的选择器（包括标记选择器、类别选择器、ID选择器等）都可以作为并集选择器的一部分。

并集选择器是多个选择器通过逗号连接而成的。在声明各种CSS选择器时，如果某些选择器的风格完全相同，或者部分相同，就可以利用并集选择器同时声明风格相同的CSS选择器，选择范围如图4.4所示。

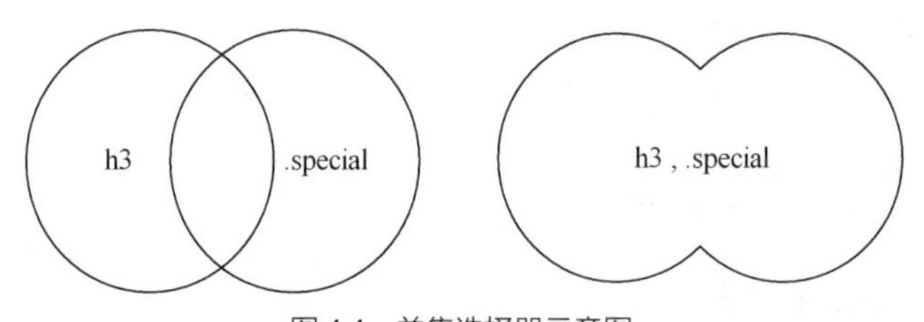

图 4.4　并集选择器示意图

下面举一个实际案例，源文件请参考本书配套资源中的“第4章\04-02.html”。

```
1   <html>
2   <head>
3       <title>并集选择器</title>
4       <style type="text/css">
5           h1, h2, h3, h4, h5, p{                /*并集选择器*/
```

```
6             color:purple;                     /* 文字颜色 */
7             font-size:15px;                   /* 字体大小 */
8         }
9         h2.special, .special, #one{           /* 集体声明 */
10            text-decoration:underline;        /* 下画线 */
11        }
12     </style>
13 </head>
14 <body>
15     <h1>示例文字h1</h1>
16     <h2 class="special">示例文字h2</h2>
17     <h3>示例文字h3</h3>
18     <h4>示例文字h4</h4>
19     <h5>示例文字h5</h5>
20     <p>示例文字p1</p>
21     <p class="special">示例文字p2</p>
22     <p id="one">示例文字p3</p>
23 </body>
24 </html>
```

其显示效果如图4.5所示，可以看到所有行的颜色都是紫色的，而且字体大小均为15px。这种集体声明的效果与单独声明的效果完全相同，h2.special、.special和#one的声明并不影响前一个集体声明，第2行和最后两行在紫色和大小为15px的前提下使用了下画线进行突出。

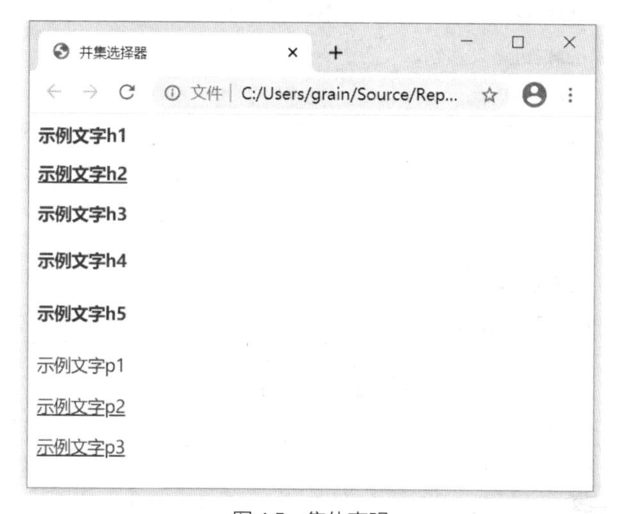

图 4.5　集体声明

另外，对于实际网站中的一些页面，例如弹出的小对话框和上传附件的小窗口等，如果希望这些页面中所有的标记都使用同一种CSS样式，但又不希望逐个来声明，则可以利用全局选择器“*”。如下例所示，示例文件位于本书配套资源“第4章\04-03.html”。

```
1  <html>
2  <head>
3      <title>全局声明</title>
4      <style type="text/css">
5          * {                                  /* 全局选择器 */
6              color:purple;                    /* 文字颜色 */
```

```
7                font-size:15px;                /* 字体大小 */
8            }
9            h2.special, .special, #one{        /* 集体声明 */
10               text-decoration:underline;     /* 下画线 */
11           }
12       </style>
13   </head>
14   <body>
15       <h1>全局声明h1</h1>
16       <h2 class="special">全局声明h2</h2>
17       <h3>全局声明h3</h3>
18       <h4>全局声明h4</h4>
19       <h5>全局声明h5</h5>
20       <p>全局声明p1</p>
21       <p class="special">全局声明p2</p>
22       <p id="one">全局声明p3</p>
23   </body>
24   </html>
```

其效果如图4.6所示，与前面案例的效果完全相同，但代码却大大缩减了。

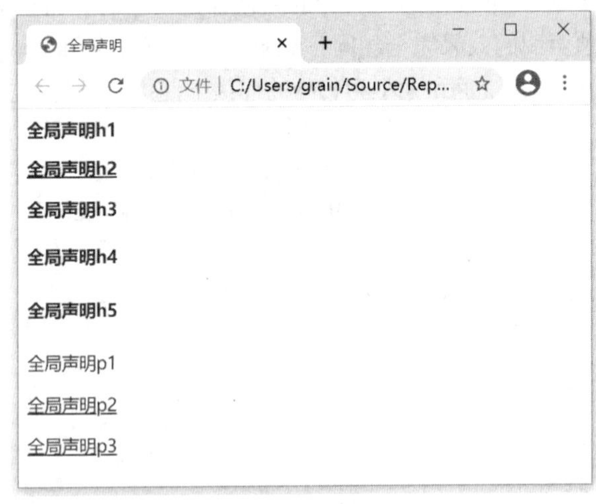

图 4.6　全局声明

4.1.3 后代选择器

在CSS选择器中，还可以通过嵌套的方式对特殊位置的HTML标记进行声明，例如当<p>与</p>之间包含<span></span>标记时，就可以使用后代选择器进行相应的控制。后代选择器的写法就是把外层的标记写在前面，内层的标记写在后面，之间用空格分隔。当标记发生嵌套时，内层的标记就成为了外层标记的后代。

例如下面的代码：

```
<p>这是最外层的文字，<span>这是中间层的文字，<b>这是最内层的文字，</b></span></p>
```

最外层是<p>标记，里面嵌套了<span>标记，<span>标记中又嵌套了<b>标记，则称<span>是<p>的子元素，<b>是<span>的子元素。

下面举一个完整的例子，具体代码如下，示例文件位于本书配套资源“第4章\04-04.html”。

```
1   <html>
2   <head>
3       <title>后代选择器</title>
4       <style type="text/css">
5           p span{                                /* 嵌套声明 */
6               color:red;                         /* 颜色 */
7           }
8           span{
9               color:blue;                        /* 颜色 */
10          }
11      </style>
12  </head>
13  <body>
14      <p>嵌套使<span>用CSS（红色）</span>标记的方法</p>
15      嵌套之外的<span>标记（蓝色）</span>不生效
16  </body>
17  </html>
```

通过将span选择器嵌套在p选择器中进行声明，显示效果只适用于<p>和</p>之间的<span>标记，而其外的<span>标记并不产生任何效果，如图4.7所示，只有第1行中<span>和</span>之间的文字变成了红色，而第2行中<span>和</span>之间的文字颜色则是按照第2条CSS样式规则设置的，即变成了蓝色。

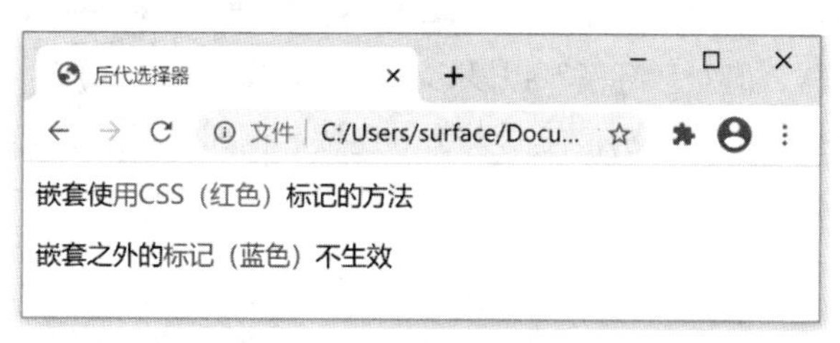

图 4.7　后代选择器

后代选择器的使用非常广泛，不仅标记选择器能以这种方式组合，类别选择器和ID选择器也能以这种方式进行嵌套。下面是一些典型的语句：

```
1   .special i{ color: red; }              /* 使用了属性special的标记里面包含的<i> */
2   #one li{ padding-left:5px; }                  /* ID为one的标记里面包含的<li> */
3   td.out .inside strong{ font-size: 16px; }  /* 3层嵌套，同样实用 */
```

上面的第3行使用了3层嵌套，实际上更多层的嵌套在语法上都是允许的。上面的这个3层嵌套表示的就是使用了.out类别的<td>标记中包含的.inside类别的标记，其中又包含了<strong>标记。其相对应的一种可能的HTML代码为：

```
1   <td class="out">
2       <p class="inside">
3           其他内容<strong>CSS控制的部分</strong>其他内容
4       </p>
5   </td>
```

经验之谈

选择器的嵌套在CSS的编写中可以大大减少对class和id的声明。因此在构建页面HTML框架时通常只给外层标记（父标记）定义class或者id，内层标记（子标记）能通过嵌套表示的则利用嵌套方式，而不需要再定义新的class或者专用id；只有当内层标记无法利用此规则时，才单独进行声明。例如一个<ul>标记中包含多个<li>标记，而需要对其中某个<li>单独设置CSS样式时，才赋给该<li>一个单独id或者类别，而其他<li>同样采用“ul li{…}”的嵌套方式来设置。

需要注意的是，后代选择器产生的影响不仅限于元素的“直接后代”，而且会影响它的“各级后代”。

例如，有如下的HTML结构：

```
<p>这是最外层的文字，<span>这是中间层的文字，<b>这是最内层的文字，</b></span></p>
```

如果设置了如下CSS样式：

```
1    p b{
2        color:blue;
3    }
```

那么“这是最外层的文字”和“这是中间层的文字”这些字将以黑色显示，即没有设置样式的颜色；后面的“这是最内层的文字”将会变成蓝色。

因此在CSS2中，规范的制定者还规定了一种复合选择器，被称为“子选择器”，也就是只对直接后代有影响的选择器，但对“孙子”以及多个层的后代不产生作用。

子选择器和后代选择的语法区别是使用大于号连接。例如，将上面的CSS设置为：

```
1    p>b{
2        color:blue;
3    }
```

结果是没有文字变为蓝色，因为p>b找的是p的直接后代b，p下面的直接后代只有一个span，或者叫作“儿子”，而b是p的“孙子”，故不在选中的范围内。

还有一种比较特殊的选择器被称为“通配选择器”，其会选中所有元素；除了可以独立使用外，其还会和其他选择器组合在一起使用，例如选中某个元素的所有后代元素：

```
1    p.header > *{
2        color:blue;
3    }
```

上述代码会对class为header的段落的所有子元素的样式进行设置。

4.2 CSS的继承和层叠特性

本节将对后代选择器的应用做进一步的讲解，因为其会贯穿在所有的设计中。

学习过面向对象语言的读者，对于继承（inheritance）的概念一定不会陌生。在CSS中的继承并没有像在C++和Java等语言中那么复杂，简单来说就是将各个HTML标记看作一个个容器，其中被包含的小容器会继承包含它的大容器的风格样式。本节从页面各个标记的父子关系出发，来详细讲解CSS的继承。

4.2.1 继承关系

所有的CSS语句都是基于各个标记之间的继承关系的，为了更好地说明继承关系，首先从HTML文件的组织结构入手进行讲解，如下例所示，示例文件位于本书配套资源“第4章\04-05.html”。

```
1    <html>
2    <head>
3        <title>继承关系演示</title>
4    </head>
5    <body>
6        <h1>前沿<em>Web开发</em>教室</h1>
7        <ul>
8            <li>Web设计与开发需要使用以下技术：
9                <ul>
10                   <li>HTML</li>
11                   <li>CSS
12                       <ul>
13                           <li>选择器</li>
14                           <li>盒子模型</li>
15                           <li>浮动与定位</li>
16                       </ul>
17                   </li>
18                   <li>JavaScript</li>
19               </ul>
20           </li>
21           <li>此外，还需要掌握：
22               <ol>
23                   <li>Flash</li>
24                   <li>Dreamweaver</li>
25                   <li>Photoshop</li>
26               </ol>
27           </li>
28       </ul>
29       <p>如果您有任何问题，欢迎联系我们</p>
30   </body>
31   </html>
```

相应的页面效果如图4.8所示。

可以看到在这个页面中，标题中间部分的文字使用了<em>（强调）标记，在浏览器中显示为斜体；后面的内容使用了列表结构，其中最深的部分使用了三级列表。

这里着重从“继承”的角度来考虑各个标记之间的树形关系，如图4.9所示。在这个树形关系中，处于最上端的<html>标记被称为“根（root）”，它是所有标记的源头，往下是层层包含的关系。在每一个分支中，均称上层标记为其下层标记的父标记；相应地，下层标记被称为上层标记的子标记。例如<h1>标记是<body>标记的子标记，同时它也是<em>标记的父标记。

图 4.8　包含多级列表的页面

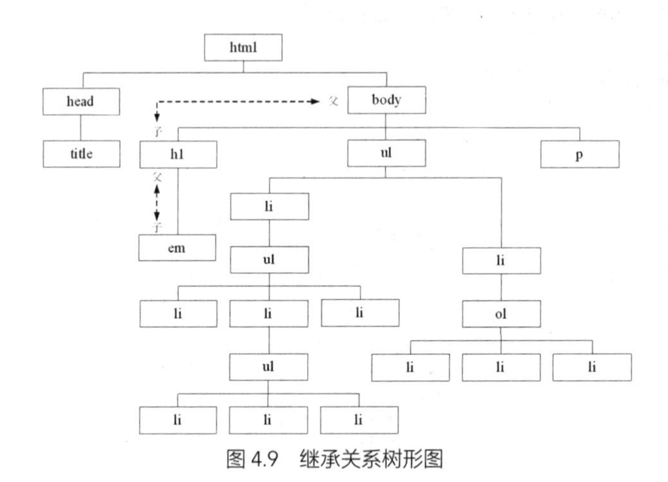

图 4.9　继承关系树形图

4.2.2　CSS继承的运用

通过前面的讲解，我们已经对各个标记间的父子关系有了认识，下面进一步了解CSS继承的运用。CSS继承指的是子标记会继承父标记的所有样式风格，并可以在父标记样式风格的基础上加以修改，产生新的样式，而子标记的样式风格完全不会影响父标记。

例如在前面的案例中加入如下CSS代码，就可以将h1标记设置为蓝色，加上下画线，并将<em>标记设置为红色，示例文件位于本书配套资源“第4章\04-06.html”。

```
1    <style>
2        h1{
3            color:blue;                          /* 颜色 */
4            text-decoration:underline;           /* 下画线 */
5        }
6        em{
7            color:red;                           /* 颜色 */
8        }
9    </style>
```

显示效果如图4.10所示，可以看到其子标记<em>也显示出了下画线，说明对父标记的设置也对子标记产生了效果；而em文字显示为红色，h1标题中其他文字仍为蓝色，说明对子标记的设置不会对其父标记产生作用。

图 4.10 父子关系示例

CSS的继承贯穿CSS设计的始终，每个标记都遵循着CSS继承的概念。可以利用这种巧妙的继承关系大大缩减代码的编写量，并提高可读性，尤其是在页面内容很多且关系复杂的情况下。

例如，如果要使嵌套最深的第3级列表的文字显示为粗体，那么增加如下样式设置：

```
1    li{
2        font-weight:bold;
3    }
```

示例文件位于本书配套资源“第4章\04-07.html”，效果并不是第3级列表文字显示为粗体，而是如图4.11所示，所有列表项目的文字都变成了粗体。那么要仅使“CSS”项下最深的3个项目显示为粗体，其他项目仍显示为正常粗细，该怎么设置呢？

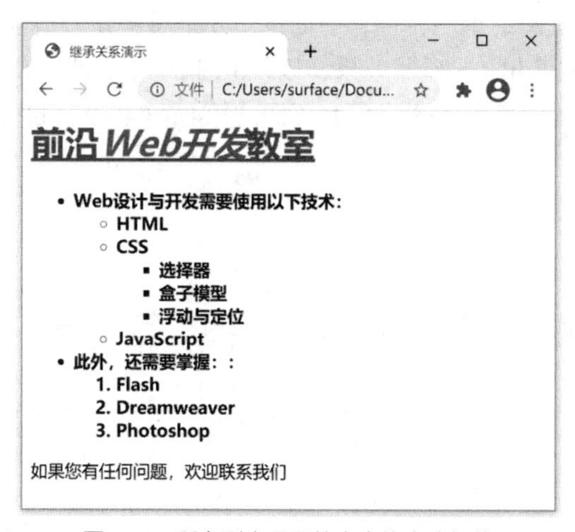

图 4.11 所有列表项目的文字均变成粗体

一种方法是设置单独的类别，比如定义一个“bold”类别，然后将该类别赋予需要变为粗体的项目，但是这样设置显然很麻烦。

可以利用继承的特性，使用前面介绍的“后代选择器”，这样不需要设置新的类别，即可完成同样的任务，效果如图4.12所示，示例文件位于本书配套资源“第4章\04-08.html”。

```
1    li ul li ul li{
2        font-weight:bold;
3    }
```

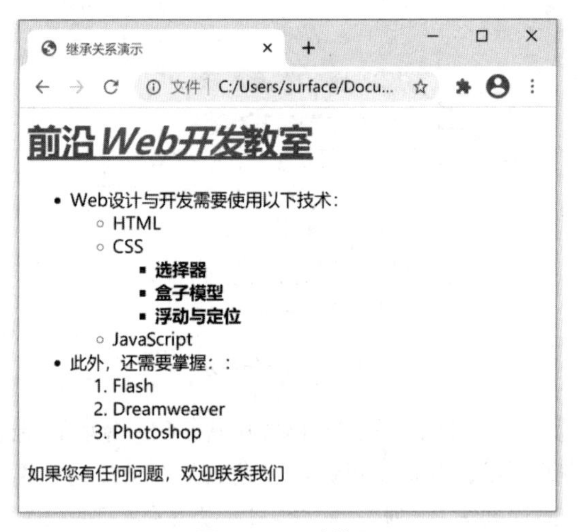

图 4.12　正确效果

可以看到只有第3层的列表项目是粗体显示的。实际上，对上面的选择器还可以化简，比如化简为下面这段代码，效果也是完全相同的。

```
1    li li li{
2        font-weight:bold;
3    }
```

为了帮助读者进一步理解继承的特性，下面给出几个思考题，请读者思考。

（1）刚才演示了设置1个li的选择器效果，以及3个li的选择器效果，那么如果将代码改为下面这段代码，效果会如何？答案参考本书配套资源“第4章\04-09.html”。

```
1    li li {
2        font-weight:bold;
3    }
```

（2）如果将代码改为下面这段代码，效果会如何？答案参考本书配套资源“第4章\04-10.html”。

```
1    ul li {
2        font-weight:bold;
3    }
```

（3）如果将代码改为下面这段代码，在最终的效果中，哪些项目将以粗体显示呢？答案参考本书配套资源“第4章\04-11.html”。

```
1    ul ul li {
2        font-weight:bold;
3    }
```

注意

并不是所有的属性都会自动传给子元素，即有的属性不会继承父元素的属性值，例如上面举例中的文字颜色color属性，子对象会继承父对象的文字颜色属性，但是如果给某个元素设置了一个边框，它的子元素不会自动加上一个边框，因为边框属性是非继承的。

4.2.3 CSS的层叠特性

在了解了继承之后，下面讲解CSS的层叠属性。CSS的全名叫作“层叠样式表”，读者有没有考虑过，这里的“层叠”是什么意思？为什么这个词如此重要，以至于要出现在它的名称里？

CSS的层叠特性确实很重要，但是要注意，切勿将其与前面介绍的“继承”相混淆，二者有着本质的区别。实际上，层叠可以简单地理解为“冲突”的解决方案。层叠指的是样式的优先级。CSS样式在针对同一元素配置同一属性时，会依据层叠规则（权重）来处理冲突。选择应用权重高的CSS选择器所指定的属性，一般也被描述为权重高的属性覆盖权重低的属性，因此称其为层叠。

例如有如下一段代码，示例文件位于本书配套资源“第4章\04-12.html”。

```
1   <html>
2   <head>
3       <title>层叠特性</title>
4       <style type="text/css">
5           p{
6               color:green;
7           }
8           .red{
9               color:red;
10          }
11          .purple{
12              color:purple;
13          }
14          #line3{
15              color:blue;
16          }
17      </style>
18  </head>
19  <body>
20      <p >这是第1行文本</p>
21      <p class="red">这是第2行文本</p>
22      <p id="line3" class="red">这是第3行文本</p>
23      <p style="color:orange;" id="line3">这是第4行文本</p>
24      <p class="purple red">这是第5行文本</p>
25  </body>
26  </html>
```

代码中一共有5组<p>标记定义的文本，并在head部分声明了4个选择器（为不同颜色）。下面的任务是确定每一行文本的颜色。

（1）第1行文本没有使用类别样式和ID样式，因此这行文本显示为标记选择器p中定义的绿色。

（2）第2行文本使用了类别样式，因此这时已经产生了“冲突”。那么，是按照标记选择器p中定义的绿色显示，还是按照类别选择器中定义的红色显示呢？答案是类别选择器的优先级高于标记选择器，因此显示类别选择器中定义的红色。

（3）第3行文本同时使用了类别样式和ID样式，这又产生了“冲突”。那么，是按照类别选择器中定义的红色显示，还是按照ID选择器中定义的蓝色显示呢？答案是ID选择器的优先级高于类别选择器，因此显示ID选择器中定义的蓝色。

（4）第4行文本同时使用了行内样式和ID样式，那么这时又以哪一个为准呢？答案是行内样式的优先级高于ID样式的优先级，因此显示行内样式中定义的橙色。

（5）第5行文本中使用了两个类别样式，应以哪个为准呢？答案是两个类别选择器的优先级相同，此时以前者为准；又因“.purple”定义在“.red”的前面，所以显示“.purple”中定义的紫色。

综上所述，上面这段代码的显示效果如图4.13所示。

图 4.13　层叠特性示意

总结

优先级规则可以表述为：行内样式 > ID样式 > 类别样式 > 标记样式。

在复杂的页面中，某一个元素有可能会从很多地方获得样式，例如一个网站的某一级标题整体设置为使用绿色，而对某个特殊栏目需要使用蓝色，这样，在该栏目中就需要覆盖通用的样式设置。在很简单的页面中，这样的特殊需求实现起来不会很难，但是如果网站的结构很复杂，就完全有可能使代码变得非常混乱，而出现无法找到某一个元素的样式来自于哪条规则的情况。因此，必须充分理解CSS中“层叠”的原理。

注意

计算冲突样式的优先级是一个比较复杂的过程，并不仅仅是上面这个简单的优先级规则可以完全描述的。但是读者可以把握一个大的原则，就是“越特殊的样式，优先级越高”。

例如，行内样式仅对指定的一个元素产生影响，因此它非常特殊；使用了类别的某种元素，一定是所有该种元素中的一部分，因此它也一定比标记样式特殊；以此类推，ID是针对某一个元素的，因此它一定比应用于多个元素的类别样式特殊。特殊性越高的元素，优先级越高。

再次提醒读者，千万不要将层叠与继承混淆，二者完全不同。

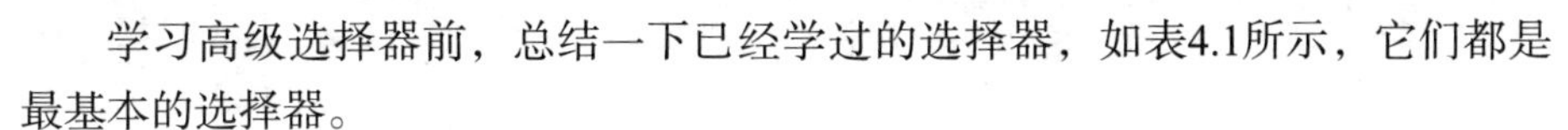

4.3 关系选择器

本章前面重点讲解了CSS的概念和几个简单的选择器。从本节开始，将对CSS3中的选择器做一个完整的介绍，这些选择器给前端开发人员提供了极大的便利。

学习高级选择器前，总结一下已经学过的选择器，如表4.1所示，它们都是最基本的选择器。

表4.1　基本选择器

选择器	类型	功能描述
*	通配选择器	选择文档中所有HTML元素
E	元素选择器	选择指定类型的HTML元素
#id	ID选择器	选择指定ID属性值为“id”的任意类型元素
.class	类别选择器	选择指定class属性值为“class”的任意类型的任意多个元素
.class1.class2	交集选择器	选择class属性中同时有“class1”和“class2”的元素
selector1, selectorN	并集选择器	将每一个选择器匹配的元素集合并

此外，本章的开头介绍过后代选择器，本节将其扩充为关系选择器。CSS3中的关系选择器一共有4个，如表4.2所示。前两个用于父子关系，后两个用于兄弟关系。

表4.2　关系选择器

选择器	类型	功能描述
E F	后代选择器	选择匹配的F元素，且匹配的F元素被包含在匹配的E元素内
E>F	子元素选择器	选择匹配的F元素，且匹配的F元素是所匹配的E元素的子元素
E+F	相邻兄弟选择器	选择匹配的F元素，且匹配的F元素紧位于匹配的E元素的后面
E ~ F	相邻兄弟组选择器	选择匹配的F元素，且匹配的F元素位于匹配的E元素的后面

下面通过一个例子来学习这4种选择器的用法。先准备一个基础网页，只设置了HTML结构，而没有设置任何CSS样式。这里用到一个未学习到的<div>标记，后面会详细讲解，这里仅需要知道它就像<p>标记一样，但没有任何特殊的预设样式，因此看到的效果如图4.14所示。可以看到这个页面非常简单，一共有4个段落。但是由于<div>标记的存在，它们已经构成了不同的父子兄弟关系。两个嵌套的<div>组成了父子关系，里面又各自有一个段落，而第3个和第4个段落与外层的<div>一起构成了兄弟关系。

```
1    <!DOCTYPE html>
2    <html>
3    <head>
4        <style>
5            … 这里用于设置CSS样式 …
6        </style>
7    </head>
8    <body>
```

```
9        <h1>如何构建一个网页</h1>
10       <div class="outer">
11             <div class="inner">
12                 <p>1. 自从互联网走进千家万户，人们已经离不开它。</p>
13             </div>
14             <p>2. 构建一个专业的网站需要做大量的工作，建议您从简单的工作开始。</p>
15       </div>
16       <p>3. 首先需要学习一些关于HTML的基本知识。</p>
17       <p>4. 然后需要学习一些关于CSS的知识。</p>
18
19   </body>
20   </html>
```

如何构建一个网页

1. 自从互联网走进千家万户，人们已经离不开它。

2. 构建一个专业的网站需要做大量的工作，建议您从简单的工作开始。

3. 首先需要学习一些关于HTML的基本知识。

4. 然后需要学习一些关于CSS的知识。

图 4.14　准备的基础页面

下面依次设置不同的CSS样式。

4.3.1　后代选择器

```
1   div.outer p{
2       background-color: #ccc
3   }
```

这样就使用了“后代选择器”，这时页面效果如图4.15所示。可以看到外层div里面的两个段落都被选中了，第2个段落是“div.outer”的“直接后代”，或者叫作子元素，第1个段落是“div.outer”的“孙子元素”，二者都属于它的“后代”，因此前两个段落都添加了灰色的背景色。实例文件位于本书配套资源“第4章\04-13.html”。

如何构建一个网页

1. 自从互联网走进千家万户，人们已经离不开它。

2. 构建一个专业的网站需要做大量的工作，建议您从简单的工作开始。

3. 首先需要学习一些关于HTML的基本知识。

4. 然后需要学习一些关于CSS的知识。

图 4.15　后代选择器

4.3.2　子元素选择器

现在将CSS样式代码做如下修改。

```
1    div>p{
2        background-color: #ccc
3    }
```

此时效果如图4.16所示。可以看到增加了一个“>”后，就变成了子元素选择器，即只有“div.outer”的“直接后代”才会被选中，因此只有第2个段落设置了灰色背景。实例文件位于本书配套资源“第4章\04-14.html”。

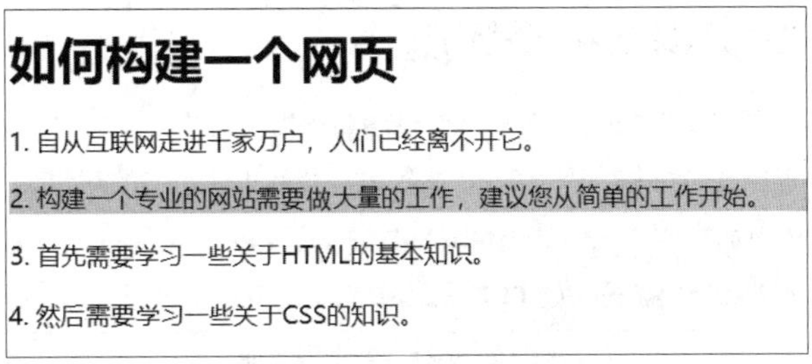

如何构建一个网页

1. 自从互联网走进千家万户，人们已经离不开它。

2. 构建一个专业的网站需要做大量的工作，建议您从简单的工作开始。

3. 首先需要学习一些关于HTML的基本知识。

4. 然后需要学习一些关于CSS的知识。

图 4.16　子元素选择器

4.3.3　相邻兄弟选择器

然后将CSS样式代码做如下修改。

```
1    div+p{
2        background-color: #ccc
3    }
```

将“>”改为“+”后就成了“相邻兄弟选择器”，它的含义是“选中相邻前面的元素是<div>标记的<p>标记”。因此，第2个和第3个段落都满足这个要求，它们都会被设置为灰色背景，如图4.17所示。注意这两个段落本身不是兄弟，但它们各自前面相邻的都是一个<div>标记。实例文件位于本书配套资源“第4章\04-15.html”。

如何构建一个网页

1. 自从互联网走进千家万户，人们已经离不开它。

2. 构建一个专业的网站需要做大量的工作，建议您从简单的工作开始。

3. 首先需要学习一些关于HTML的基本知识。

4. 然后需要学习一些关于CSS的知识。

图 4.17　相邻兄弟选择器

4.3.4　相邻兄弟组选择器

最后将CSS样式代码做如下修改。

```
1    div~p{
2        background-color: #ccc
3    }
```

将“+”改为“~”后就成了“相邻兄弟组选择器”，它与“相邻兄弟选择器”的区别是多了一个“组”字，即如果有多个连续的<p>标记，那么会把它们都选中。因此，第4个段落紧挨着第3个段落，它也会被选中，如图4.18所示。实例文件位于本书配套资源“第4章\04-16.html”。

如何构建一个网页

1. 自从互联网走进千家万户，人们已经离不开它。

2. 构建一个专业的网站需要做大量的工作，建议您从简单的工作开始。

3. 首先需要学习一些关于HTML的基本知识。

4. 然后需要学习一些关于CSS的知识。

图 4.18　相邻兄弟组选择器

说明

“弟弟”们必须连续才会被一起选中，只要中断了，后面的元素就不会被选中。如果第3个和第4个段落之间插入了一个其他元素，那么第4个段落就不会被选中。

4.4 属性选择器

接下来介绍另一大类选择器，即属性选择器，如表4.3所示。

表4.3　属性选择器

选择器	功能描述
[attribute]	用于选取带有指定属性的元素
[attribute=value]	用于选取带有指定属性以及指定值的元素
[attribute*=value]	用于选取属性值中包含指定值的元素
[attribute~=value]	用于选取属性值中包含指定值，且该值是完整单词的元素
[attribute^=value]	用于选取属性值以指定值开头的元素
[attribute|=value]	用于选取属性值以指定值开头，且该值是完整单词的元素
[attribute$=value]	匹配属性值以指定值为结尾的每个元素

属性选择器比较好理解，下面给出几个简单的例子。先准备一个基础网页，网页中一共有4个段落，前3个段落都设置了data-description属性，HTML5中可以给标记自定义属性，使用“data-”为前缀，例如本例中使用“data-description”作为名字，实例文件位于本书配套资源“第4章\04-17.html”。

```
1   <!DOCTYPE html>
2   <html>
3   <head>
4   <style>
5     ……这里添加样式……
6   </style>
7   </head>
8
9   <body>
10  <h1>如何构建一个网页</h1>
11
12  <div class="outer">
13    <div class="inner">
14      <p data-description="first">1. 自从互联网走进千家万户，人们已经离不开它。</p>
15    </div>
16    <p data-description="second paragraph">2. 构建一个专业的网站需要做大量的工作，
      建议您从简单的工作开始。</p>
17  </div>
18
19  <p data-description="third paragraph">3. 首先需要学习一些关于HTML的基本知识。</p>
20
21  <p>4. 然后需要学习一些关于CSS的知识。</p>
22
23  </body>
24  </html>
```

4.4.1 “属性存在”选择器

为上面的基础页面设置如下CSS规则。

```
1   <style>
2       p[data-description]{
3           background-color:#ccc;
4       }
5   </style>
```

某个元素带有方括号，里面指定某个属性的名称，则仅选中存在该属性的元素，例如上面代码中，只有前3个段落有“data-description”属性，因此这3行会被设置为灰色背景。

4.4.2 “属性等于”选择器

为上面的基础页面设置如下CSS规则。

```
1   <style>
2       p[data-description=first]{
3           background-color:#ccc;
4       }
5   </style>
```

某个元素带有方括号，里面指定某个属性名称的同时，还用“=”连接了一个字符串，则仅选中存在该属性，且该属性值等于“=”后面值的元素，例如上面代码中，只有第1个段落有“data-description”属性且属性值等于first，因此第1段会被设置为灰色背景。

说明

如果“=”后面指定的属性值中存在空格，就要用引号把属性值括起来，否则可以省略引号。举例如下。

```
1   <style>
2       p[data-description="second paragraph"]{
3           background-color:#ccc;
4       }
5   </style>
```

4.4.3 “属性包含”选择器

为上面的基础页面设置如下CSS规则。

```
1   <style>
2       p[data-description*=fir]{
3           background-color:#ccc;
4       }
5   </style>
```

某个元素带有方括号，里面指定某个属性名称的同时，还用“*=”连接了一个字符串，则元素存在该属性，且该属性值包含“*=”后面值的元素，例如上面代码中，第1个段落有“data-description”属性且属性值是first，它包含了fir，因此第1个段落会被设置为灰色背景。

此外，还有一种选择器叫作“单词包含”选择器，其把“*=”改为了“~=”，所包含的对象必须是整个单词才会被选中。例如，如果代码如下，则将不会选中任何元素。

```
1   <style>
2       p[data-description~=fir]{
3           background-color:#ccc;
4       }
5   </style>
```

而代码

```
1   <style>
2       p[data-description~=first]{
3           background-color:#ccc;
4       }
5   </style>
```

才会选中第1个段落，因为first是一个完整的单词。

除了上面介绍的相等、包含外，还有以字符串开头、结尾的属性选择器，用法类似，这里不再赘述。

4.5 结构伪类选择器

通过使用“结构伪类选择器”，可以根据文档的结构指定元素的样式。这类选择器绝大多数都是CSS3新增加的，它们给开发人员带来了很大方便。

所谓“伪类”，就是不需要定义这些类，它们都已经被定义好，通常是把具有共性的一些常用的结构信息提取出来形成的。例如除了使用指定类名的方法，还经常会遇到根据元素在DOM结构中的顺序关系来选择元素的情况，例如希望选中排在某个特定次序位置的元素等，这时就会用到结构伪类选择器。

下面先在表4.4中概述结构伪类选择器，然后通过实际代码具体介绍。

表4.4 结构伪类选择器

选择器	功能描述
E:first-child	选择父元素的第一个子元素的元素E，与E:nth-child(1)等同
E:last-child	选择父元素的最后一个子元素的元素E，与E:nth-last-child(1)等同
E:root	选择匹配元素E所在文档的根元素。在HTML文档中，根元素始终是html，此时该选择器与html类型选择器匹配的内容相同
E:nth-child(n)	选择父元素的第n个子元素的元素E，其中n可以是整数（1，2，3）、关键字（even，odd），也可以是公式（2n+1），而且n的起始值为1，而不是0
E:nth-last-child(n)	选择父元素的倒数第n个子元素的元素E。此选择器与E:nth-child(n)选择器的计算顺序刚好相反，但使用方法都是一样的，其中，nth-last-child(1)始终匹配最后一个元素，与last-child等同
E:nth-of-type(n)	选择父元素的第n个具有指定类型的子元素E
E:nth-last-of-type(n)	选择父元素的第n个具有指定类型的子元素E
E:first-of-type	选择父元素的第1个具有指定类型的子元素E，与E:nth-of-type(1)等同
E:last-of-type	选择父元素的最后1个具有指定类型的子元素E，与E:nth-last-of-type(1)等同
E:only-child	选择元素的父元素只包含一个元素的子元素，且该子元素匹配E元素
E:only-of-type	选择父元素只包含一类元素的子元素，且该子元素匹配E元素
E:empty	选择没有子元素的元素，且该元素也不包含任何文本节点

下面制作一个页面，实例文件位于本书配套资源“第4章\04-18.html”。

```
1   <!DOCTYPE html>
2   <html>
3   <head>
4       <style>
5           h1:first-child, p:last-child{
6               background:#ccc;
7           }
8
```

```
9           p:nth-child(2),p:nth-last-child(2) {
10              border:1px solid #000;
11          }
12
13          p:first-of-type, p:nth-of-type(2){
14              font-weight:bold;
15          }
16      </style>
17  </head>
18  <body>
19      <h1>这是标题</h1>
20      <p>第一个段落。</p>
21      <p>第二个段落。</p>
22      <p>第三个段落。</p>
23      <p>第四个段落。</p>
24  </body>
25  </html>
```

一共设置了3种样式，即灰色背景、黑色边框和粗体文字，页面效果如图4.19所示。

这是标题

第一个段落。

第二个段落。

第三个段落。

第四个段落。

图 4.19　结构伪类选择器

可以看到使用了结构伪类选择器的元素是段落和标题，它们都是body元素的子元素，分为3条CSS语句。

h1:first-child表示要选中h1元素，并将其作为父元素的子元素，它必须是第1个子元素，因此页面中的标题会被选中，从而被设置为灰色背景。

类似地，p:last-child表示要选中p元素，并将其作为父元素的子元素，它必须是最后1个子元素，因此页面中的最后1个段落也会被选中，从而被设置为灰色背景。

接下来，p:nth-child(2)和p:nth-last-child(2)表示要选中p元素，并且它们分别是第2个子元素和倒数第2个子元素，因此“第一个段落”和“第三个段落”分别会被选中，从而被设置为黑色边框。

最后，p:first-of-type, p:nth-of-type(2)表示选中p元素，并且分别是在p元素这种类型的元素中的第1个和第2个，因此“第一个段落”和“第二个段落”分别会被选中，从而被设置为粗体文字。

4.6 伪元素选择器

伪元素选择器是一种很常用的选择器。所谓“伪”元素，就是在DOM结构中本来不存在，但是通过CSS创建出来的元素。本书将在后面的章节中对DOM概念进行详细介绍。为了本书结构的完整，这里提前用到了DOM的概念。读者可以在学习了DOM之后，再回到本节加深理解。

最重要的两种伪元素选择器是::before和::after，它们可以用于向指定元素的前面或者后面加入指定内容。由于CSS基本上都是在HTML文档定义的DOM结构上选择对象，然后设置样式，几乎没有办法改变DOM结构，因此这两种伪类选择器为开发人员提供了通过CSS改变内容的有效途径。例如下面的页面，实例文件位于本书配套资源“第4章\04-19.html”。

```
1   <!DOCTYPE html>
2   <html>
3   <head>
4       <style>
5           p:nth-of-type(odd)::before {
6               content:"甲：";
7           }
8           p:nth-of-type(even)::before {
9               content:"乙：";
10          }
11      </style>
12  </head>
13  <body>
14      <h1>《正反话》</h2>
15      <p>相声是一门语言艺术。</p>
16      <p>对。</p>
17      <p>相声演员讲究的是说学逗唱，这相声演员啊最擅长说长笑话，短笑话，俏皮话，反正话。</p>
18      <p>这是相声演员的基本功啊。</p>
19      <p>相声演员啊，脑子得聪明。灵机一动马上通过嘴就要说出来。</p>
20      <p>对对对对。</p>
21  </body>
22  </html>
```

这个页面效果如图4.20所示，可以看到在代码中，6个p元素的内容仅仅是台词内容，并没有“甲”和“乙”的人物提示，通过使用伪元素，就在每一个段落的前面自动加入了人物提示。

具体来说，p:nth-of-type(odd)::before的含义是先选中单数行的p元素，然后指定它前面的伪元素内容。在content里指定加入“甲：”。同理，后面再在所有双数行前面加入“乙：”，这样就实现了图4.20所示的效果。

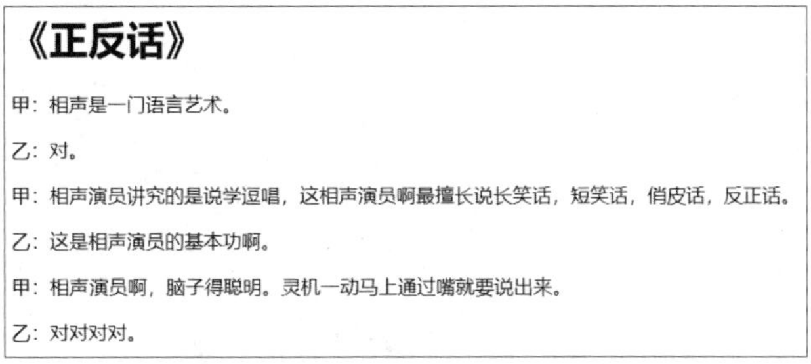

《正反话》

甲：相声是一门语言艺术。

乙：对。

甲：相声演员讲究的是说学逗唱，这相声演员啊最擅长说长笑话，短笑话，俏皮话，反正话。

乙：这是相声演员的基本功啊。

甲：相声演员啊，脑子得聪明。灵机一动马上通过嘴就要说出来。

乙：对对对对。

图 4.20　通过 before 伪元素插入文字

说明

伪元素选择的标准写法中使用的是双冒号，但实际上目前的浏览器上用单冒号也是可以的。

本章小结

选择器是CSS中很重要的组成部分。本章首先通过简单的复合选择器讲解了选择器是如何组合使用的；然后重点说明了CSS的继承与层叠特性，以及它们的作用；最后较为完整地介绍了各种高级的选择器，为后面章节的学习打下基础。作为CSS设计的核心基础，请读者务必真正理解这些最基础和核心的原理。

习题 4

一、关键词解释

复合选择器　　CSS继承　　CSS层叠　　关系选择器　　属性选择器
结构伪类选择器　　伪元素选择器

二、描述题

1. 请简单描述一下复合选择器大致分为几种。
2. 请简单描述一下CSS选择器的优先级规则。
3. 请简单描述一下关系选择器大致分为几种。
4. 请简单描述一下属性选择器大致分为几种。
5. 请简单描述一下常用的结构伪类选择器大致有哪些。
6. 请简单描述一下伪元素选择器有几种，分别是什么。

三、实操题

使用本章介绍的选择器，实现题图4.1所示的效果，可以灵活使用各种选择器。

题图 4.1　单个产品的信息

第二篇

样式与布局篇

第5章 用CSS设置文本样式

在讲解HTML的章节中，已经对如何在网页中使用文字做了详细的介绍。本章将以CSS的样式定义方法来介绍文字的使用，所不同的是CSS的文字样式定义将更加丰富，实用性更强。通过学习本章，读者更能随心所欲地在网页制作中完成文本文字的制作。同时，在本章中也会向读者介绍如何利用CSS的样式定义进行版面编排，以及如何丰富段落的制作样式。本章思维导图如下。

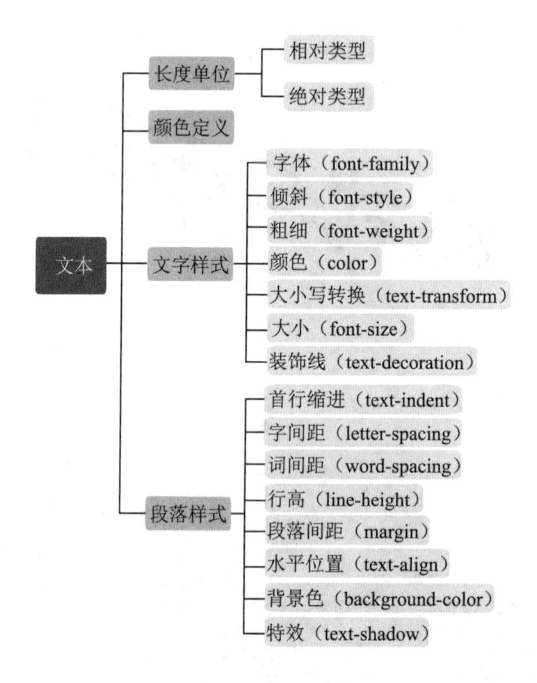

5.1 长度单位

在HTML中，无论是文字的大小还是图片的长宽，通常都会使用像素或百分比来进行设置。而在CSS中，就有了更多的选择，即可以使用多种长度单位，它们主要分为两种类型，一种是相对类型，另一种是绝对类型。

5.1.1 相对类型

相对类型对应相对单位。所谓相对单位，就是相对于参考基础而设置的尺度单位。在网页制作中有以下几种相对单位。

（1）px（piexl）。像素，由于它会根据显示设备分辨率的多少来代表不同的长度，因此它属于相对单位。例如，在800px × 600px的分辨率中设置一幅图片的高为100px，当同样大小的显示器换成1 024px × 768px的分辨率时，就会发现图片相对变小了，因为现在的100px和前面的100px所代表的长度已经不同了。

（2）em。这是设置以目前字符的高度为单位。例如h1 {margin:2em}，就会以目前字符的两倍高度来显示。但要注意一点，em作为尺度单位时是以font-size属性为参考依据的，如果没有font-size属性，就会以浏览器默认的字符高度为参考。关于font-size属性，在后面的章节中将会进行介绍。使用em来设置字符高度并不常用，大家可以有选择地使用。

（3）rem。rem指root em，表示设置以网页根元素（HTML）的字符高度为单位。因此可以只对HTML元素设置字体大小，其他元素用rem单位设置百分比大小，例如h1{font-size:1.25rem}。一般浏览器默认的1rem是16px。

（4）vw和vh。vw（viewport width）和vh（viewport height）是基于视图窗口（viewport）的相对单位，是CSS3新增的。1vw 等于视口宽度的1%，1vh 等于视口高度的1%。viewport在后面的章节会详细介绍。这里读者可以将其简单理解为网页的可见区域。

5.1.2 绝对类型

绝对类型对应绝对单位。所谓绝对单位，就是无论显示设备的分辨率是多少，都代表相同的长度。例如，在800px × 600px的分辨率中设置一幅图片的高为10 cm，当换成1 024px × 768px的分辨率时，会发现图片还是同样的大小。关于绝对类型的尺度单位如表5.1所示。

表5.1 绝对类型的尺度单位

尺度单位名	说明
in（英寸）	不是国际标准单位，平常极少使用
cm（厘米）	国际标准单位，较少用
mm（毫米）	国际标准单位，较少用
pt（点数）	最基本的显示单位，较少用
pc（印刷单位）	应用在印刷行业中，1 pc=12 pt

以上介绍了多种尺度单位。其实在网页制作中已经默认以像素为单位，这样在交流或制作过程中都较为方便。如果在特殊领域中需要用到其他单位，那么在使用时就一定要加上尺度单位（数值和尺度单位之间不用加上空格），如10em、5in、6cm和20pt等。如果没有加尺度单位，浏览器就会默认以像素为单位来显示。但这也不是绝对的，对于某些浏览器来说，想以像素为单位时也必须加上px，否则浏览器无法识别，进而就会以默认的字体大小进行显示。

同时还要注意一个问题，大部分长度设置都要使用正数，只有少数情况可以进行负数的设置。但在使用负数设置时，浏览器也有一个承受限度；当设置值超过这个承受限度时，浏览器就会选择能承受的极限值来显示。

5.2 颜色定义

前面简单介绍过颜色的定义方法，本节继续对其进行一些扩展讲解。

在HTML页面中，颜色统一采用rgb模式显示，也就是人们通常所说的“红绿蓝”三原色模式。每种颜色都由这3种颜色的不同比例组成，每种颜色的比例分为0～255挡。当红、绿、蓝3个分量都设置为255时，就是白色，例如rgb(100%,100%,100%)和#FFFFFF都指白色，其中“#FFFFFF”为十六进制的表示方法，前两位为红色分量，中间两位为绿色分量，最后两位为蓝色分量，“FF”即十进制中的255。

当RGB的3个分量都为0时，即显示为黑色，例如rgb(0%,0%,0%)和#000000都表示黑色。同理，当红、绿分量都为255，而蓝色分量为0时，则显示为黄色，例如rgb(100%,100%,0)和#FFFF00都表示黄色。

文字的各种颜色配合其他页面元素组成了整个五彩缤纷的页面。在CSS中文字颜色是通过color属性设置的。下面的几种方法都可将文字设置为蓝色，它们是完全等价的定义方法。

```
1    h3{ color: blue; }
2    h3{ color: #0000ff; }
3    h3{ color: #00f; }
4    h3{ color: rgb(0,0,255); }
5    h3{ color: rgb(0%,0%,100%); }
```

第1种方式使用颜色的英文名称作为属性值。

第2种方式最常用，是一个6位的十六进制数值表示。

第3种方式是第2种方式的简写方式，例如#aabbcc的颜色值可以简写为#abc。

第4种方式是分别给出红、绿、蓝3种颜色分量的十进制数值。

第5种方式是分别给出红、绿、蓝3种颜色分量的百分比。

在CSS3中，关于颜色还增加了新的特性，即支持颜色的透明度，一种方式是把rgb模式扩充为rgba模式，其中第4个字母a表示的就是透明度（alpha通道）。例如：

```
1    h3{ color: rgb(0,0,255,0.5); }
2    h3{ color: rgb(0%,0%,100%,0.5); }
```

表示的都是半透明的蓝色，第4个参数0.5就表示透明度为0.5，0表示完全透明，1表示完全不透明。

另一种方式是在CSS3中引入一个独立的属性，即opacity，用于定义某个元素的透明度，0表示完全透明，1表示完全不透明。例如下面的代码：

```
1    h3 {
2        color: #00f;
3        opacity:0.5;
4    }
```

5.3 实例：通过文字样式美化一个页面

5.3.1 准备页面

案例讲解

文字的版面以及样式的设置在HTML部分已经向大家做了介绍，这里将采用CSS来定义文字的版面和样式。

在学习使用CSS对文字进行设置之前，先准备一个基本的网页，如图5.1所示。

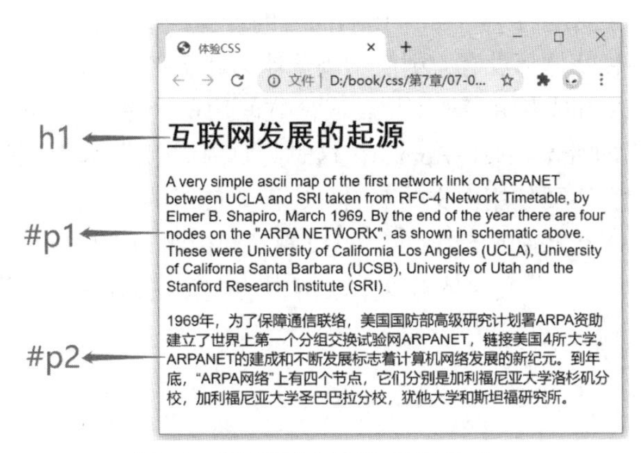

图 5.1　用于设置 CSS 样式网页文件

这个网页由一个标题和两个正文段落组成，这两个文本段落分别设置了ID，以便后面设置样式时使用。代码如下所示，实例源文件位于本书配套资源“第5章\05-01.html”。

```
1    ……头部代码省略……
2    <body>
3    <h1>互联网发展的起源</h1>
4    <p id="p1">A very simple ascii map of the first network link on ARPANET
     between UCLA and SRI taken from RFC-4 Network Timetable, by Elmer B.
     Shapiro, March 19611....</p>
5    <p id="p2">1969年，为了保障通信联络，美国国防部高级研究计划署ARPA资助建立了世界上第
     一个分组交换试验网ARPANET，链接美国4所大学。ARPANET的建成和不断发展标志着计算机网络发
     展的新纪元。...</p>
6    </body>
7    </html>
```

5.3.2 设置文字的字体

在HTML中，设置文字的字体需要通过<font>标记的face属性实现。而在CSS中，则使用font-family属性。针对上面准备好的网页，在样式部分增加对<p>标记的样式设置，代码如下，实例源文件位于本书配套资源“第5章\05-02.html”。

```
1   <style type="text/css">
2       h1{
3           font-family:黑体;
4       }
5       p{
6           font-family: Arial, "Times New Roman";
7       }
8   </style>
```

以上语句声明了HTML页面中h1标题和文本段落的字体名称为黑体，并且对文本段落同时声明了两个字体名称，分别是Arial字体和Times New Roman字体。其含义是，告诉浏览器首先在访问者的计算机中寻找Arial字体，如果该访问者的计算机中没有Arial字体，就寻找Times New Roman字体；如果这两种字体都没有，则使用浏览器的默认字体显示。

font-family属性可以同时声明多种字体，字体之间用逗号隔开。另外，一些字体的名称中间会出现空格，例如上面的Times New Roman，这时需要用双引号将其括起来，使浏览器知道这是一种字体的名称。注意：不要使用中文的双引号，而要使用英文的双引号。

设置后在浏览器中的效果如图5.2所示。可以看到，标题和第1个正文段落中的字体都发生了变化，而第2个段落是中文，英文字体对这个段落中的中文是无效的，而该段落中的英文字母则都变成了Arial字体。

图 5.2　设置文字的字体

注意

很多设计者喜欢使用各种各样的字体来给页面添彩，但大多数用户的机器上都没有安装这些字体，因此一定要设置多个备选字体，以避免浏览器直接将其替换成默认的字体。最直接的方式是将使用了生僻字体的部分用图形软件制作成小的图片，再加载到页面中。

5.3.3 设置文字的倾斜效果

在CSS中也可以定义文字是否显示为斜体。倾斜看起来很容易理解，但实际上它比通常想象的要复杂一些。

大多数人对于字体倾斜的认识都来自Word等文字处理软件。例如图5.3中左侧是一个Time New Roman字体的字母a，中间是其常见的倾斜形式，右侧是其另一种倾斜形式。

a *a* *a*

图 5.3　正常字体与两种倾斜形式的对比

请注意，文字的倾斜并不是真的通过把文字“拉斜”实现的，其实倾斜的字体本身就是一种独立存在的字体。例如上面左侧正常的字体无论怎么倾斜，也不会产生中间图中的字形。因此，倾斜的字体就是一个独立的字体，其对应于操作系统中的某一个字库文件。

严格来说，在英文中字体的倾斜有以下两种。

（1）italic，即意大利体。我们平常说的倾斜都是指“意大利体”，这也就是在各种文字处理软件上字体倾斜的按钮上面大都使用字母“I”来表示的原因。

（2）oblique，即真正的倾斜就是把一个字母向右边倾斜一定角度所产生的效果，类似于图5.3右侧所示的效果。这里说“类似于”，是因为Windows操作系统中并没有实现oblique方式的字体，只是找了一个接近它的字体来示意。

CSS中的font-style属性正是用来控制字体倾斜的，它可以被设置为“正常”“意大利体”和“倾斜”3种样式，分别如下：

```
1    font-style:normal;
2    font-style:oblique;
3    font-style:italic;
```

然而在Windows上并不能区分oblique和italic，二者都是按照italic方式显示的，这不仅仅是浏览器的问题，在本质上是由操作系统不够完善造成的。

对于中文字体，并不存在这么多情况。另外，中文字体的倾斜效果并不好看，因此网页上很少使用中文字体的倾斜效果。

尽管上面讲了很多复杂的情况，但实际上使用起来并不复杂，例如上面网页中的第1段正文并未倾斜的字体效果，只须为#p1设置一条CSS规则即可实现。代码如下，实例源文件位于本书配套资源“第5章\05-03.html”。

```
1    #p1{
2        font-style:italic;
3    }
```

设置后的效果如图5.4所示。

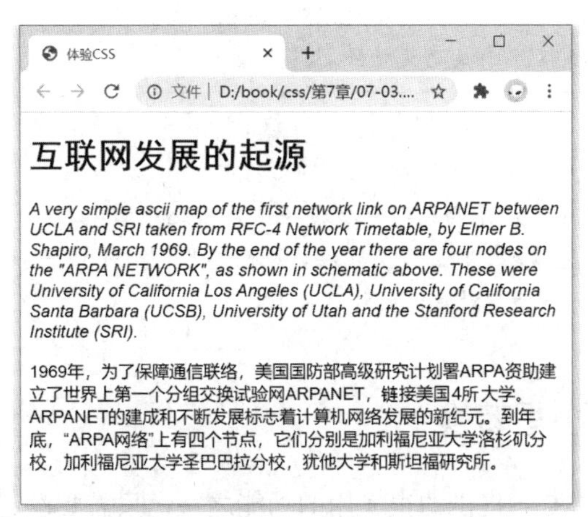

图 5.4　设置文字倾斜后的效果

5.3.4 设置文字的加粗效果

在HTML语言中可以通过添加<b>标记或者<strong>标记将文字设置为粗体。在CSS中，使用font-weight属性控制文字的粗细，并且可以将文字的粗细进行细致的划分，更重要的是其还可以将本身是粗体的文字变为正常粗细。

从CSS规范的规定来说，font-weight属性可以设置很多不同的值，从而对文字设置不同的粗细，如表5.2所示。

表5.2 font-weight属性的设置值

设置值	说明
normal	正常粗细
bold	粗体
bolder	加粗体
lighter	比正常粗细还细
100—900	共有9个层次（100，200，…，900），数字越大，字体越粗

然而遗憾的是，实际上大多数操作系统和浏览器还不能很好地实现非常精细的文字加粗设置，通常只能设置“正常”和“加粗”，代码如下。

```
1   font-weight:normal          /*正常*/
2   font-weight:bold            /*加粗*/
```

经验

在HTML中，<b>标记和<strong>标记表面上的效果是相同的，都是使文字以粗体显示，但是前者是一个单纯的表现标记，不含语义，因此应该尽量避免使用它；而<strong>标记是具有语义的标记，其表示“突出”和“加强”的含义。因此，如果要在一个网页的文本中突出某些文字，就应该用<strong>标记。

大多数搜索引擎都对网页中的<strong>标记很重视，从而出现了一种需求：一方面，设计者希望把网页上的文字用<strong>标记来进行强调，使搜索引擎更好地了解这个网页的内容；另一方面，设计者又不希望这些文字以粗体显示，这时就可以对<strong>标记使用“font-weight:normal”，这样既可以让它恢复为正常的粗细，又不影响语义效果。

说明

这里需要补充说明的是，由于西文字母数量很少，因此对于字母的样式还有很多非常复杂的属性。在CSS2的规范中有很大篇幅的内容是关于字体属性定义的。对于普通的设计师而言，不必研究得太深，把上面介绍的几点了解清楚就足以胜任日常工作了。

5.3.5 英文字母大小写转换

英文字母大小写转换是CSS提供的很实用的功能之一，只需要设定英文段落的text-transform属性，就能很轻松地实现大小写的转换。

例如下面3个文字段落分别可以实现单词首字母大写、所有字母大写和所有字母小写。

```
1    p.one{ text-transform:capitalize; }          /* 单词首字母大写 */
2    p.two{ text-transform:uppercase; }           /* 所有字母大写 */
3    p.three{ text-transform:lowercase; }         /* 所有字母小写 */
```

下面继续用上面的网页做一个实验，对#p1和#p2两个段落分别设置如下，实例源文件位于本书配套资源“第5章\05-04.html”。

```
1    #p1{
2    font-style:italic;
3    text-transform:capitalize;
4    }
5    #p2{
6    text-transform:lowercase;
7    }
```

设置后的效果如图5.5所示。

图 5.5　设置英文单词的大小写形式

可以看出，如果设置“text-transform:capitalize”，原来是小写的单词则会变为首字母大写；而对于本来是大写的单词，例如第一段中的单词“UCLA”，则仍然保持全部大写。

5.3.6 控制文字的大小

CSS中是通过font-size属性来控制文字的大小，而该属性的值可以使用多种长度单位，这在本章的5.1节中曾经介绍过。

仍以上面的网页为例，增加对font-size属性的设置，将其设置为12px，代码如下，实例源文件位于本书配套资源“第5章\05-05.html”。

```
1    p{
2    font-family: Arial, "Times New Roman";
3    font-size: 12px;
4    }
```

设置后在浏览器中的效果如图5.6所示。可以看到，此时两个正文段落中的文字都变小了。

图 5.6　设置正文文字的大小为 12px

在实际工作中，font-size属性最常使用的单位是px和em。1 em表示的长度是字母m的标准宽度。

例如，在文字排版时，有时会要求第一个字母比其他字母大很多，并下沉显示，此时就可以使用这个单位。首先，在上面的HTML中，把第1段文字的第1个字母“A”放入一对<span></span>标记中，并对其设置一个CSS类别“#firstLetter”。

```
<p id="p1"><span id="firstLetter">A</span> very ……
```

然后设置它的样式，将font-size设置为2 em，并使它向左浮动，代码如下：

```
1    #firstLetter{
2        font-size:3em;
3        float:left;
4    }
```

实例源文件位于本书配套资源“第5章\05-06.html”。这时在浏览器中的效果如图5.7所示。此时第1段的首字母就变为标准大小的3倍，并因设置了向左浮动而实现了下沉显示。这里使用了还没有介绍的<span>标记和float属性，读者暂时不必深究，后面还会详细介绍。

图 5.7　设置段首的字母放大并下沉显示

此外，还可以使用百分比作为单位。例如，“font-size:200%”表示文字的大小为原来的两倍。

5.3.7 文字的装饰效果

在HTML文件中，可以使用<u>标记给文字加下画线，在CSS中有text-decoration属性可实现为文字加下画线、删除线和顶线等多种装饰效果。

关于text-decoration属性的设置值如表5.3所示。

表5.3 text-decoration属性的设置值

设置值	说明
none	正常显示
underline	为文字加下画线
line-through	为文字加删除线
overline	为文字加顶线
blink	文字闪烁，仅部分浏览器支持

这个属性可以同时设置多个属性值，用空格分隔即可。例如，对网页的h1标题进行如下设置，实例源文件位于本书配套资源“第5章\05-07.html”。

```
1   h1{
2       font-family:黑体;
3       text-decoration: underline overline;
4   }
```

效果如图5.8所示，可以看到标题中同时出现了下画线和顶画线。

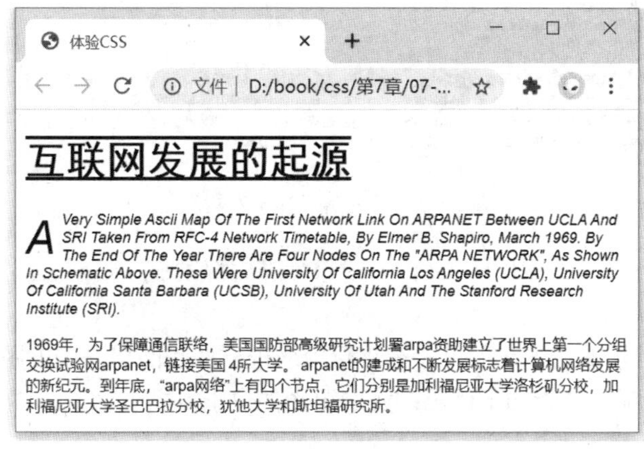

图 5.8 设置文本的装饰效果

5.4 实例：通过段落样式美化页面

5.4.1 设置段落首行缩进

根据中文的排版习惯，每个正文段落的首行开始处应该保持两个中文字的空白。请注意，在英文版式中，通常不会这样设置。

在网页中如何实现文本段落的首行缩进呢？在CSS中专门有一个text-indent属性可以控制段落的首行缩进以及缩进的距离。

text-indent属性可以被设置为各种长度的属性值。为了缩进两个字的距离，最常用的是“2em”这个距离。例如，对网页的p2段落进行如下设置，实例源文件位于本书配套资源“第5章\05-08.html”。

```
1    #p2{
2        text-indent:2em;
3    }
```

浏览器中的效果如图5.9所示。

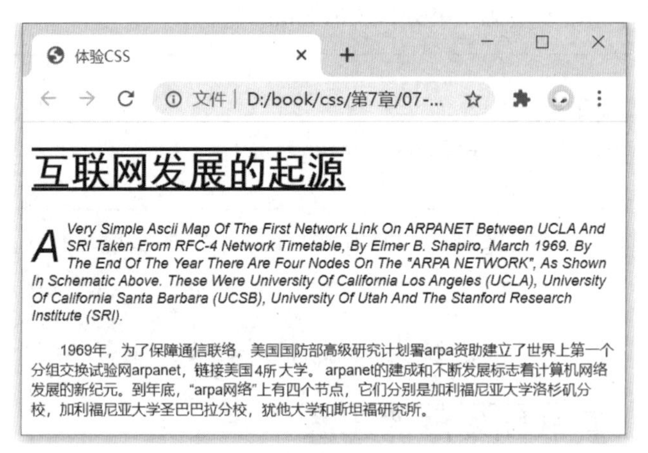

图 5.9　设置段落中首行文本缩进

可以看到，除首行缩进了相应的距离外，第2行以后都紧靠左边对齐显示，因此text-indent只设置第1行文字的缩进距离。

这里再举一个不常用的例子。如果希望首行不缩进，而是凸出一定的距离，也被称为“悬挂缩进”，又该如何设置呢？请看如下代码，实例源文件位于本书配套资源“第5章\05-09.html”。

```
1    #p2{
2        padding-left:2em;
3        text-indent:-2em;
4    }
```

这时的效果如图5.10所示。它的原理是首先通过设置左侧的边界以使整个文字段落向右侧移动2em的距离，然后将text-indent属性设置为“−2em”，这样就会凸出两个字的距离了。关于

padding属性，这里读者只需要了解它，后面章节会再深入讲解。

图 5.10　设置段落中首行文本悬挂缩进

5.4.2 设置字词间距

在英文中，文本是由单词构成的，而单词是由字母构成的，因此对于英文文本来说，要控制文本的疏密程度，需要从两个方面考虑，即设置单词内部的字母间距和单词之间的间距。

在CSS中，可以通过letter-spacing和word-spacing两个属性分别控制字母间距和单词间距。例如下面的代码，实例源文件位于本书配套资源“第5章\05-10.html”。

```
1    #p1{
2        font-style:italic;
3        text-transform:capitalize;
4        word-spacing:10px;
5        letter-spacing:-1px;
6    }
```

效果如图5.11所示。将上面英文段落的字母间距设置为“-1px”，这样单词的字母就会比正常情况更紧密地排列在一起；而如果将单词间距设置为“10px”，单词之间的距离就会大于正常情况了。

图 5.11　设置字词间距

注意

对于中文而言，如果要调整汉字之间的距离，则需要设置letter-spacing属性，而不是word-spacing属性。

5.4.3 设置段落内部的文字行高

如果不使用CSS，在HTML中是无法控制段落中行与行之间的距离的。而在CSS中，line-height正是用于控制行的高度的，通过它可以调整行与行之间的距离。

关于line-height属性的设置值如表5.4所示。

表5.4 line-height属性的设置值

设置值	说明
长度	数值，可以使用前面所介绍的尺度单位
倍数	font-size的设置值的倍数
百分比	相对于font-size的百分比

例如设置“line-height:20px”就表示行高为20px，而设置“line-height:1.5”则表示行高为font-size的1.5倍，或者设置“line-height:130%”则表示行高为font-size的130%。

依然用上面的实例，对第2段文字设置如下代码，实例源文件位于本书配套资源“第5章\05-11.html”。

```
1    #p2{
2        line-height:2;
3    }
```

页面效果如图5.12所示。

图 5.12 设置段落内部的文字行高

可以看到第2段文字的行与行之间的距离比第1段文字要大一些。这里需要注意两点。

（1）如果不设置行高，那么将由浏览器根据默认设置决定实际行高。通常浏览器默认设置的行高大约是段落文字的font-size的1.2倍。

（2）这里设置的行高是图中行间空白区域中线之间的距离，而文字在每一行中会自动竖直居中显示。

5.4.4 设置段落之间的距离

上面介绍了如何设置一个段落内部行与行之间的疏密程度，那么段落之间的距离又怎么控制呢？

这里先做一个实验，为<p>标记增加一条CSS样式，目的是给两个段落分别增加1px粗细的红色实线边框，代码如下，实例源文件位于本书配套资源“第5章\05-12.html”。

```
1   p{
2       border:1px red solid;
3   }
```

这时页面效果如图5.13所示。从图中还可以清晰地看出两个文本段落之间有一定的空白，这是段落之间的距离，它由margin属性确定。如果没有设置margin属性，它将由浏览器默认设置。

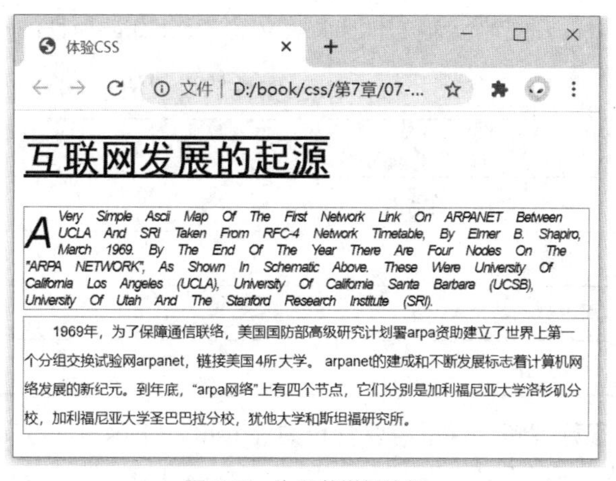

图 5.13 为段落增加边框

因此，如果要调整段落之间的距离，设置margin属性即可，margin被称为“外边距”。例如，在<p>标记的CSS样式中，进行如下设置：

```
1   p{
2       border:1px red solid;
3       margin:5px 0px;
4   }
```

这里为margin设置了两个属性值，前者确定上下距离为5px，后者确定左右距离为0px。这时效果如图5.14所示，可以看出段落间距大于原来浏览器默认的距离。

注意

这里需要特别注意，将p段落的上下margin设置为5px，那么在相邻的两个段落之间的距离应该是5+5=10px，因为上下两个段落分别存在一个5px的外边距。但是这里的实际距离并不是将上下两个外边距相加获得的，而是取二者中较大的一个，这里都是5px，因此结果就是5px，而不是10px。在本书后面的章节中，还会专门对此进行深入细致的讲解。

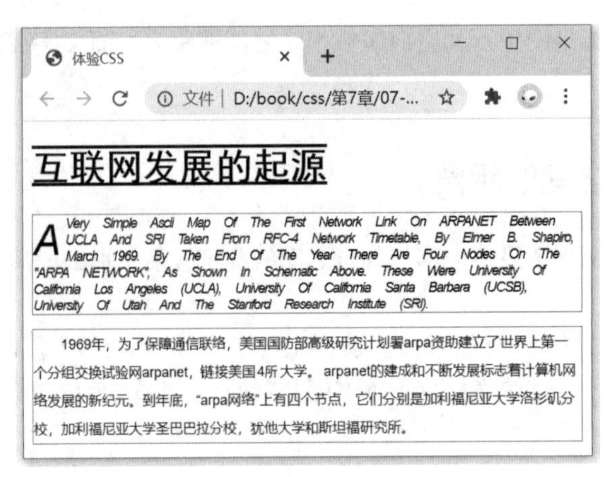

图 5.14　调整段落间距后的效果

5.4.5 控制文本的水平位置

使用text-align属性可以方便地设置文本的水平位置。text-align属性的设置值如表5.5所示。

表5.5　text-align属性的设置值

设置值	说明
left	左对齐，也是浏览器默认的
right	右对齐
center	居中对齐
justify	两端对齐

表5.5中的前3项都很好理解，这里需要解释的是justify，即两端对齐的含义。首先看一下本章前面的各个页面效果，可以看到在左对齐方式下，每一行的右端是不整齐的；而如果希望右端也能整齐，则可以设置"text-align:justify"。

例如，在图5.15中显示的是h1标题居中对齐，文本两端对齐的效果，实例源文件位于本书配套资源"第5章\05-13.html"。

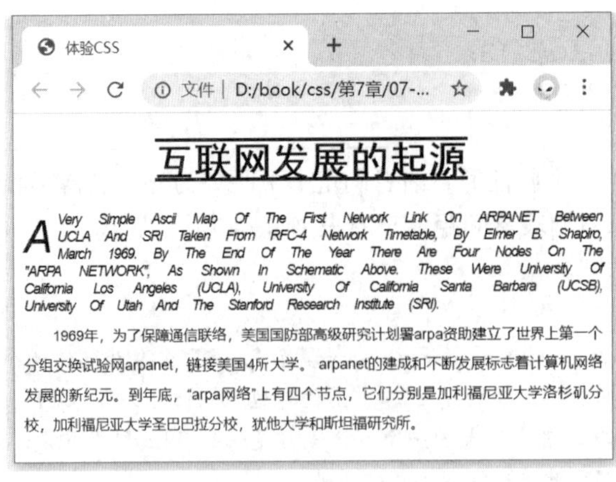

图 5.15　标题居中对齐，文本两端对齐

5.4.6 设置文字及其背景色

如果读者对颜色的表示方法还不熟悉，或者希望了解各种颜色的具体名称，请参考网页http://learning.artech.cn/20061130.color-definition.html。

在CSS中，除了可以设置文字的颜色，还可以设置背景的颜色。它们二者分别使用属性color和background-color进行设置。例如继续针对上面的页面，设置h1标题的样式为：

```
1   h1{
2       background:#678;
3       color:white;
4   }
```

将背景色设置为#678，即相当于#667788，并将文字颜色设置为白色，效果如图5.16所示。实例源文件位于本书配套资源“第5章\05-14.html”。

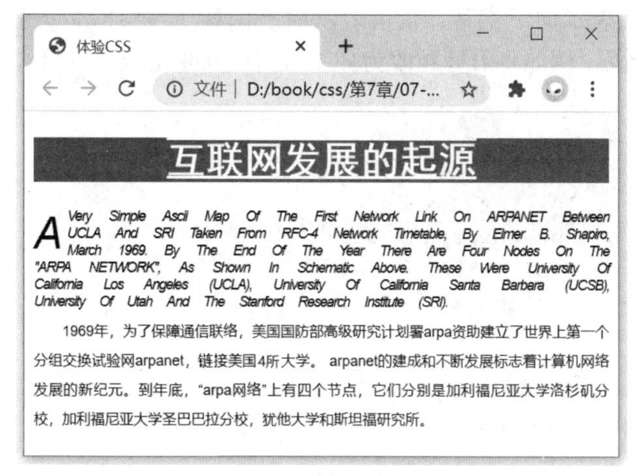

图 5.16 设置标题背景颜色和文字颜色

5.4.7 设置文字的特效

在CSS中可以给文字增加阴影效果，以实现一定的特效。其通常会在标题上使用，以抓住用户的眼球。给文字加上text-shadow属性能实现相应的效果。text-shadow属性需要设置4个值，分别是x轴的偏移尺寸、y轴的偏移尺寸、阴影半径、阴影颜色。例如，对网页的h1标题进行如下设置，实例源文件位于本书配套资源“第5章\05-15.html”。

```
1   h1{font-family:黑体;
2       text-shadow: 6px 6px 3px #ccc;
3   }
```

在浏览器中的效果如图5.17所示。

图 5.17　标题阴影效果

这里x轴是横轴（可以设置负数），其正值表示向右偏移，负值表示向左偏移，0表示不偏移。y轴是纵轴，正值表示向下偏移，负值表示向上偏移。text-shadow还可以设置多重阴影，每组值之间用逗号分隔，例如将h1标题改为如下设置，实例源文件位于本书配套资源“第5章\05-16.html”。

```
1   h1{font-family:黑体;
2       text-shadow: 1px 1px 2px #888,
3                    2px 2px 2px #999,
4                    3px 3px 2px #aaa,
5                    4px 4px 2px #bbb,
6                    6px 6px 2px #ccc;
7     }
```

在浏览器中的效果如图5.18所示。

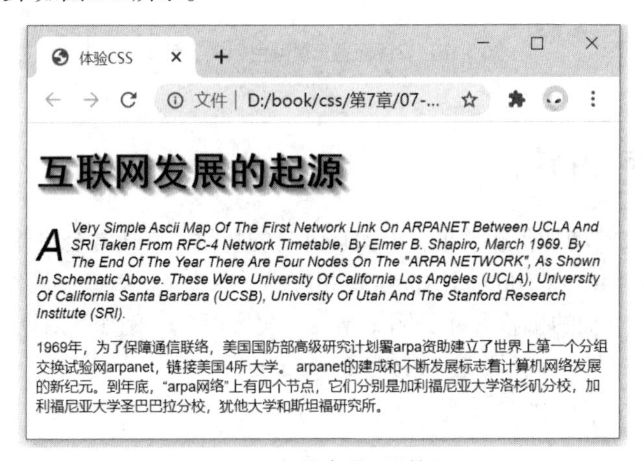

图 5.18　标题多重阴影效果

本章小结

本章介绍了使用CSS设置文本相关的各种样式的方法。实际上读者可以发现，这些属性主要可以分为两类：一类是以“font-”开头的属性，例如font-size、font-family等都是与字体相关的；另一类是以“text-”开头的属性，例如text-indent、text-align等都是与文本排版格式相关的属性。此外，就是一些单独的属性了，比如设置颜色的color属性、设置行高的line-height属性等。根据这个规律，读者可以更方便地记住这些属性。

习题 5

一、关键词解释

长度单位　　像素　　字体　　颜色定义　　行高

二、描述题

1. 请简单描述一下长度单位分为几种类型，分别是什么。
2. 请简单描述一下定义颜色的几种方式。
3. 请简单描述一下文字都可以设置为哪些样式。
4. 请简单描述一下段落都可以设置为哪些样式。

三、实操题

使用第2章的文字和图片资源，通过CSS设置页面效果，如题图5.1所示，具体要求如下。

- 将“天安门”设为一级标题，设置多重阴影效果并居中显示。
- 将“(北京市的第一批全国重点文物保护单位)”设置为加粗并居中显示。
- 将“结构形制”设置为三级标题。
- 正文第一行的“北京城”设置下画线。
- 将“城楼”和“城台”的文字背景颜色设置为蓝色，文字颜色设置为白色并加粗显示。
- 段落正文首行缩进两个字符。
- 图片在左侧显示，文字在右侧环绕显示。
- 页面整体设置字间距为固定值。

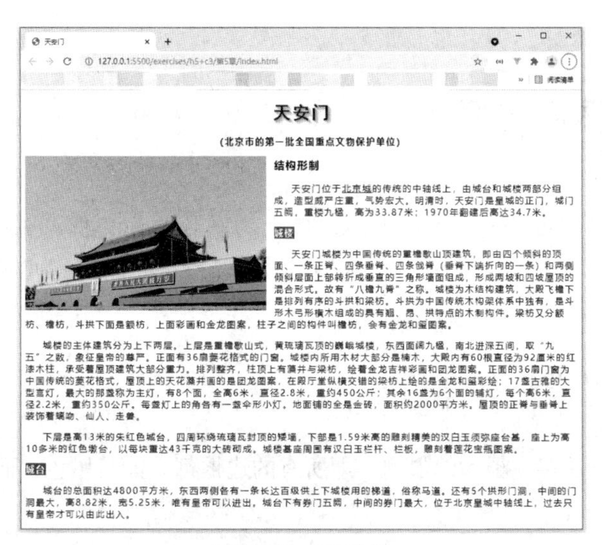

题图 5.1　页面效果

第6章 用CSS设置图片效果

图片是网页中不可缺少的内容，它能使页面更加丰富多彩，能让人更直观地感受网页所要传达给浏览者的信息。本章将详细介绍使用CSS设置图片风格样式的方法，包括图片边框、图片缩放、图文混排和对齐方式等，并会通过实例综合文字和图片的各种运用。

作为单独的图片本身，其很多属性可以直接在HTML中进行调整，但是通过CSS统一管理，不但可以更加精确地调整图片的各种属性，还可以实现很多特殊的效果。本节主要讲解用CSS设置图片效果的方法，为进一步深入探讨打下基础。本章思维导图如下。

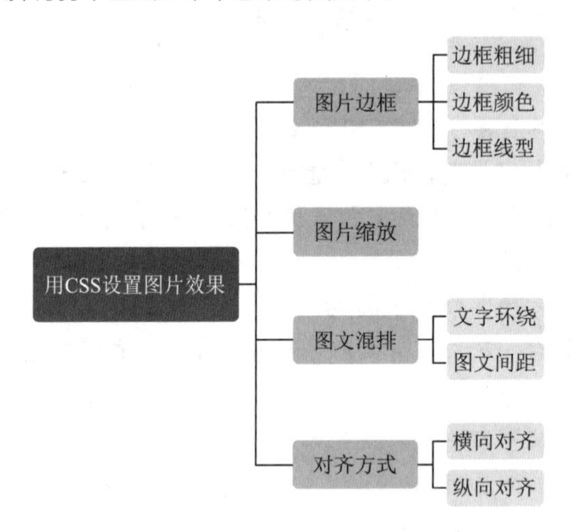

6.1 设置图片边框

知识点讲解

HTML可以直接通过<img>标记的border属性为图片添加边框，属性值为边框的粗细，以像素为单位，可以控制边框的粗细。当设置该值为0时，则显示为没有边框。代码如下：

```
1    <img src="img.jpg" border="0">
2    <img src="img.jpg" border="2">
```

然而使用这种方法存在很大的限制，即所有的边框都只能是黑色，而且风格十分单一，都是实线，只是在边框粗细上能够进行调整。如果希望更换边框的颜色，或者换成虚线边框，仅仅依靠HTML是无法实现的。

6.1.1 基本属性

CSS可以通过边框属性为图片添加各式各样的边框。border-style用来定义边框的样式，如虚线、实线或点画线等。

在CSS中，一个边框由3个要素组成。

（1）border-width（粗细）：可以使用CSS中的各种长度单位，最常用的是像素。

（2）border-color（颜色）：可以使用各种合法的颜色来定义样式。

（3）border-style（线型）：可以在一些预先定义好的线型中选择。

对于边框样式各种风格的说明，在后面的章节中还会详细介绍，读者可以先自己尝试不同的风格，选择自己喜爱的样式。另外，读者还可以通过border-color定义边框的颜色，通过border-width定义边框的粗细。

下面给出一个简单的案例，说明使用CSS设置边框的方法。实例源文件请参考本书配套资源“第6章\06-01.html”。

```
1   <style type="text/css">
2       .test1{
3           border-style:dotted;          /* 点线 */
4           border-color:#996600;         /* 边框颜色 */
5           border-width:4px;             /* 边框粗细 */
6       }
7       .test2{
8           border-style:dashed;          /* 虚线 */
9           border-color:blue;            /* 边框颜色 */
10          border-width:2px;             /* 边框粗细 */
11      }
12  </style>
13
14  <body>
15      <img src="cup.jpg" class="test1">
16      <img src="cup.jpg" class="test2">
17  </body>
```

其显示效果如图6.1所示，第1幅图片设置的是金黄色、4px宽的点线，第2幅图片设置的是蓝色、2px宽的虚线。

说明

从本章起，在给出案例代码时仅给出CSS样式布局和相关的HTML代码，每个页面中相同的固定不变的代码（如DOCTYPE等内容）则不再给出。如果读者对此还不是十分清楚，一方面请仔细阅读本书前面的内容，把网页的基本代码结构搞清楚，再继续深入学习；另一方面可以参考本书配套资源中的源代码。

这里使用的类别选择器与前面使用过的ID选择器类似，但是二者是有区别的，一个类别选择器定义的样式可以应用于多个网页元素，而ID选择器定义的样式则仅能应用于一个网页元素。

图 6.1　设置各种图片边框

6.1.2 为不同的边框分别设置样式

上面的设置方法对一个图片的4条边框同时产生作用。如果希望分别设置4条边框的不同样式，在CSS中也是可以实现的，即分别设定border-left、border-right、border-top和border-bottom的样式，依次对应左、右、上、下4条边框。

使用时，依然是每条边框分别设置粗细、颜色和线型3项。例如，设置有边框的颜色，那么相应的属性就是border-right-color，因此这样的属性共有4×3=12个。

这里给出一个演示实例，源文件请参考本书配套资源“第6章\06-02.html”。

```
1   <style>
2   img{
3      border-left-style:dotted;              /* 左点线 */
4      border-left-color:#FF9900;             /* 左边框颜色 */
5      border-left-width:3px;                 /* 左边框粗细 */
6      border-right-style:dashed;
7      border-right-color:#33CC33;
8      border-right-width:2px;
9      border-top-style:solid;                /* 上实线 */
10     border-top-color:#CC44FF;              /* 上边框颜色 */
11     border-top-width:2px;                  /* 上边框粗细 */
12     border-bottom-style:groove;
13     border-bottom-color:#66cc66;
14     border-bottom-width:3px;
15  }
16  </style>
17
18  <body>
19      <img src="cup.jpg">
20  </body>
```

其显示效果如图6.2所示，图片的4条边框被分别设置了不同的风格样式。

图 6.2　分别设置 4 个边框

这样将12个属性依次设置固然是可以的，但是比较烦琐。事实上在绝大多数情况下，各条边框的样式基本上是相同的，仅有个别样式不一样，这时就可以先进行统一设置，再针对个别边框的属性进行特殊设置。例如下面的设置方法，源文件请参考本书配套资源“第6章\06-03.html”。

```
1   img{
2       border-style:dashed;
3       border-width:2px;
4       border-color:red;
5
6       border-left-style:solid;
7       border-top-width:4px;
8       border-right-color:blue;
9   }
```

在浏览器中的效果如图6.3所示。这个例子中先对4条边框进行了统一设置，然后分别对上边框的粗细、右边框的颜色和左边框的线型进行了特殊设置。

图 6.3　边框效果

使用熟练后，border属性还可以将各个值写到同一语句中，用空格分离，这样可以大大简化CSS代码的长度。例如下面的代码：

```
1   img{
2     border-style:dashed;
3     border-width:2px;
```

```
4       border-color:red;
5    }
```

还有下面的代码：

```
1    img{
2       border:2px red dashed;
3    }
```

这两段代码是完全等价的，而后者写起来要简单得多。它把3个属性值依次排列，用空格分隔即可。这种方式适用于对边框同时设置属性。

6.2 图片缩放

知识点讲解

CSS控制图片的大小与HTML一样，也是通过width和height两个属性来实现的。所不同的是CSS中可以使用更多的值，如上一章中“文字大小”一节提到的相对值和绝对值等。例如当设置width的值为50%时，图片的宽度将会调整为父元素宽度的一半，代码如下。

```
1    <html>
2    <head>
3        <title>图片缩放</title>
4        <style>
5            img.test1{
6                width:50%;          /* 相对宽度 */
7            }
8        </style>
9    </head>
10   <body>
11       <img src="cup.jpg" class="test1">
12   </body>
13   </html>
```

因为设定的是相对大小（这里是相对于body的宽度），所以当拖动浏览器窗口而改变其宽度时，图片的大小也会相应地发生变化。

这里需要指出的是，当仅仅设置了图片的width属性，而没有设置height属性时，图片本身会自动等纵横比例缩放；如果只设定height属性，也是一样的道理。只有当同时设定width和height属性时才会不等比例缩放，代码如下。

```
1    <html>
2    <head>
3        <title>不等比例缩放</title>
4        <style>
5            img.test1{
6                width:70%;         /* 相对宽度 */
7                height:110px;      /* 绝对高度 */
8            }
9        </style>
```

```
10  </head>
11  <body>
12      <img src="cup.jpg" class="test1">
13  </body>
14  </html>
```

6.3 图文混排

Word中文字与图片有很多排版方式，在网页中同样可以通过CSS设置实现各种图文混排效果。本节在第5章文字排版知识的基础上，介绍CSS图文混排的具体方法。

知识点讲解

6.3.1 文字环绕

文字环绕图片的方式在实际页面中的应用非常广泛，如果再配合内容、背景等多种手段，即可实现各种绚丽的效果。CSS主要是通过给图片设置float属性来实现文字环绕的，如下例所示。代码如下，实例文件位于本书配套资源“第6章\06-04.html”。

```
1   <html>
2   <head>
3       <title>图文混排</title>
4       <style type="text/css">
5       body{
6           background-color:#EAECDF;           /* 页面背景颜色 */
7           margin:0px;
8           padding:0px;
9       }
10      img{
11          float:right;                        /* 文字环绕图片 */
12      }
13      p{
14          color:#000000;                      /* 文字颜色 */
15          margin:0px;
16          padding-top:10px;
17          padding-left:5px;
18          padding-right:5px;
19      }
20      span{
21          float:left;                         /* 首字放大 */
22          font-size:60px;
23          font-family:黑体;
24          margin:0px;
25          padding-right:5px;
26      }
27      </style>
28  </head>
```

```
29  <body>
30      <img src="einstein.jpg" border="0">
31      <p>阿尔伯特·爱因斯坦（Albert Einstein, 1879年3月14日－1955年4月18日），是出生
        于德国、拥有瑞士和美国国籍的犹太裔理论物理学家，他创立了现代物理学的两大支柱之一的相
        对论，也是质能等价公式的发现者。他在科学哲学领域颇具影响力。因为“对理论物理的贡献，
        特别是发现了光电效应的原理"，他荣获1921年度的诺贝尔物理学奖（1922年颁发）。这一发现
        为量子理论的建立踏出了关键性的一步。</p></body>
32  </html>
```

在上面的例子中，对图像使用了“float:right”，使它位于页面右侧，文字对它环绕排版。此外也对第一个“阿”字运用“float:left”，使文字环绕图片以外，还运用了第5章中的首字放大的方法。可以看到图片环绕与首字放大的方式几乎是完全相同的，只不过对象分别是图片和文字本身，效果如图6.4所示。

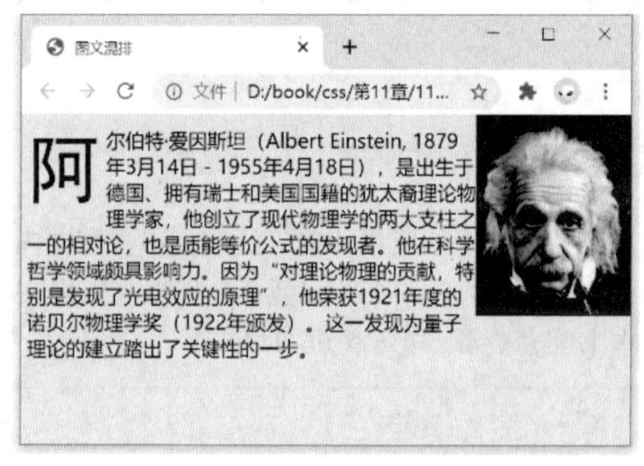

图 6.4　文字环绕效果

如果对img设置float属性为left，图片将会移动至页面的左边，从而使文字在其右边环绕，如图6.5所示。可以看到这样的排版方式确实非常灵活，可以给设计师很大的创作空间。

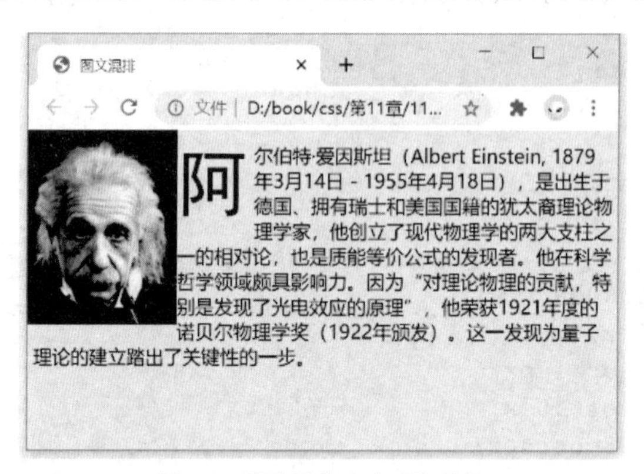

图 6.5　修改后的文字环绕效果

6.3.2 设置图片与文字的间距

上例中的文字紧紧环绕在图片周围。如果希望图片本身与文字有一定的距离，只需要给<img>标记添加margin或者padding属性即可，如下所示。至于margin和padding属性的详细用法，后面的章节还会深入介绍，它们是CSS网页布局的核心属性。

```
1    img{
2        float:right;                /* 文字环绕图片 */
3        margin:10px;
4    }
```

其显示效果如图6.6所示，可以看到文字距离图片明显变远了；如果把margin的值设定为负数，那文字将会移动到图片上方，读者可以自己体验。

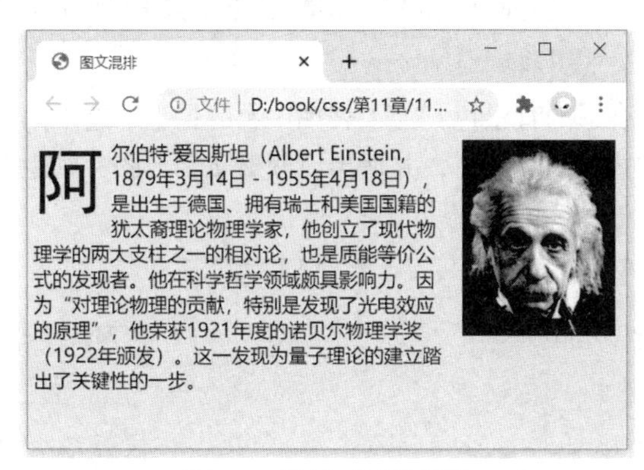

图 6.6　图片与文字的距离

6.4 实例：八大行星科普网页

众所周知，只有把理论知识同具体实际相结合，才能正确回答实践提出的问题，扎实提升读者的理论水平与实战能力。

本节通过具体实例，进一步巩固图文混排方法的使用，并把该方法运用到实际的网站制作中。本例以介绍太阳系的八大行星为题材，充分利用CSS图文混排的方法，实现页面的效果。实例的最终效果如图6.7所示。实例源文件请参见本书配套资源“第6章\06-05\06-05.html”。

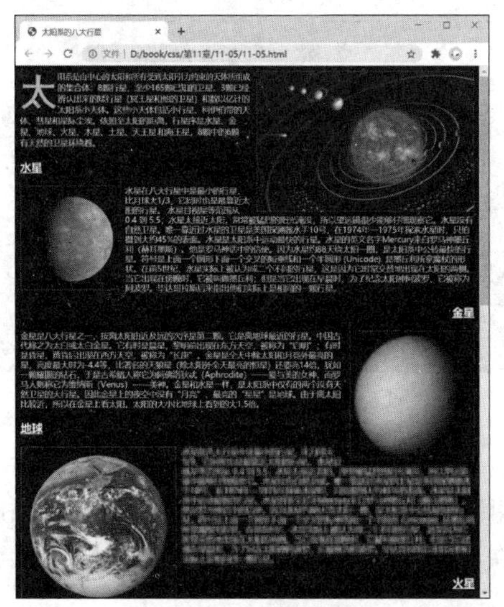

图 6.7　八大行星页面

首先选取一些相关的图片和文字介绍，将总体描述和图片放在页面的最上端，同样采用首字放大的方法。

```
1    <img src="baall.jpg" class="pic2">
2    <p><span class="first">太</span>阳系是由中心的太阳和所有受到太阳引力约束的天体所组
     成的集合体：8颗行星、至少165颗已知的卫星、3颗已经辨认出来的矮行星（冥王星和它的卫星）和
     数以亿计的太阳系小天体。这些小天体包括小行星、柯伊伯带的天体、彗星和星际尘埃。依照至太阳
     的距离，行星序是水星、金星、地球、火星、木星、土星、天王星和海王星，8颗中的6颗有天然的卫
     星环绕着。</p>
```

为整个页面选取一个合适的背景色。为了表现广袤的星空，这里用黑色作为整个页面的背景色。然后用图文混排的方式将图片靠右，并适当地调整文字与图片的距离，将正文文字设置为白色。CSS部分的代码如下。

```
1    body{
2        background-color:black;                    /* 页面背景色 */
3    }
4    p{
5        font-size:13px;                            /* 段落文字大小 */
6        color:white;
7    }
8    img{
9        border:1px #999 dashed;                    /* 图片边框 */
10   }
11   span.first{                                    /* 首字放大 */
12       font-size:60px;
13       font-family:黑体;
14       float:left;
15       font-weight:bold;
16       color:#CCC;                                /* 首字颜色 */
17   }
```

此时的显示效果如图6.8所示。

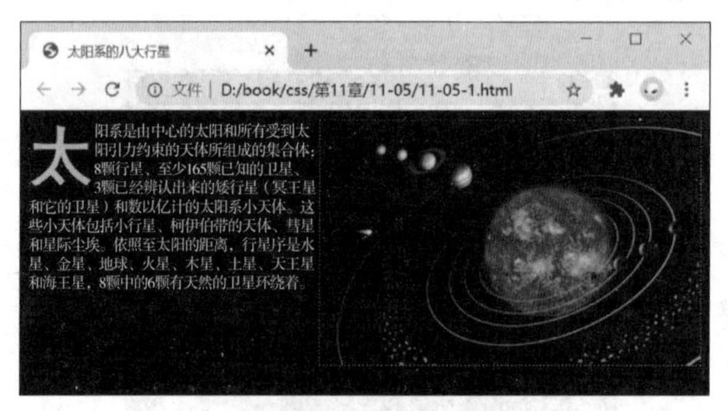

图 6.8　首字放大并使图片靠右

考虑到“八大行星”的具体排版效果，这里采用一左一右的方式，并且全部应用图文混排。因此图文混排的CSS分左右两段，分别定义为img.pic1和img.pic2。.pic1和.pic2都采用图文混排，不同之处在于一个用于图片在左侧的情况，另一个用于图片在右侧的情况，这样交替使用。具体代码如下：

```
1   img.pic1{
2       float:left;                        /* 左侧图片混排 */
3       margin-right:10px;                 /* 图片右端与文字的距离 */
4       margin-bottom:5px;
5   }
6   img.pic2{
7       float:right;                       /* 右侧图片混排 */
8       margin-left:10px;                  /* 图片左端与文字的距离 */
9       margin-bottom:5px;
10  }
```

当图片分别处于左右两边后，正文的文字并不需要做太大的调整，但每一小段的标题则需要根据图片的位置做相应的变化。因此八大行星名称的小标题也需要定义两个CSS标记，分别为p.title1和p.title2，而段落正文则不用区分左右，定义为p.content。具体代码如下：

```
1   p.title1{                              /* 左侧标题 */
2       text-decoration:underline;         /* 下画线 */
3       font-size:18px;
4       font-weight:bold;                  /* 粗体*/
5       text-align:left;                   /* 左对齐 */
6   }
7   p.title2{                              /* 右侧标题 */
8       text-decoration:underline;
9       font-size:18px;
10      font-weight:bold;
11      text-align:right;
12  }
13  p.content{                             /* 正文内容 */
14      line-height:1.2em;                 /* 正文行间距 */
15      margin:0px;
16  }
```

从代码中可以看到，两段标题代码的主要不同之处在于文字的对齐方式。当图片使用img.pic1而位于左侧时，标题使用p.title1，并且也在左侧。同样的道理，当图片使用img.pic2而位于右侧时，标题使用p.title2，并且也移动到右侧。

对于整个页面中HTML分别介绍八大行星的部分，文字和图片都一一交错地使用两种不同的对齐和混排方式，即分别采用两组不同的CSS类型标记，进而达到一左一右的显示效果。HTML部分的代码如下。

```
1   ……
2       <p class="title1">水星</p>
3       <img src="ba1.jpg" class="pic1">
4       <p class="content">
5       水星在八大行星中是最小的行星，比月球大1/3，它同时也是最靠近太阳的行星。 水星目视星
        等范围从 0.4 到 5.5；水星太接近太阳，常常被猛烈的阳光淹没，所以望远镜很少能够仔细
        观察它。水星没有自然卫星。唯一靠近过水星的卫星是美国探测器水手10号，在1974—1975年
        探索水星时，只拍摄到大约45%的表面。水星是太阳系中运动最快的行星。……</p>
6
7       <p class="title2">金星</p>
```

```
8        <img src="ba2.jpg" class="pic2">
9        <p class="content">金星是八大行星之一，按离太阳由近及远的次序是第二颗。它是离地
         球最近的行星。中国古代称之为太白或太白金星。它有时是晨星，黎明前出现在东方天空，被称
         为“启明”；有时是昏星，黄昏后出现在西方天空，被称为“长庚”。……</p>
10       ……
```

通过图文混排后，文字能够很好地使用空间，就像在Word中使用图文混排一样，十分方便且美观。本例中间部分的截图如图6.9所示，其充分体现出了CSS图文混排的效果和作用。

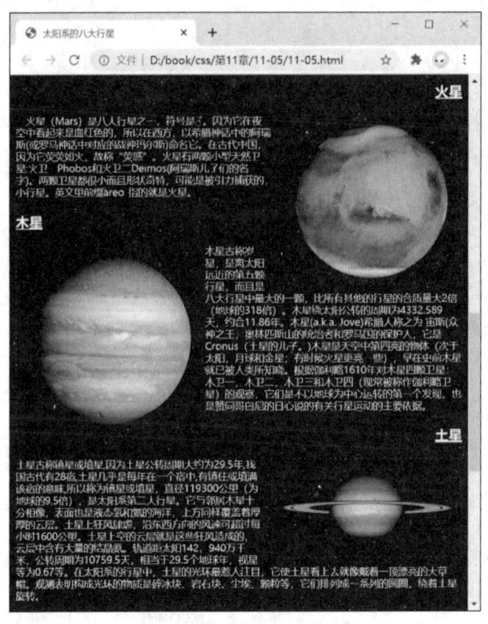

图 6.9　图文混排

最终的所有代码这里不再罗列，读者可参考本书配套资源中的“第6章\06-05.html”文件。本例主要通过图文混排的技巧，合理地将文字和图片融为一体，并结合上一章设置文字的各种方法，实现了常见的介绍性页面。这种方法在实际运用中使用很广，读者可以参考这种方法来设计自己的页面。

6.5 设置图片与文字的对齐方式

当图片与文字同时出现在页面上时，图片的对齐方式就显得很重要了。能否合理地将图片对齐到理想的位置，是页面是否整体协调、统一的重要因素。本节从图片横向对齐和纵向对齐两个方面出发，分别介绍CSS设置图片对齐方式的方法。

6.5.1 横向对齐

图片横向对齐的方式与第5章中文字水平对齐的方式基本相同，分为左、中、右3种。不同的是图片的横向对齐通常不能直接通过设置图片的text-align属性实现，而是需要通过设置其父元素的该属性来实现，如下例所示。实例源文件请参见本书配套资源“第6章\06-06.html”，代码如下。

```
1    <html>
2    <head>
3        <title>水平对齐</title>
4    </head>
5    <body>
6        <table width="100%" border="1">
7            <p style="text-align:left;"><img src="cup.jpg"></p>
8            <p style="text-align:center;"><img src="cup.jpg"></p>
9            <p style="text-align:right;"><img src="cup.jpg"></p>
10       </table>
11   </body>
12   </html>
```

其显示效果如图6.10所示，可以看到图片在段落中分别以左、中、右的方式对齐。而如果直接在图片上设置横向对齐方式，则达不到这样的效果，读者可以自己试验一下。

图 6.10 横向对齐

对文本段落设置它的text-align属性，目的是确定该段落中的内容在横向如何对齐。可以看到，它不仅对普通的文本起作用，也会对图像起到相同的作用。

6.5.2 纵向对齐

图片纵向对齐方式主要体现在与文字搭配的情况下，尤其是当图片的高度与文字本身不一致时，在CSS中同样是通过vertical-align属性来实现各种效果的。实际上这个属性是一个比较复杂的属性，下面选择一些重点内容进行讲解。

首先，如果有如下代码：

```
<p><img src="demo.jpg">lpsum </p>
```

这是没有进行任何设置时的情况，效果如图6.11所示。

从图中可能看不出这个方形图像和旁边的文字是如何对齐的，这时如果在图中画出一条横线，就可以看得很清楚了，如图6.12所示。

图 6.11　默认的纵向对齐方式

图 6.12　图像与文字基线对齐

可以看到，大多数英文字母的下端是在同一水平线上的。而对于p、j等个别字母，它们的最下端则低于这条水平线。这条水平线被称为“基线”（baseline），同一行中的英文字母都以此为基准进行排列。

由此可以得出结论，在默认情况下，行内图像的最下端将与同行文字的基线对齐。

要改变这种对齐方式，需要使用vertical-align属性。例如将上面的代码修改为：

```
<p><img src="demo.jpg" style="vertical-align:text-bottom;">Ipsum </p>
```

这时的效果如图6.13所示，可以看到，如果将vertical-align属性设置为text-bottom，则图像的下端将不再按照默认的方式与基线对齐，而是会与文字的最下端所在的水平线对齐。

此外，还可以将vertical-align属性设置为text-top，此时图像的上端将与文字的最上端所在的水平线对齐，如图6.14所示。

图 6.13　图像与文字底端对齐

图 6.14　图像与文字顶端对齐

此外，还经常会用到的是居中对齐。这时可以将vertical-align属性设置为middle。这个属性值的严格定义是，图像的竖直中点与文字的基线加上文字高度的一半所在的水平线对齐，效果如图6.15所示。

图 6.15　图像与文字居中对齐

上面介绍了4种对齐方式——基线、文字顶端、文字底端、居中。事实上，vertical-align属性还可以设置其他很多种属性值，这里不再一一介绍。

本章小结

本章介绍了关于图片的一些设置方法。可以看到，使用CSS对图片进行设置，无论是边框的样式、与周围文字的间隔，还是与旁边文字的对齐方式等，都可以做到非常精确、灵活，这都是使用HTML中<img>标记的属性所无法实现的。

习题 6

一、关键词解释

图片缩放　　图文混排　　横向对齐　　纵向对齐

二、描述题

1. 请简单描述一下设置边框的3个要素。
2. 请简单描述一下为不同边框设置样式的属性有哪些。
3. 请简单描述一下本章介绍的设置文字环绕的方式。
4. 请简单描述一下图片和文字的对齐方式有哪几种。

三、实操题

题图6.1所示是一个活动奖励页面效果，请使用所学知识模仿制作一个类似的页面。

题图 6.1　活动奖励页面效果

第7章 盒子模型

盒子模型是CSS控制页面时的一个很重要的概念。只有很好地掌握了盒子模型以及其中每个元素的用法，才能真正控制好页面中的各个元素。本章主要介绍盒子模型的基本概念，并会讲解CSS定位的基本方法。

所有页面中的元素都可以被看作一个盒子，占据一定的页面空间。一般来说，这些被占据的空间往往要比单纯的内容大。换句话说，可以通过调整盒子的边框和距离等参数来调节盒子的位置和大小。

一个页面由很多这样的盒子组成，这些盒子之间会互相影响，因此掌握盒子模型需要从两方面入手。一方面是理解一个孤立的盒子的内部结构；另一方面是理解多个盒子之间的相互关系。

本章首先讲解独立盒子的相关性质，然后介绍在普通情况下盒子的排列关系。在第8章中，将更深入地讲解浮动和定位的相关内容。本章思维导图如下。

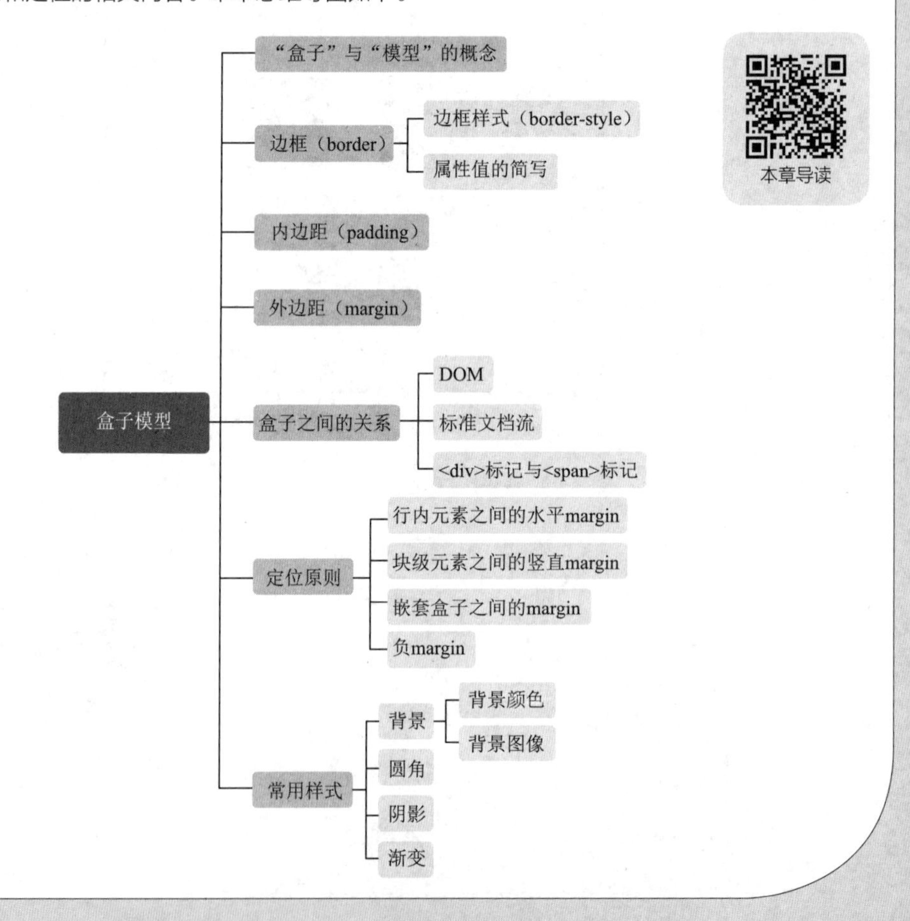

7.1 “盒子”与“模型”的概念探究

在学习盒子模型之前，先来看一个例子。假设在墙上整齐地排列着4幅画，如图7.1所示。对于每幅画来说，它们都有一个“边框”，在英文中被称为“border”；每个画框中，画和边框通常都会有一定的距离，这个距离被称为“内边距”，在英文中被称为“padding”；各幅画之间通常不会紧贴着，它们之间的距离被称为“外边距”，在英文中被称为“margin”。

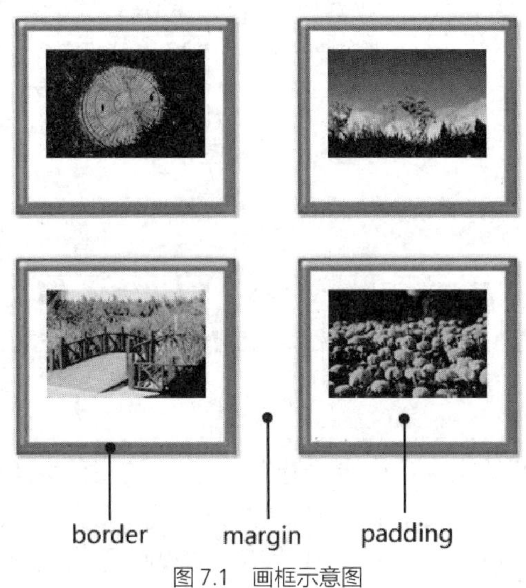

图 7.1 画框示意图

这种形式实际上存在于生活中的各个方面，如电视机、显示器和窗户等。因此，padding-border-margin模型是一个极其通用的描述矩形对象布局形式的模型。这些矩形对象可以被统称为“盒子”，英文为“box”。

了解了盒子后，还需要理解“模型”这个概念。所谓模型，就是对某种事物的本质特性的抽象。

模型的种类很多，例如物理上有“物理模型”。大科学家爱因斯坦提出了著名的$E=mc^2$公式，就是对物理学中质量和能量转换规律的本质特性进行抽象后的精确描述。这样一个看起来十分简单的公式却深刻地改变了整个世界的面貌。这就是模型的重要价值。

同样，在网页布局中，为了能够使纷繁复杂的各个部分合理地组织在一起，这个领域的一些有识之士对它的本质进行充分研究后，总结出了一套完整的、行之有效的原则和规范。这就是“盒子模型”的由来。

在CSS中，一个独立的盒子模型由content（内容）、border（边框）、padding（内边距）和margin（外边距）4个部分组成，如图7.2所示。

可以看到，与前面的图7.1相似，盒子的概念是非常容易理解的。但是如果需要精确地排版，有时1个像素都不能差，这就需要非常精确地理解其中的计算方法。

一个盒子实际所占有的宽度（或高度）是由“内容+内边距+边框+外边距”组成的。在CSS中可以通过设定width和height的值来控制内容所占矩形的大小，并且对于任何一个盒子，都可以分别设定4条边各自的border、padding和margin。因此只要利用好这些属性，就能实现各种各样的排版效果。

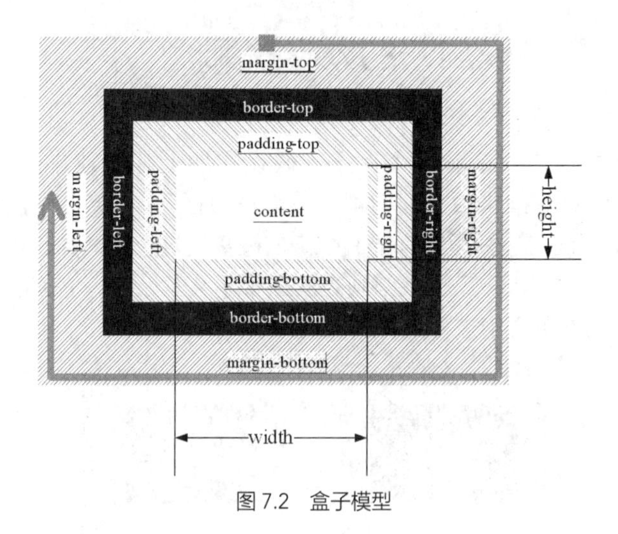

图 7.2　盒子模型

注意

并不仅仅是用div定义的网页元素才是盒子，事实上所有的网页元素本质上都是以盒子的形式存在的。在人的眼中，网页上有各种内容，包括文本、图片等，而在浏览器看来，它们就是许多盒子排列在一起或者相互嵌套。

图7.2中有一个从上面开始顺时针旋转的箭头，它表示需要读者特别记住的一条原则：当使用CSS的这些部分来设置宽度时，是按照顺时针方向确定它们的对应关系的，7.2节会详细介绍。

当然还有很多具体的特殊情况，并不能用很简单的规则覆盖全部的计算方法，因此在这一章中将深入盒子模型的内部，把一般原则和特殊情况都尽可能地阐述清楚。

7.2 边框（border）

边框一般用于分隔不同的元素，其外围即指元素的最外围，因此计算元素实际的宽和高时，就要将border纳入。换句话说，border会占据空间，所以在计算精细的版面时一定要把border的影响考虑进去。如图7.3所示，黑色的粗实线框即border。

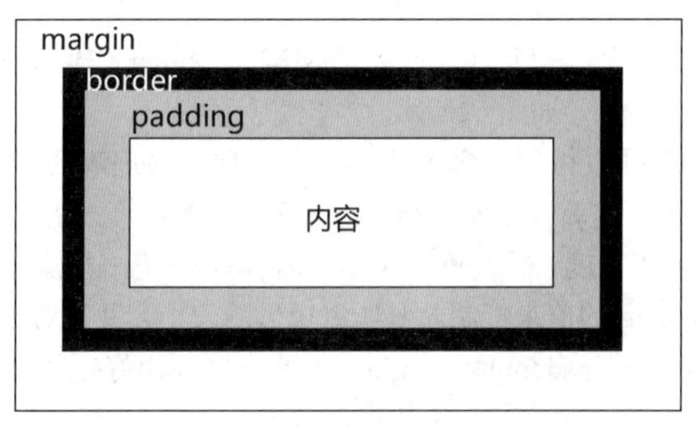

图 7.3　border

border的属性主要有3个，分别是color（颜色）、width（粗细）和style（样式）。在设置border时常常需要将这3个属性很好地配合起来，这样才能达到良好的效果。在使用CSS设置边框时，可以分别使用border-color、border-width和border-style来设置border。

（1）border-color用来指定border的颜色，它的设置方法与文字的color属性完全一样。通常情况下它会被设置为十六进制的值，例如红色为“#FF0000”。

经验

对于形如“#336699”这样的十六进制值，可以将其缩写为“#369”，当然也可以使用颜色的名称，如red、green等。

（2）border-width用来指定border的粗细程度，可以被设为thin（细）、medium（适中）、thick（粗）和<length>。其中<length>表示具体的数值，如5px和0.1in等。width的默认值为“medium”，一般的浏览器都将其解析为2px宽。

（3）这里需要重点讲解的是border-style属性，它可以被设为none、hidden、dotted、dashed、solid、double、groove、ridge、inset和outset之一。它们依次分别表示“无”“隐藏”“点线”“虚线”“实线”“双线”“凹槽”“突脊”“内陷”和“外凸”。其中none和hidden都不显示border，二者效果完全相同，只是被运用在表格中时，hidden可以解决边框冲突问题。

7.2.1 设置边框样式（border-style）

为了介绍各种边框样式的具体表现形式，编写如下网页，示例文件位于本书配套资源“第7章\ 07-01.html”。

```
1   <html>
2   <head>
3   <title>border-style</title>
4   <style type="text/css">
5   div{
6       border-width:6px;
7       border-color:#000000;
8       margin:20px; padding:5px;
9       background-color:#FFFFCC;
10  }
11  </style>
12  </head>
13
14  <body>
15      <div style="border-style:dashed">The border-style of dashed.</div>
16      <div style="border-style:dotted">The border-style of dotted.</div>
17      <div style="border-style:double">The border-style of double.</div>
18      <div style="border-style:groove">The border-style of groove.</div>
19      <div style="border-style:inset">The border-style of inset.</div>
20      <div style="border-style:outset">The border-style of outset.</div>
21      <div style="border-style:ridge">The border-style of ridge.</div>
22      <div style="border-style:solid">The border-style of solid.</div>
23  </body>
24  </html>
```

7.2.2 属性值的简写形式

CSS中可以用简单的方式确定边框的属性值。

1．对不同的边框设置不同的属性值

7.2.1小节的实验代码中分别设置了border-color、border-width和border-style三个属性，其效果是对上下左右4个边框同时产生作用的。在实际使用CSS时，除了采用这种方式，还可以分别对4条边框设置不同的属性值。

方法是按照规定的顺序，给出2个、3个或4个属性值，它们的含义将有所区别，具体含义如下。

（1）如果给出2个属性值，那么前者表示上下边框的属性，后者表示左右边框的属性。

（2）如果给出3个属性值，那么前者表示上边框的属性，中间的数值表示左右边框的属性，后者表示下边框的属性。

（3）如果给出4个属性值，那么它们依次表示上、右、下、左边框的属性，即顺时针排序。

例如，下面这段代码：

```
1    border-color: red green
2    border-width:1px 2px 3px;
3    border-style: dotted、dashed、solid、double;
```

其含义是，上下边框为红色，左右边框为绿色；上边框宽度为1px，左右边框宽度为2px，下边框宽度为3px；从上边框开始，按顺时针方向，4个边框的样式分别为点线、虚线、实线和双线。

2．在一行中同时设置边框的宽度、颜色和样式

要把border-width、border-color和border-style这三个属性合在一起，还可以用border属性来简写。例如：

```
border: 2px green dashed
```

这行样式表示将4条边框都设置为2px的绿色虚线，这样就比分为3条样式来写方便多了。

3．对一条边框设置与其他边框不同的属性

在CSS中，还可以单独对某一条边框在一条CSS规则中设置属性，例如：

```
1    border: 2px green dashed;
2    border-left: 1px red solid
```

第1行表示将4条边框设置为2px的绿色虚线，第2行表示将左边框设置为1px的红色实线。这样合在一起的效果就是，除了左侧边框之外的3条边框都是2px的绿色虚线，而左侧边框为1px的红色实线。这样就不需要使用4条CSS规则分别设置4条边框的样式了，仅使用2条规则即可。

4．同时制定一条边框的一种属性

有时，还需要对某一条边框的某一个属性进行设置，例如仅设置左边框的颜色为红色，可以写作：

```
border-left-color:red
```

类似地，如果仅设置上边框的宽度为2px，可以写作：

```
border-top-width:2px
```

当有多条规则作用于同一个边框时，会产生冲突，即后面的设置会覆盖前面的设置。

5．动手实践

在上面讲解的基础上，请读者来做一个练习。对照属性缩写形式的规则，分析下面这段代码执行后4条边框最终的宽度、颜色和样式。示例文件位于本书配套资源“第7章\07-02.html”。

```
1   <html>
2   <head>
3   <style type="text/css">
4   #outerBox{
5       width:200px;
6       height:100px;
7       border:2px black solid;
8       border-left:4px green dashed;
9       border-color:red gray orange blue;  /*上  右  下  左*/
10      border-right-color:purple;
11  }
12  </style>
13  </head>
14  <body>
15      <div id="outerBox">
16      </div>
17  </body>
```

在这个例子中，首先把4条边框设置为2px的黑色实线，然后把左边框设置为4px的绿色虚线，接着又依次设置了边框的颜色，最后把右边框的颜色设置为紫色。最终的效果如图7.4所示。

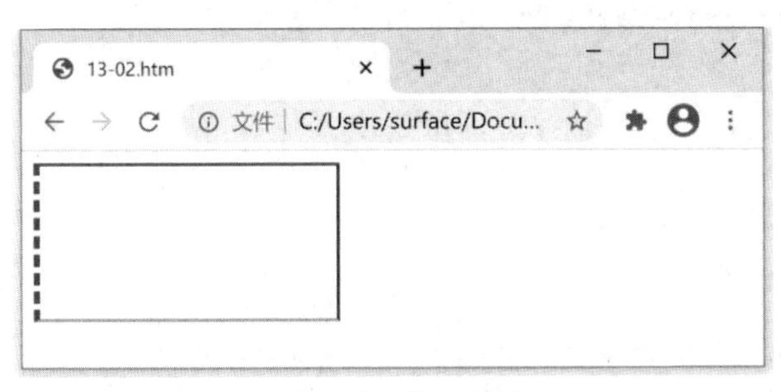

图7.4　设置边框属性

7.3 设置内边距（padding）

padding又被称为内边距，用于控制内容与边框之间的距离。如图7.5所示，在边框和内容之间的空白区域就是内边距。

图 7.5　padding 示意图

与前面介绍的边框类似，padding属性可以设置1个、2个、3个或4个属性值，分别如下。

（1）设置1个属性值时，表示上下左右4个padding均为该值。

（2）设置2个属性值时，前者为上下padding的值，后者为左右padding的值。

（3）设置3个属性值时，第1个为上padding的值，第2个为左右padding的值，第3个为下padding的值。

（4）设置4个属性值时，按照顺时针方向，依次为上、右、下、左padding的值。

如果需要专门设置某一个方向的padding，可以使用padding-left、padding-right、padding-top或者padding-bottom。例如有如下代码，示例文件位于本书配套资源"第7章\07-03.html"。

```
1   <style type="text/css">
2   #box{
3       width:128px;
4       height:128px;
5       padding:0 20px 10px;     /*上       左右       下*/
6       padding-left:10px;
7       border:10px gray dashed;
8   }
9   #box img{
10      border:1px blue solid;
11  }
12  </style>
13
14  <body>
15      <div id="box"><img src="cup.gif"></img></div>
16  </body>
```

其结果是上padding为0，右padding为20px，下和左padding为10px，如图7.6所示。

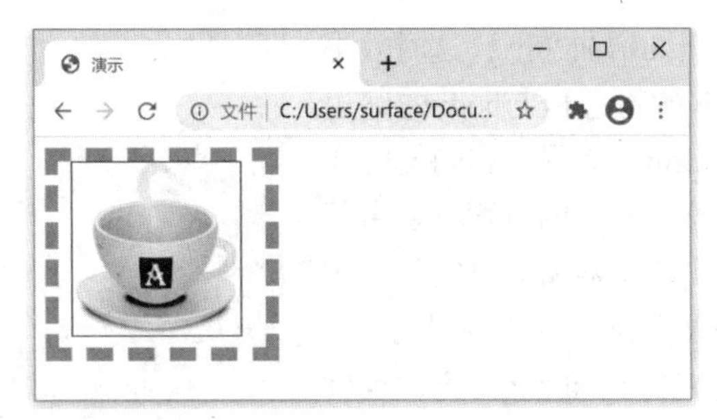

图 7.6 设置 padding 后的效果

经验

当一个盒子设置了背景图像后，默认情况下背景图像覆盖的范围是padding和内容所组成的范围，并且其会以padding的左上角为基准点进行平铺。

7.4 设置外边距（margin）

margin是指元素与元素之间的距离。观察图7.7，可以看到边框在默认情况下会定位于浏览器窗口的左上角，但是并没有紧贴浏览器窗口的边框。这是因为body本身也是一个盒子，在默认情况下，body会有一个若干像素的margin，具体数值因各个浏览器而不尽相同。因此在body中的其他盒子就不会紧贴浏览器窗口的边框了。为了验证这一点，可以给body这个盒子加一个边框，代码如下，示例文件位于本书配套资源“第7章\07-04.html”。

```
1    body{
2        border:1px black solid;
3        background:#cc0;
4    }
```

在body设置了边框和背景色后，效果如图7.7所示。可以看到，在细黑线外面的部分就是body的margin。

图 7.7 margin 的效果

注意

body是一个特殊的盒子，它的背景色会延伸到margin部分，而其他盒子的背景色只会覆盖“padding+内容”部分（在IE浏览器中），或者“border+padding+内容”部分（在谷歌浏览器中）。

下面再给div盒子的margin增加20px，这时效果如图7.8所示。可以看到div的粗边框与body的细边框之间的20px距离就是margin的范围。右侧的距离很大，这是因为目前body这个盒子的宽度不是由其内部的内容决定的，而是由浏览器窗口决定的，相关的原理本章后面还会深入分析。

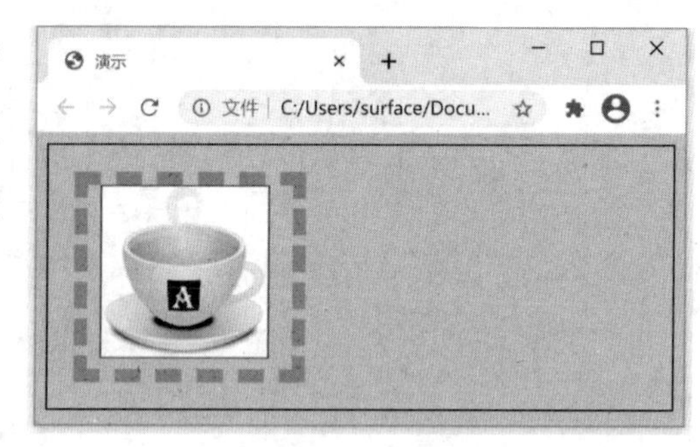

图 7.8　margin 的范围

margin属性值的设置方法与padding一样，也可以被设置为不同的数值来代表相应的含义，这里不再赘述。

从直观上而言，margin用于控制块与块之间的距离。倘若将盒子模型比作展览馆里展出的一幅幅画，那么content就是画面本身，padding就是画面与画框之间的留白，border就是画框，而margin就是画与画之间的距离。

7.5 盒子之间的关系

读者要理解本章前几节的内容并不困难，因为它们仅涉及一个盒子内部的关系。而实际网页往往是很复杂的，一个网页中可能存在大量的盒子，并且它们以各种关系相互影响着。

知识点讲解

为了能够方便地组织各种盒子有序地排列和布局，CSS规范的制定者进行了深入细致的考虑，使得这种规范既有足够的灵活性，以适应各种排版要求，又尽可能简单，以使浏览器的开发者和网页设计师都能够相对容易地实现网页设计与开发。

CSS规范的思路是，首先确定一种标准的排版模式，这样可以保证设置的简单化，各种网页元素构成的盒子按照这种模式排列布局。这种模式就是接下来要详细介绍的“标准流”方式。

但是仅通过标准流方式，很多版式是无法实现的，其限制了布局的灵活性，因此CSS规范中又给出了另外若干种对盒子进行布局的手段，包括“浮动”属性和“定位”属性等。这些内容将在后面的章节中详细介绍。

注意

CSS的这些不同的布局模式设计得非常精巧，环环相扣。后面所有章节的内容都是以这些模式为基础的。因此即使是对CSS有一些了解的读者，也应该尽可能仔细地阅读本章的内容，实际动手调试一下所有实验案例，这对于深刻理解其中的原理将会大有益处。

7.5.1 HTML与DOM

这里首先介绍DOM的概念。DOM是document object model的缩写，即“文档对象模型”。一个网页的所有元素组织在一起，就构成了一棵“DOM树”。

1. 树

读者可能会有疑问，一个HTML文件就是一个普通的文本文件，怎么会和“树”有关系呢？这里的树表示的是一种具有层次关系的结构。例如“家谱”就是一个典型的树形结构，家谱也可以被称为“家族树”（family tree）。

图7.9所示为一棵“家族树”，最上面表示Tom和Alice结婚，生育了5个孩子，比如其中有一个孩子叫Mickey，他又和Maggie结婚生育了两个孩子。以此类推，从Tom和Alice开始，就产生了一个不断分叉的树形结构，这就像一棵倒过来的树一样，最上面的Tom和Alice就是“树根”，每一个孩子（包括孩子的配偶一起）构成一个“节点”，节点之间都存在着层次关系，例如Tom是Mickey的“父节点”，相应地Mickey是Tom的“子节点”，同时，Mickey又是Sarah的“父节点”，而Sarah又是Melissa的“兄弟节点”。以此类推，称呼的方法和日常生活中称呼亲戚是一样的。

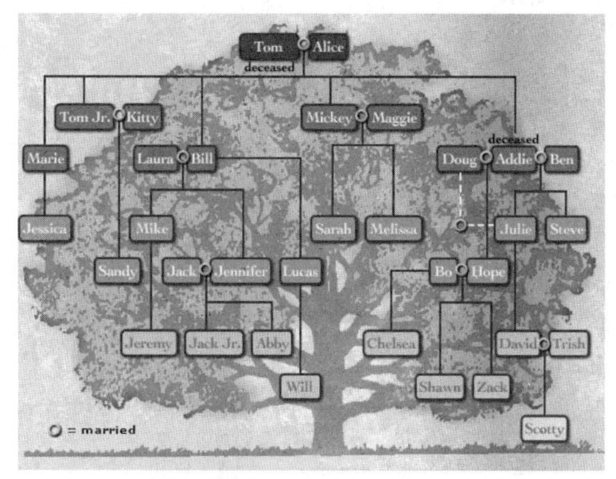

图7.9 家谱示意图

延伸思考

从对家谱树的研究可以看出，科学研究实际上也是源于生活，科学研究的过程就是把生活中的常识和直觉，经过系统严格的试验或理论推导，转化成本质描述的过程。只有对一个事物的本质有了深入的把握，才算真正理解了它。

2. DOM树

上面讲了什么是“树”，下面就要讨论什么是HTML的“DOM树”。

假设有一个HTML文档，其中的CSS样式部分被省略了，这里只关心它的HTML结构。这个网页的结构非常简单，代码如下，示例文件位于本书配套资源“第7章\07-05.html”。

```
1   <!DOCTYPE html>
2   <html>
3   <head>
4   <title>盒子模型的演示</title>
5       <style type="text/css">
6           ……省略……
7       </style>
8   </head>
```

```
9
10    <body>
11      <ul>
12        <li>第1个列表的第1个项目内容</li>
13        <li class="withborder">第1个列表的第2个项目内容，内容更长一些，目的是演示自
          动换行的效果。</li>
14      </ul>
15      <ul>
16        <li>第2个列表的第1个项目内容</li>
17        <li class="withborder">第2个列表的第2个项目内容，内容更长一些，目的是演示自
          动换行的效果。</li>
18      </ul>
19    </body>
20  </html>
```

在浏览器中的显示效果如图7.10所示。

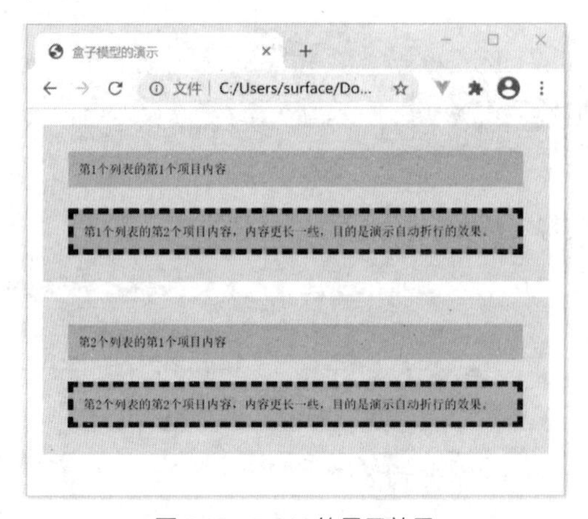

图 7.10　DOM 的显示效果

为了使读者能够直观地理解什么是“DOM树”，请使用Chrome浏览器打开这个网页，然后按“Ctrl+Shift+I”组合键打开开发者工具，如图7.11所示。

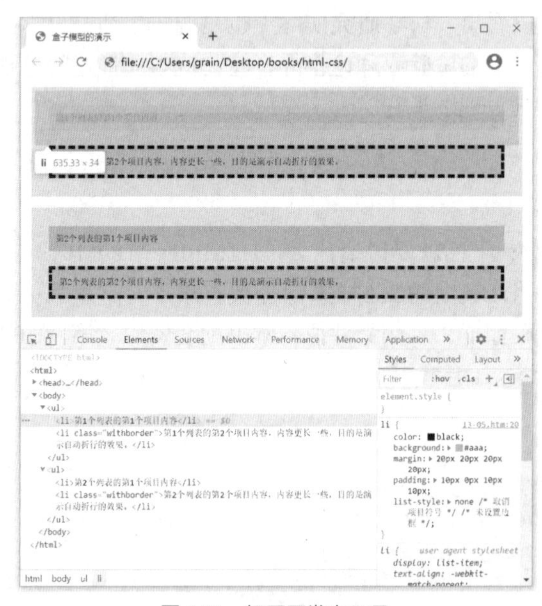

图 7.11　打开开发者工具

通过开发者工具中的“Elements”选项卡可以查看HTML的源代码。单击源代码中各元素左侧的小三角可以展开节点。每一个节点都可以打开它的下级节点，直到该节点本身没有下级节点为止。

3．DOM树与盒子模型的联系

图7.11中显示的是所有节点都打开的效果。这里使用了一棵“树”的形式把一个HTML文档的内容组织起来，形成了严格的层次结构。例如在本例中，body是浏览器窗口中显示的所有对象的根节点，即ul、li等对象都是body的下级节点。同理，li又是ul的下级节点。在这棵“DOM树”上的各个节点，都对应于网页上的一个区域，例如在“DOM查看器”上单击某一li节点，立即就可以在浏览器窗口中看到一个红色的矩形框闪烁若干次，如图7.11所示，表示该节点在浏览器窗口中所占的区域，这正是前面所说的CSS“盒子”。

到这里，我们已经和CSS“盒子”联系起来了。DOM树与页面布局的对应关系如图7.12所示。

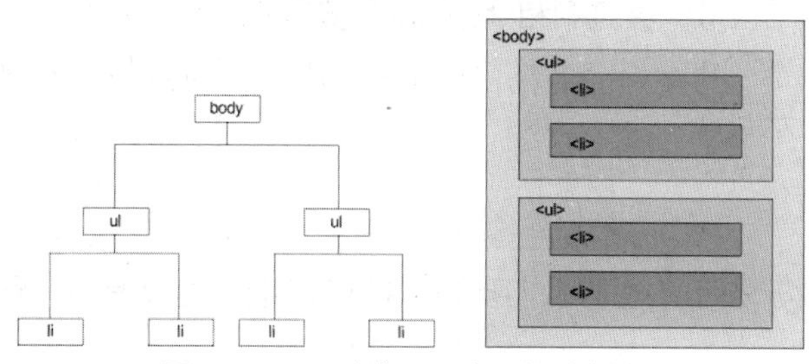

图 7.12 DOM 树与页面布局的对应关系

图7.12左侧就是这种层次结构的树形表示，右侧则是其在浏览器中的嵌套盒子形式表示。它们二者是相互对应的，也就是说，任意一个HTML结构都唯一地与一棵DOM树对应，而该DOM树的节点如何在浏览器中表现则需要由CSS参与确定。

注意

读者务必要理解，一个HTML文档并不是一个简单的文本文件，而是一个具有层次结构的逻辑文档，每一个HTML元素（如p、ul、li等）都作为这个层次结构中的一个节点存在。每个节点反映在浏览器上均具有不同的表现形式，具体表现形式正是由CSS来决定的。

到这里又印证了几乎所有CSS资料中都会提及的一句话“CSS的目的是使网页的表现形式与内容结构分离，CSS控制网页的表现形式，HTML控制网页的内容结构”，现在读者应该可以更深刻地理解这句话了。

接下来，读者需要理解CSS如何为处于层次结构中的各种元素设置表现形式。

7.5.2 标准文档流

这里又出现了一个新的概念——“标准文档流”（normal document stream），简称“标准流”。所谓标准流，就是指在不使用其他与排列和定位相关的特殊CSS规则时，各种元素的排列规则。

延伸思考

同生活中的一个案例进行对比，其就好像长江，从源头东流到海，不断会有支流汇入。

在没有人为干预时，水源大都会自然而然地依据地势形成河流的形状，而人类出现后就开始不断地进行干预，比如修建三峡大坝，这样就会人为地改变河流的流向等。因此，河流的最终走向就是自然地势和人为因素所共同决定的。

在网页布局中也与此类似，不使用特定的定位和布局手段时，网页会有其默认的自然形成的布局方式，这就是标准流形成的效果。在本书后面章节中，我们还会介绍如何进行人为干预，以改变布局的默认形式。

仍然以7.5.1小节的网页为例，只观察从body开始的这一部分，其内容是body中有两个列表（ul），每个列表中各有两个列表项目（li）。其一共有4层，顶层为body，第2层为ul，第3层为li，第4层为li中的文本。这4种元素又可以分为以下两类。

1．块级元素

li占据着一个矩形区域，并且和相邻的li依次竖直排列，而不会排在同一行中。ul也具有同样的性质，占据着一个矩形区域，并且和相邻的ul依次竖直排列，而不会排在同一行中。因此，这类元素被称为“块级元素”（block level），即它们总是以一个块的形式表现出来，并且跟同级的兄弟块依次竖直排列，左右撑满。

2．行内元素

对于文字，各个字母之间横向排列，到最右端自动换行，这就是另一种元素，被称为“行内元素”（inline）。

比如<strong>标记，就是一个典型的行内元素，这个标记本身不占有独立的区域，仅仅是在其他元素的基础上指出一定的范围。再如，最常用的<a>标记也是一个行内元素。

注意

行内元素在DOM树中同样是一个节点。从DOM的角度来看，块级元素和行内元素是没有区别的，都是树上的一个节点；而从CSS的角度来看，二者有很大区别，块级元素拥有自己的区域，而行内元素则没有。

标准流就是CSS规定的默认的块级元素和行内元素的排列方式。那么它们具体是如何排列的呢？这里读者不妨把自己想象成一名浏览器的开发者，考虑在一段HTML代码中应该如何放置这些内容。

```
1   <body>
2       <ul>
3         <li>第1个列表的第1个项目内容</li>
4         <li class="withborder">第1个列表的第2个项目内容，内容更长一些，目的是演示自
          动换行的效果。</li>
5       </ul>
6       <ul>
7         <li>第2个列表的第1个项目内容</li>
8         <li class="withborder">第2个列表的第2个项目内容，内容更长一些，目的是演示自
          动换行的效果。</li>
9       </ul>
10  </body>
```

（1）第1步：从body开始，body元素就是一个最大的块级元素，其应该包含所有的子元素，

并依次把其中的子元素放到适当的位置。例如上面这段代码中，body包含了两个ul，那么就把这两个块级元素竖直排列。至此第1步完成。

（2）第2步：分别进入每一个ul中，查看它的下级元素，这里是两个li，因此又为它们分别分配了一定的矩形区域。至此第2步完成。

（3）第3步：再进入li内部，这里面是一行文本，因此按照行内元素的方式排列这些文字。

如果一个HTML更为复杂，层次更多，那么依然是不断地重复这个过程，直至所有的元素都被检查一遍，即需要分配区域的则分配区域，需要设置颜色的则设置颜色。伴随着扫描的过程，样式也就被赋予到了每个元素上。

在这个过程中，一个个盒子自然地形成一个序列，同级别的兄弟盒子依次排列在父级盒子中，同级别的父级盒子又依次排列在它们的父级盒子中，就像一条河流有干流和支流一样，这就是其被称为“流”的原因。

当然，实际的浏览器程序的计算过程要复杂得多，但是大致过程类似。因为读者一般不自己开发浏览器，所以不必掌握所有的细节，但是一定要深入理解这些概念。

7.5.3 <div>标记与<span>标记

知识点讲解

为了使读者更好地理解“块级元素”和“行内元素”，这里重点介绍在CSS排版的页面中经常使用的<div>和<span>标记。利用这两个标记，加上CSS对其样式的控制，可以很方便地实现各种效果。本小节从二者的基本概念出发，介绍两个标记，并且深入探讨两种元素的区别。

1. <div>与<span>的概念

<div>标记早在HTML 4.0时代就已经出现，但那时的它并不常用，直到CSS普及后它才逐渐发挥出了自己的优势。<span>标记在HTML 4.0时代才被引入，它是专门针对样式表而设计的标记。

<div>简单而言就是一个区块容器标记，即<div>与</div>之间相当于一个容器，可以容纳段落、标题、表格、图片，乃至章节、摘要和备注等各种HTML元素。可以把<div>与</div>中的内容视为一个独立的对象，用于CSS的控制。声明时只需要对<div>进行相应的控制即可，其中的各标记所对应的元素都会随之改变。

一个ul是一个块级元素，同样div也是一个块级元素，二者的不同在于ul是一个具有特殊含义的块级元素（具有一定的逻辑语义），而div是一个通用的块级元素，用它可以容纳各种元素，从而方便排版。

下面举一个简单的例子，示例文件位于本书配套资源“第7章\07-06.html”。

```
1    <html>
2    <head>
3    <title>div 标记范例</title>
4    <style type="text/css">
5    div{
6        font-size:18px;                   /* 字号大小 */
7        font-weight:bold;                 /* 字体粗细 */
8        font-family:Arial;                /* 字体 */
9        color:#FFFF00;                    /* 颜色 */
10       background-color:#0000FF;         /* 背景颜色 */
11       text-align:center;                /* 对齐方式 */
12       width:300px;                      /* 块宽度 */
```

```
13      height:100px;                       /* 块高度 */
14  }
15  </style>
16  </head>
17  <body>
18      <div>
19      这是一个div标记
20      </div>
21  </body>
22  </html>
```

通过CSS对<div>标记进行控制，制作了一个宽300px、高100px的蓝色区块，并进行了文字效果的相应设置，在IE浏览器中的执行结果如图7.13所示。

图 7.13 <div> 标记示例

<span>标记与<div>标记一样，作为容器标记而被广泛应用于HTML中。在<span>与</span>中间同样可以容纳各种HTML元素，从而形成独立的对象。如果把“<div>”替换成“<span>”，在样式表中把“div”替换成“span”，并将span默认的display:inline-block;改为display:block;，执行后就会发现效果完全一样。可以说<div>与<span>标记起到的作用都是独立出各个区块，从这个意义上说二者没有区别。

2．<div>与<span>的区别

<div>与<span>的区别在于，<div>是一个块级元素，它包含的元素会自动换行；而<span>仅仅是一个行内元素，在它的前后不会换行。<span>没有结构上的意义，纯粹是应用样式，当其他行内元素都不合适时，就可以使用<span>。

例如有如下代码，示例文件位于本书配套资源“第7章\07-07.html”。

```
1   <html>
2   <head>
3   <title>div与span的区别</title>
4   </head>
5   <body>
6       <p>div标记不同行：</p>
7       <div><img src="cup.gif" border="0"></div>
8       <div><img src="cup.gif" border="0"></div>
9       <div><img src="cup.gif" border="0"></div>
10      <p>span标记同一行：</p>
11      <span><img src="cup.gif" border="0"></span>
12      <span><img src="cup.gif" border="0"></span>
13      <span><img src="cup.gif" border="0"></span>
14  </body>
15  </html>
```

其执行结果如图7.14所示。<div>标记的3幅图片被分在了3行中，而<span>标记的图片则没有换行。

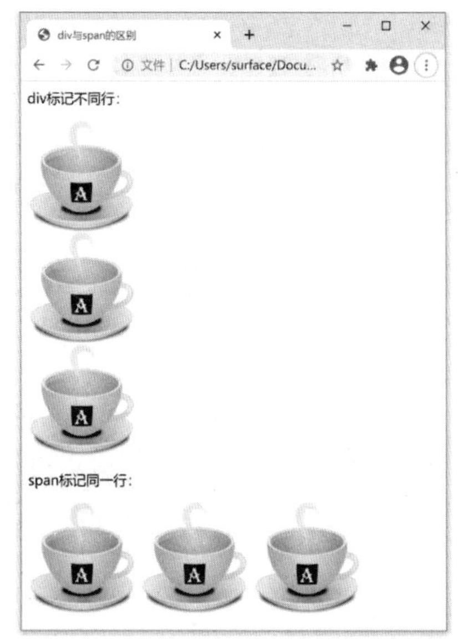

图 7.14　<div> 与 <span> 标记的区别

此外，<span>标记可以包含于<div>标记中，成为它的子元素，而反过来则不成立，即<span>标记不能包含<div>标记。基于<div>和<span>的区别与联系，读者可以更深刻地理解块级元素和行内元素的区别。

每个HTML标记都预先确定了它是行内元素还是块级元素，例如<span>、<em>等都是行内元素，而<div>、<p>、<ul>等都是块级元素。那么如果在某些特定的时候需要转换某个元素的表现方式，例如使某个行内元素表现为一个块级元素的样子，那该怎么办呢？

这时就可以使用display属性。每个HTML元素都有一个display属性，实际上每个元素都会正式通过这个属性的预设值来确定它默认的显示方式。

display属性最常用的3个选项就是inline、block和none。当display属性被设置为inline时，它就会按照行内元素的方式显示；当display属性被设置为block时，它就会按照块级元素来显示；而如果它被设置为none，这个元素就不会被显示出来（相当于网页中没有这个元素）。

需要注意的是，display是一个相对来说比较复杂的属性，可以使用的方式也不仅仅包括inline和block这两个。使用的时候需要慎重，如果display设置错误，则可能导致整个页面的效果和预想的相差巨大，因为一个页面中的所有元素均具有复杂的嵌套关系，在显示时存在相互约束，所以如果不恰当地改变了display属性，则可能会导致页面无法正确显示。

7.6 盒子在标准流中的定位原则

问题是时代的声音，回答并指导解决问题是理论的根本任务。在了解了标准流的基本原理后，来具体制作一些案例，以掌握盒子在标准流中的定位原则。

如果要精确地控制盒子的位置，就必须对margin有更深入的了解。padding只存在于一个盒子内部，所以通常它不会涉及与其他盒子之间的关系和相互影响的问题。margin则用于调整不同的盒子之间的位置关系，因此必须对margin在不同情况下的性质有非常深入的了解。

7.6.1 行内元素之间的水平margin

这里来看两个块并排的情况，如图7.15所示。

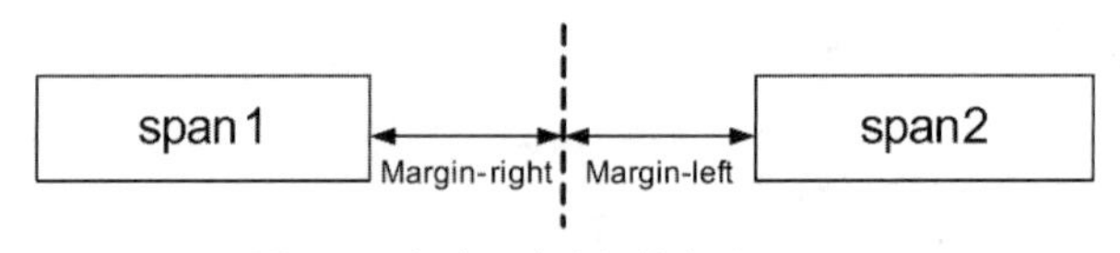

图 7.15 行内元素之间的水平 margin

当两个行内元素紧邻时，它们之间的距离为第1个元素的margin-right加上第2个元素的margin-left。代码如下，示例文件位于本书配套资源“第7章\07-08.html”。

```
1   <html>
2   <head>
3   <title>两个行内元素的margin</title>
4   <style type="text/css">
5   span{
6       background-color:#a2d2ff;
7       text-align:center;
8       font-family:Arial, Helvetica, sans-serif;
9       font-size:12px;
10      padding:10px;
11  }
12  span.left{
13      margin-right:30px;
14      background-color:#a9d6ff;
15  }
16  span.right{
17      margin-left:40px;
18      background-color:#eeb0b0;
19  }
20  </style>
21  </head>
22  <body>
23      <span class="left">行内元素1</span><span class="right">行内元素2</span>
24  </body>
25  </html>
```

执行结果如图7.16所示，可以看到两个块之间的距离为30 + 40 = 70px。

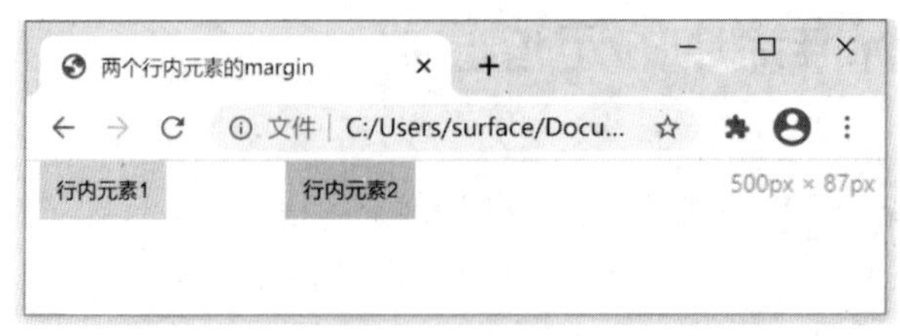

图 7.16 行内元素之间的水平 margin 示例

7.6.2 块级元素之间的竖直margin

通过7.6.1小节的实验可以了解行内元素的情况，但如果不是行内元素，而是竖直排列的块级元素，那么情况就会有所不同。两个块级元素之间的距离不是margin-bottom与margin-top的总和，而是两者中的较大者，如图7.17所示。这个现象被称为margin的“塌陷”（或“合并”）现象，意思是说较小的margin塌陷（合并）到了较大的margin中。

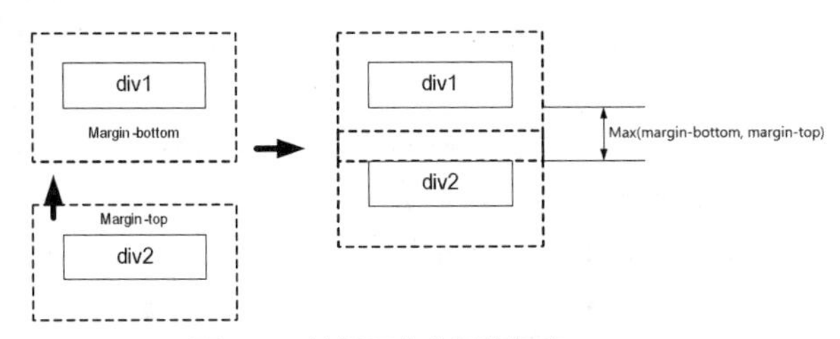

图 7.17 块级元素之间的竖直 margin

这里看一个实验案例，代码如下，示例文件位于本书配套资源“第7章\07-09.html”。

```
1    <html>
2    <head>
3    <title>两个块级元素的margin</title>
4    <style type="text/css">
5    div{
6        background-color:#a2d2ff;
7        text-align:center;
8        font-family:Arial, Helvetica, sans-serif;
9        font-size:12px;
10       padding:10px;
11   }
12   </style>
13   </head>
14   <body>
15       <div style="margin-bottom:50px;">块元素1</div>
16       <div style="margin-top:30px;">块元素2</div>
17   </body>
18   </html>
```

执行结果如图7.18所示。倘若将块元素2的margin-top修改为40px，就会发现执行结果没有任何变化。若再修改其值为60px，就会发现块元素2向下移动了10px。

图 7.18 块级元素之间的竖直 margin 示例

经验

margin-top和margin-bottom的这些特点在实际制作网页时读者要特别注意，否则常常会被增加了margin-top或者margin-bottom值而发现块“没有移动”的假象所迷惑。

7.6.3 嵌套盒子之间的margin

除了上面提到的行内元素间隔和块级元素间隔这两种关系外，还有一种位置关系，它的margin值对CSS排版也具有重要作用，即父子关系。当一个<div>块包含在另一个<div>块中时，便形成了典型的父子关系。其中子块的margin将以父块的内容为参考，如图7.19所示。

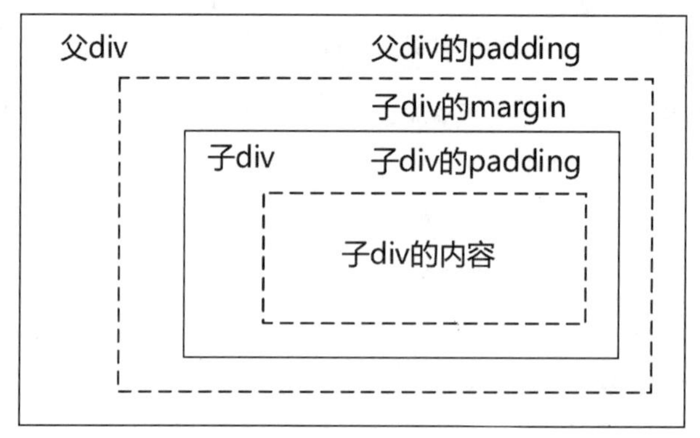

图 7.19　父子块的 margin

读者务必需要记住，在标准流中，一个块级元素的盒子在水平方向上的宽度会自动延伸，直至上一级盒子的限制位置，例如下面的案例。

这里有一个实验案例，代码如下，示例文件位于本书配套资源“第7章\07-10.html”。

```
1   <head>
2   <title>父子块的margin</title>
3   <style type="text/css">
4   div.father{                              /* 父div */
5       background-color:#fffebb;
6       text-align:center;
7       font-family:Arial, Helvetica, sans-serif;
8       font-size:12px;
9       padding:10px;
10      border:1px solid #000000;
11  }
12  div.son{                                 /* 子div */
13      background-color:#a2d2ff;
14      margin-top:30px;
15      margin-bottom:0px;
16      padding:15px;
17      border:1px dashed #004993;
18  }
19  </style>
```

```
20  </head>
21  <body>
22      <div class="father">
23          <div class="son">子div</div>
24      </div>
25  </body>
```

执行结果如图7.20所示。外层盒子的宽度会自动延伸，直到浏览器窗口的边界为止，而里面的子div的宽度也会自动延伸，它以父div的内容部分为限。

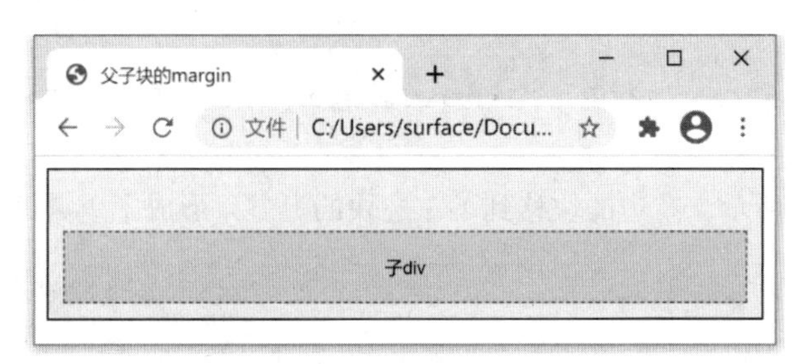

图 7.20 父子块的 margin 示例

可以看到，子div到父div上边框的距离为40 px（30 px margin + 10 px padding），其余3条边都是父div的padding（10 px）。

注意

（1）上面说的自动延伸是指宽度。对于高度，div都是以里面内容的高度来确定的，也就是会自动收缩到能够包容下内容的最小高度。

（2）宽度方向自动延伸，高度方向自动收缩，这些都是在没有设定width和height属性的情况下盒子的表现。

（3）如果明确设置了width和height属性的值，盒子的实际宽度和高度就会按照width和height值来确定，即前面说的盒子的实际大小是width（height）+padding+border+margin。

7.6.4 margin属性可以设置为负数

上面提及margin时，其值都是正数。其实margin的值也可以被设置为负数，而且相关的巧妙用法也非常多，在后面的章节中会陆续体现出来。这里先分析margin被设为负数时产生的排版效果。

当margin被设为负数时，相应的块会向相反的方向移动，甚至会覆盖在另外的块上。在前面例子的基础上，编写代码如下，示例文件位于本书配套资源的“第7章\07-11.html”。

```
1   <head>
2   <title>margin设置为负数</title>
3   <style type="text/css">
4   span{
5       text-align:center;
6       font-family:Arial, Helvetica, sans-serif;
7       font-size:12px;
8       padding:10px;
9       border:1px dashed #000000;
```

```
10  }
11  span.left{
12      margin-right:30px;
13      background-color:#a9d6ff;
14  }
15  span.right{
16      margin-left:-53px;            /* 设置为负数 */
17      background-color:#eeb0b0;
18  }
19  </style>
20  </head>
21  <body>
22      <span class="left">行内元素1</span><span class="right">行内元素2</span>
23  </body>
```

执行效果如图7.21所示，右边的块移到了左边块的上方，形成了重叠的位置关系。

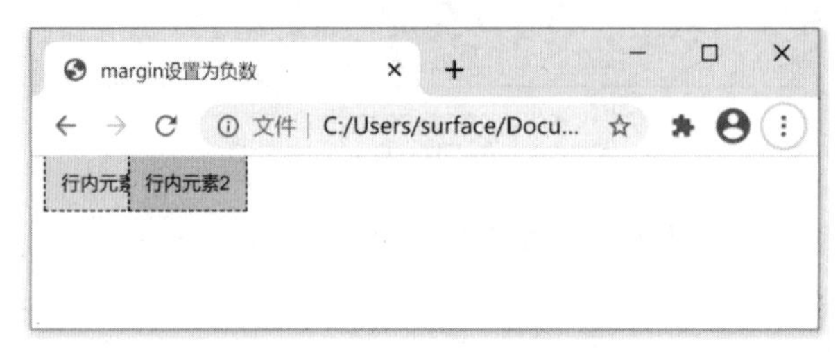

图 7.21　margin 被设置为负数

当块之间是父子关系时，通过设置子块的margin参数为负数，可以将子块从父块中“分离”出来，示意图如图7.22所示。关于其应用，在后面的章节中会有更详细的介绍。

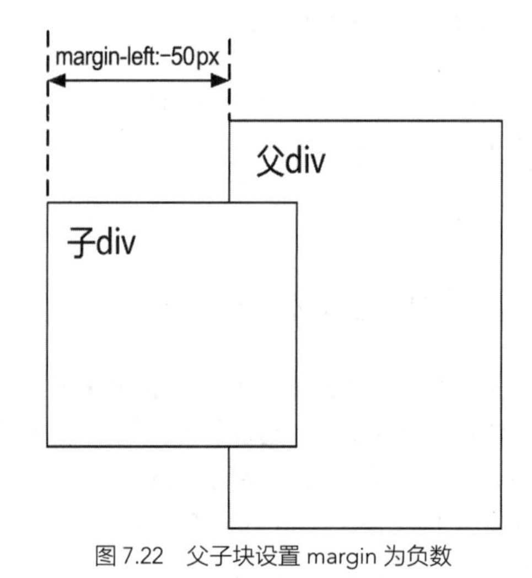

图 7.22　父子块设置 margin 为负数

7.7 实例：盒子模型计算思考题

经过前面的学习，读者对标准流中的盒子排列方式应该已经很清楚了。下面来做一个思考题，假设有一个网页，其显示结果如图7.23所示，现在要读者精确地回答出从字母a到p对应的宽

度是多少像素。习题文件位于本书配套资源“第7章\07-12.html”。

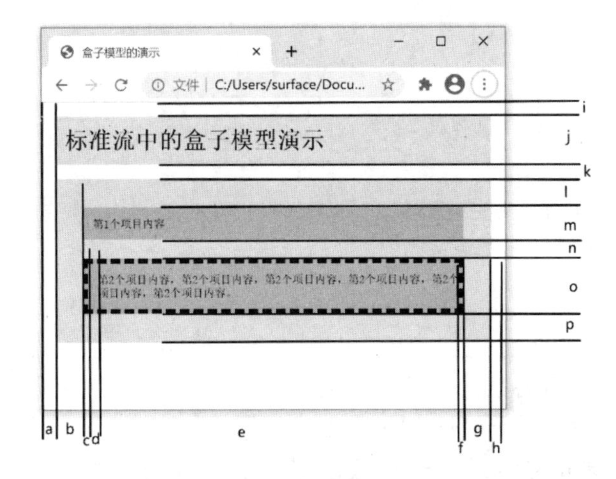

图 7.23 计算图中各个字母代表的宽度（高度）是多少像素

上述网页的完整代码如下：

```
1   <!DOCTYPE html>
2   <html>
3   <head>
4   <title>盒子模型的演示</title>
5   <style type="text/css">
6   body{
7       margin:0;
8       font-family:宋体;
9   }
10  ul {
11      background: #ddd;
12      margin:15px;
13      padding:10px;
14      font-size:12px;
15      line-height:14px;
16  }
17  h1 {
18      background: #ddd;
19      margin: 15px;
20      padding: 10px;
21      height:30px;
22      font-size:25px;
23  }
24  p,li {
25      color: black;                        /* 黑色文本 */
26      background: #aaa;                    /* 浅灰色背景 */
27      margin: 20px 20px 20px 20px;         /* 左侧外边距为0，其余为20px*/
28      padding: 10px 0px 10px 10px;         /* 右侧内边距为0，其余为10px */
29      list-style: none                     /* 取消项目符号 */
30  }
31  .withborder {
32      border-style: dashed;
33      border-width: 5px;                   /* 设置边框为2px */
34      border-color: black;
```

```
35      margin-top:20px;
36  }
37  </style>
38  </head>
39    <body>
40     <h1>标准流中的盒子模型演示</h1>
41      <ul>
42        <li>第1个项目内容</li>
43        <li class="withborder">第2个项目内容，第2个项目内容，第2个项目内容，第2个项
          目内容，第2个项目内容，第2个项目内容。</li>
44      </ul>
45    </body>
46  </html>
```

下面是具体的计算过程和答案。

先来计算水平方向的宽度，计算过程如下：

① a：由于body的margin被设置为0，因此a的值为ul的左margin（与h1的左margin相同），即15px。

② b：ul的左padding加li的左margin，即30px。

③ c：第2个li的border，即5px。

④ d：li的左padding，即10px。

⑤ e：计算完其他项目后再计算e的宽度，注意这里的文字和右边框之间没有间隔，因为右padding为0。

⑥ f：第2个li的border，即5px。

⑦ g：ul的右padding加上li的右margin，即30px。

⑧ h：ul的右margin，即15px。

现在来计算e的宽度。把水平方向除e之外的各项加起来，得110px，因此e的宽度为浏览器窗口的宽度减去110px。

然后计算竖直方向的宽度：

① i：由于body的margin被设置为0，因此i的值为h1的上margin，即15px。

② j：h1的上下padding加上高度（即h1的height属性值），即50px。

③ k：h1和ul相邻，当上面的h1的下margin和下面的ul的上margin相遇，发生“塌陷”现象，因此l的值为二者中的较大者；二者现在相同，因此l的值为15px。

④ l：ul的上padding加上第1个li的上margin，即30px。

⑤ m：li的上下padding加上1行文字的行高，即34px。

⑥ n：上下两个li相邻，因此这里的高度是20px。

⑦ o：li的上下border加上上下padding，再加上2行文字的高度，即58px。也可能是1行或3行文字的高度，文字显示几行是由浏览器窗口的宽度决定的。

⑧ p：ul的下padding加上第2个li的下margin，即30px。

注意

对于盒子的宽度再强调一下，在上面的这个例子中所有的盒子都没有设置width属性。在没有设置width属性时，盒子会自动向右伸展，直到不能伸展为止。如果某个盒子设置了width属性，那么盒子的宽度就会以该值为准，而盒子实际占据的宽度是width+padding+border+margin，如图7.24所示。

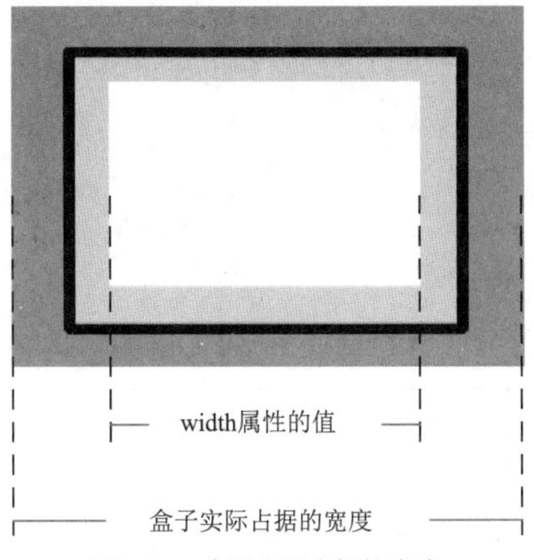

图 7.24 盒子实际占据的宽度

7.8 盒子模型相关的常用样式

前面介绍了盒子模型相关最基本的影响布局的几个属性，它们决定了元素的大小、位置等属性。接下来介绍一些常用的样式属性，它们更多地与外观样式相关。

7.8.1 背景

各种元素在浏览器页面中都会占据一定的空间，因此往往需要设定某种样式的背景。背景可以是某种颜色，也可以是某个图像。

1. 背景颜色

在CSS中，元素的背景颜色使用background-color属性来设置，属性值为某种颜色。颜色值的表示方法和前面介绍的文字颜色的设置方法相同。

例如下面的代码，实例文件位于本书配套资源“第7章\07-13.html”，代码color属性用于设置标题文字的颜色，background-color属性用于设置标题背景的颜色。background-color属性可以用于各种网页元素。如下例子演示了给一个div设置背景色。注意区分color和background-color这两个属性，前者设置的是文字颜色，后者设置的是背景色。

```
1     <!DOCTYPE html>
2     <html>
3     <head>
4     <style type="text/css">
5     #grade {
6         width:300px;
7         height:200px;
8         background-color:#ccc;
9         color:#000;
10        line-height:200px;
11        text-align:center;
```

```
12        font-size:20px;
13        margin:20px;
14    }
15    </style>
16    </head>
17    <body>
18    <div id="grade">设置背景色</div>
19    </body>
20    </html>
```

得到的效果如图7.25所示。

图 7.25　设置背景色

如果要给整个页面设置背景色，则只需要对<body>标记设置该属性即可，例如：

```
1    body{
2        background-color:#0FC;
3    }
```

注意，在CSS中可以使用3个字母的颜色表达方式，例如#0FC等价于#00FFCC。这种3个字母的表示方法仅能用在CSS中。

2．背景图像

背景不仅可以被设置为某种颜色，在CSS中还可以将其设置为图像，而且这一方式的用途极为广泛。在本书后面的章节中，读者将会经常看到使用背景图像的案例。

设置背景图像，使用background-image属性实现。例如在第5章例子的基础上建立如下页面，实例文件位于本书配套资源“第7章\07-14.html”。

```
1    <!DOCTYPE html>
2    <html>
3    <head>
4        <title>体验CSS</title>
5        <style type="text/css">
6            body{
7                    background-image:url(bg.gif);
8            }
```

```
9           h1{
10                  font-family:黑体;
11                  background-color: blue;
12                  color:#FFF
13          }
14          p{
15                  font-family: Arial, "Times New Roman";
16          }
17          </style>
18  </head>
19
20  <body>
21  <h1>互联网发展的起源</h1>
22
23  <p id="p1">A very simple ascii map of the first network link on ARPANET
    between UCLA and SRI taken from RFC-4 Network Timetable, by Elmer B.
    Shapiro, March 1969.</p>
24  <p id="p2">1969年，为了保障通信联络，美国国防部高级研究计划署ARPA资助建立了世界上第
    一个分组交换试验网ARPANET，连接美国四个大学。ARPANET的建成和不断发展标志着计算机网络
    发展的新纪元。</p>
25  </body>
26  </html>
```

可以看到，Body元素使用了一个图像文件，如图7.26所示，这个图像中有4条斜线，长和宽都是10px。读者也可以自己随意使用一个图像。

这时页面效果如图7.27所示，可以看到背景图像会铺满整个页面的背景，也就是说，用这种方式设置背景图像后，图像会自动沿着水平和竖直两个方向平铺。

图 7.26　准备一个背景图像

图 7.27　页面的 body 元素设置了背景图像后的效果

在默认情况下，图像会自动向水平和竖直两个方向平铺。如果不希望平铺，或者只希望沿着一个方向平铺，可以使用background-repeat属性来控制。该属性可以被设置为以下4种之一。

（1）repeat：沿水平和竖直两个方向平铺，这也是默认值。

（2）no-repeat：不平铺，即只显示一次。

（3）repeat-x：只沿水平方向平铺。

（4）repeat-y：只沿竖直方向平铺。

例如下面的代码将背景图像设置成了只沿着水平方向平铺。

```
1   body{
2       background-image:url(bg-g.jpg);
3       background-repeat:repeat-x;
4   }
```

实际上，这是在CSS3没有普及之前最主要的实现背景渐变色的方法，即先在图像处理软件中制作渐变色的图片，如图7.28所示。

假设这时有一个页面，希望其标题部分具有渐变色的背景，则让这个图像只沿着水平方向平铺，即可实现图7.29所示的效果。在CSS3普及后，CSS已经具备了设置渐变色的能力，此时就可以不依赖于这种方法了。

图 7.28　准备好的渐变色背景图像

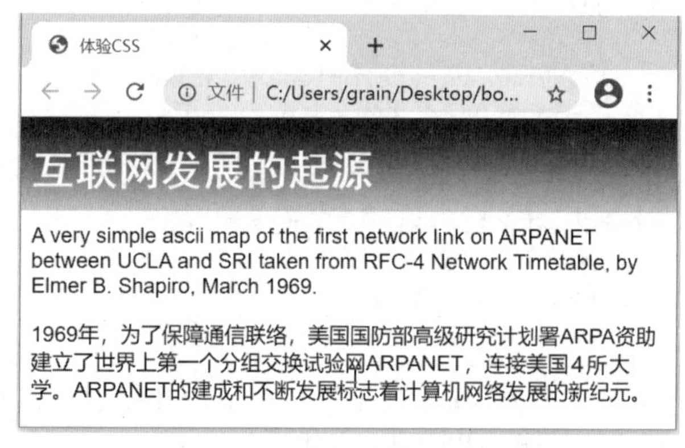

图 7.29　沿水平方向平铺背景图像的效果

在CSS中还可以同时设置背景图像和背景颜色，这样背景图像覆盖的地方就显示背景图像，背景图像没有覆盖的地方就按照设置的背景颜色显示。例如，在对上面的body元素进行CSS设置中，将代码修改为：

```
1   body{
2       background-image:url(bg-g.jpg);
3       background-repeat:repeat-x;
4       background-color:#D2D2D2;
5   }
```

这时效果如图7.30所示，顶部的渐变色是通过背景图像制作出来的，而下面的灰色则是通过背景色设置的。

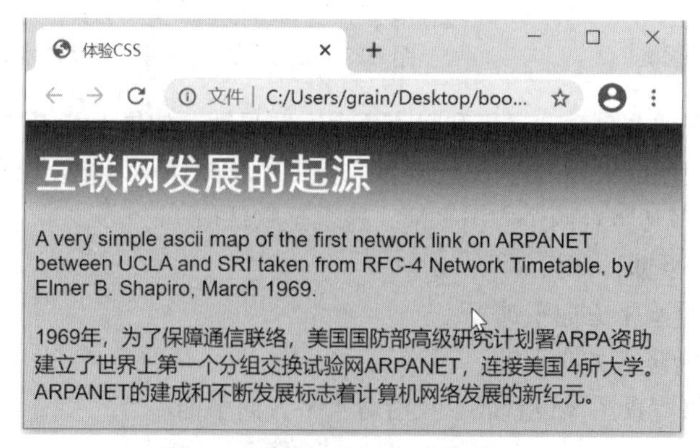

图 7.30　同时设置背景图像和背景色

此外，如同font、border等属性在CSS中可以简写一样，背景样式的CSS属性也可以被简写。例如下面这段样式，使用了3条CSS规则。

```
1   body{
2       background-image:url(bg-grad.gif);
3       background-repeat:repeat-x;
4       background-color:#3399FF;
5   }
```

它完全等价于如下这条CSS规则。

```
1   body{
2       background:  #3399FF  url(bg-grad.gif)  repeat-x;
3   }
```

注意属性之间要用空格分隔。

3．设置背景图像的位置

当需要设置一个背景图像的位置时，需要用到background-position属性。例如下面的代码，实例文件位于本书配套资源“第7章\07-15.html”。

```
1   body{
2       background-image:url(cup.gif);
3       background-repeat:no-repeat;
4       background-position:right bottom;
5   }
```

这时cup.gif这个图像不会平铺。此外，通过background-position:right bottom指定了这个图像的位置是右下角，效果如图7.31所示。

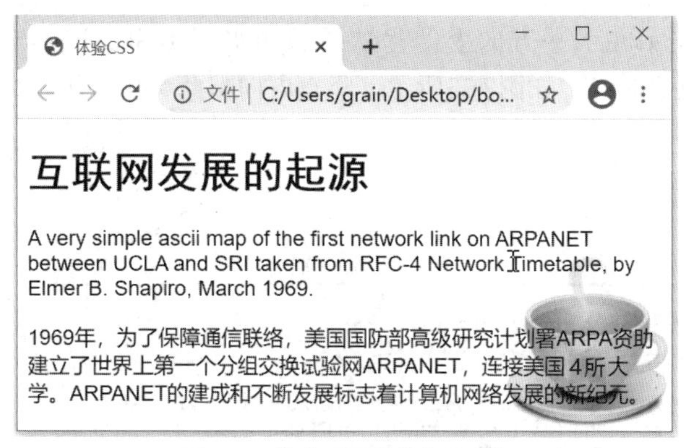

图 7.31　将背景图像放在右下角

即在background-position属性中，需要设置两个值。

（1）第1个值用于设定水平方向的位置，可以选择“left”（左）、“center”（中）、“right”（右）之一。

（2）第2个值用于设定竖直方向的位置，可以选择“top”（上）、“center”（中）、“bottom”（下）之一。

此外，也可以使用具体的数值来精确地确定背景图像的位置，例如将上面的代码修改为：

```
1    body{
2        background-image:url(cup.gif);
3        background-repeat:no-repeat;
4        background-position:200px 100px;
5    }
```

这时效果如图7.32所示，图像距离上边缘为100px，距离左边缘为200px。

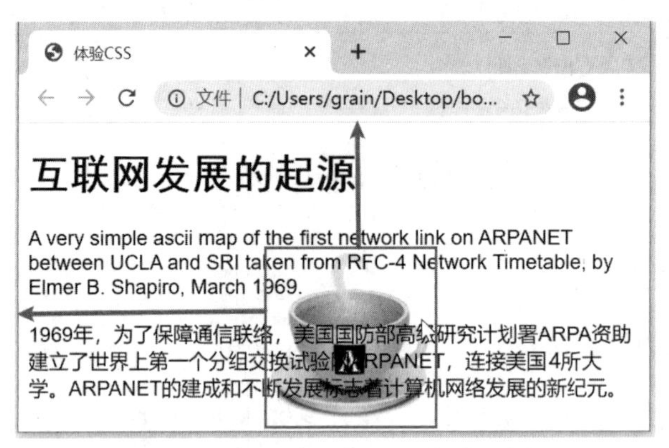

图 7.32　用数值设置背景图像的位置

除了可以采用数值的方式外，还可以采用百分比的方式，但需要理解它的计算方法。例如将上面的代码修改为：

```
1    body{
2        background-image:url(cup.gif);
3        background-repeat:no-repeat;
4        background-position:30% 60%;
5    }
```

这里前面的30%表示在水平方向上，背景图像的水平30%的位置与整个元素（这里是指body）的水平30%的位置对齐，如图7.33所示。竖直方向与此类似。读者可以参考本书配套资源“第7章\07-16.html”。

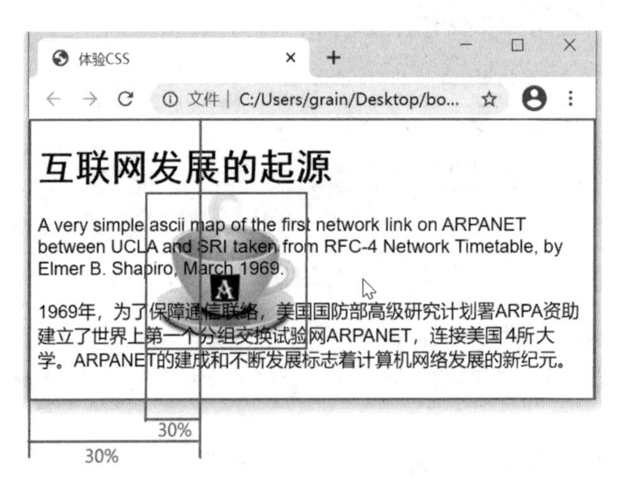

图 7.33　用百分比设置背景图像的位置

这里总结一下background-position属性的设置方法。background-position属性的设置是非常灵活的，可以使用长度直接设置，相关的设置值如表7.1所示。

表7.1 background-position属性的长度设置值

设置值	说明
X（数值）	设置网页的横向位置，其单位可以是任一尺度单位
Y（数值）	设置网页的纵向位置，其单位可以是任一尺度单位

也可以使用百分比来设置，相关设置值如表7.2所示。

表7.2 background-position属性的百分比设置值

设置值	说明
0% 0%	左上位置
50% 0%	靠上居中位置
100% 0%	右上位置
0% 50%	靠左居中位置
50% 50%	正中位置
100% 50%	靠右居中位置
0% 100%	左下位置
50% 100%	靠下居中位置
100% 100%	右下位置

还可以使用关键字来设置，相关设置值如表7.3所示。

表7.3 background-position属性的关键字设置值

设置值	说明
top left	左上位置
top center	靠上居中位置
top right	右上位置
left center	靠左居中位置
center center	正中位置
right center	靠右居中位置
bottom left	左下位置
bottom center	靠下居中位置
bottom right	右下位置

background-position属性都可以被设置为以上的设置值，同时也可以进行混合设置，如“background-position：200px 50%”，只要横向值和纵向值以空格隔开即可。

7.8.2 圆角

首先制作一个圆角的div，如果一个div的4个角具有相同的圆角半径，则给border-radius设置一个值即可，代码如下，实例文件位于本书配套资源“第7章\07-17.html”。

```
1   <!DOCTYPE html>
2   <html>
3   <head>
4   <style>
5   .round {
6       border-radius: 20px;
7       background-color:#ccc;
8       padding: 20px;
9       width: 300px;
10      height: 100px;
11  }
12  </style>
13  </head>
14  <body>
15      <div class="round"></div>
16  </body>
17  </html>
```

上面代码的显示效果如图7.34所示。

图 7.34　圆角盒子

如果盒子各个角的圆角半径不同，则可以先设置一个统一值，然后对特殊的角进行单独设置，或者直接对4个角分别设置圆角半径，代码如下，实例文件位于本书配套资源“第7章\07-18.html”。

```
1   <!DOCTYPE html>
2   <html>
3   <head>
4   <style>
5   .round {
6       background: #ccc;
7       width: 300px;
8       height: 100px;
9       margin:20px;
10  }
11
12  .round-up {
13      border-radius: 10px;
```

```
14      border-top-right-radius:40px;
15  }
16
17  .round-down {
18      border-radius: 10px 20px 40px 60px;
19  }
20
21  </style>
22  </head>
23  <body>
24      <div class="round round-up"></div>
25      <div class="round round-down"></div>
26  </body>
27  </html>
```

效果如图7.35所示，上面div的4个角被统一设置为10px，然后又单独把右上角设为了40px。

图7.35　单独设置圆角

单独设置某个角的圆角半径的属性是 border-*-*-radius，例如border-top-right-radius:40px；上下方向在前，左右方向在后。

如果单独设置各个角的圆角半径，则仍然使用border-radius属性，规则如下。

（1）4个值：第一个值为左上角，第二个值为右上角，第三个值为右下角，第四个值为左下角。

（2）3个值：第一个值为左上角，第二个值为右上角和左下角，第三个值为右下角。

（3）2个值：第一个值为左上角与右下角，第二个值为右上角与左下角。

（4）1个值：4个圆角值相同。

此外，对于一个圆角，还可以使其产生椭圆形的效果，甚至可以用这种方式制作出圆形或椭圆形。实例文件位于本书配套资源“第7章\07-19.html”。

```
1   <!DOCTYPE html>
2   <html>
3   <head>
4   <style>
5   .round {
6       border-radius: 150px/50px;
7       background: #ccc;
```

```
8        width: 300px;
9        height: 100px;
10       margin:20px;
11   }
12
13   </style>
14   </head>
15   <body>
16       <div class="round"></div>
17   </body>
18   </html>
```

效果如图7.36所示，border-radius: 150px/50px 表示水平方向半径是150px，正好是整个div宽度的一半，竖直方向半径是50px，正好也是div高度的一半，进而得到一个3：1的椭圆形。因此，使用CSS3来制作圆形或者椭圆形是非常方便的。

图 7.36　通过圆角实现的椭圆形

此外，border-radius也可以使用百分比来进行设置，表示圆角半径与边长的比例，例如在上例中使用“border-radius：50%”可以得到和上面完全相同的效果。

7.8.3 阴影

CSS3还可以给各种元素添加阴影，设置的参数和我们在一些图像处理软件中制作阴影效果相似，语法是：

```
box-shadow: h-shadow v-shadow blur spread color inset;
```

以上各属性值的含义如下。

（1）horizontal（水平）：指定阴影的水平偏移量。正值（即5px）阴影向右，而负值（即-10px）则会使它偏向左。

（2）vertical（垂直）：指定阴影的竖直偏移量。正值（即5px）会使阴影在框的底部，而负值（即-10px）则会使它偏向上。

（3）blur（模糊）：设置阴影的柔化半径。默认值为0，这意味着没有模糊。

（4）spread：阴影的扩展尺寸。0px代表阴影和当前的实体一样大，大于0则表示阴影的大小比默认值大相应的量，负值表示小相应的量。

（5）color（颜色）：颜色值，用于设置阴影颜色。

（6）outset/inset：选择是外部阴影outset还是内部阴影inset。

除了前两个是必选参数，其他都是可选参数。例如下面的代码实现了给一个div元素添加阴影，实例文件位于本书配套资源“第7章\07-20.html”。

```
1   <!DOCTYPE html>
2   <html>
3   <head>
4   <style type="text/css">
5   #shadow {
6       box-shadow: 10px 10px 12px #888; /*向右10px，向下10px，柔化12px，颜色#888*/
7       width:500px;
8       height:100px;
9       line-height:100px;
10      padding:5px;
11      text-align:center;
12      font-size:20px;
13      background:#21759b;
14      margin:20px;
15      color:#ffffff;
16  }
17  </style>
18  </head>
19  <body>
20      <div id="shadow">给一个div元素添加阴影</div>
21  </body>
22  </html>
```

上面代码的显示效果如图7.37所示。

给一个div元素添加阴影

图 7.37 阴影效果

7.8.4 渐变

CSS3 中增加了颜色的渐变（gradients）能力，可以实现在两个或多个指定的颜色之间显示平稳的过渡。此前则必须使用图像来实现经复杂的技巧才能实现的效果，现在可以非常方便地实现它们。在CSS3中，渐变是作为背景图像出现的，而且共定义了两种类型的渐变（gradients）。

（1）线性渐变（Linear Gradients）：向下/向上/向左/向右/对角方向。

（2）径向渐变（Radial Gradients）：由它们的中心定义。

设定线性渐变的语法是：

```
background-image: linear-gradient(渐变反向, 渐变颜色节点);
```

先定义线性渐变的方向，如果正好水平或竖直，则可以用 to top、to bottom、to left、to right 来指定。例如to bottom表示从上到下渐变。如果是其他方向，就要指定角度值了。角度值如图7.38所示。

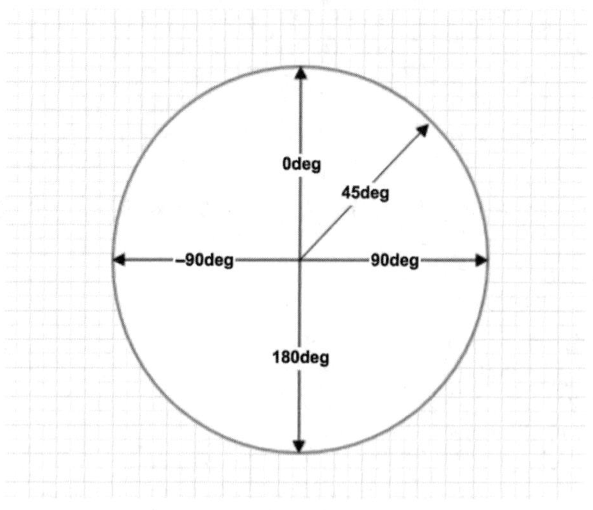

图 7.38　渐变方向示意图

下面的代码实现了一个渐变效果，实例文件位于本书配套资源“第7章\07-21.html”。

```
1    <!DOCTYPE html>
2    <html>
3    <head>
4    <style type="text/css">
5    #grad {
6        width:500px;
7        height:100px;
8        line-height:100px;
9        padding:5px;
10       text-align:center;
11       font-size:20px;
12       margin:20px;
13       color:#ffffff;
14       background-image: linear-gradient(to bottom, #555, #bbb);
15   }
16   </style>
17   </head>
18   <body>
19   <div id="grad">给一个div元素渐变背景</div>
20   </body>
21   </html>
```

得到的效果如图7.39所示，背景色是从深灰色（#555）到浅灰色的渐变（#bbb）。如果将to bottom 改为 180deg，即background-image: linear-gradient(to bottom, #555, #bbb);，则得到的效果完全相同。

给一个div元素渐变背景

图 7.39　从上到下的渐变效果

实现一个渐变效果最少需要两种颜色，当然也可以增加更多的颜色，例如：

```
background-image: linear-gradient(180deg, #bbb, #555, #bbb);
```

得到的效果将会变为图7.40所示的效果，从浅灰变为深灰，然后再变为浅灰。

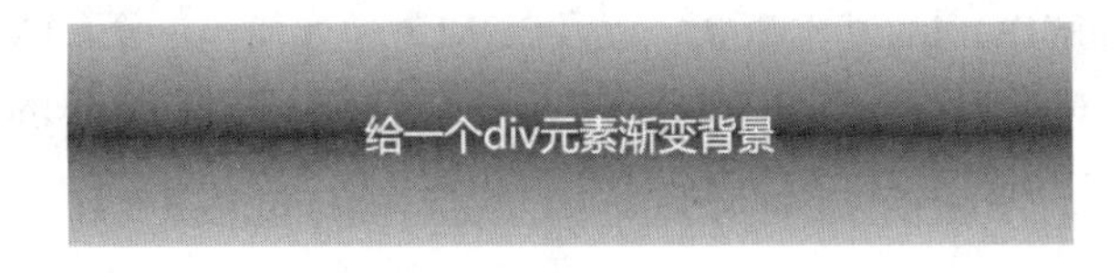

图 7.40 设置多种颜色的渐变色

最后看一个径向渐变的例子，实例文件位于本书配套资源“第7章\07-22.html”。

```
1    <!DOCTYPE html>
2    <html>
3    <head>
4    <style type="text/css">
5    #grad {
6        width:300px;
7        height:300px;
8        border-radius:50%;
9        line-height:300px;
10       text-align:center;
11       font-size:20px;
12       margin:20px;
13       color:#ffffff;
14       background-image: radial-gradient(circle, #bbb, #555);
15   }
16   </style>
17   </head>
18   <body>
19   <div id="grad">径向渐变</div>
20   </body>
21   </html>
```

得到的效果如图7.41所示。radial-gradient可实现径向渐变，即从中心向外颜色逐渐加深。

图 7.41 径向渐变

径向渐变还有很多参数可以设置，这里不再深入讲解，读者用到时可以查看相关资料。

本章小结

盒子模型是CSS控制页面的基础。学习本章之后，读者应该清楚这里所说的“盒子”的含义是什么，以及盒子的组成有哪些。

此外，读者还应理解DOM的基本概念，以及DOM树是如何与一个HTML文档对应的；在此基础上需要充分理解“标准流”的概念。只有先明白在“标准流”中盒子的布局行为，才能更容易地学习将在后面的章中讲解的浮动和定位等相关知识。

习题 7

一、关键词解释

盒子模型　边框样式　内边距　外边距　DOM树　文档流　块级元素　行内元素

二、描述题

1. 请简单描述一下一个独立的盒子模型是由哪几部分组成的。
2. 请简单描述一下边框的属性主要有哪几个。
3. 请简单描述一下内边距的属性值有几种设置方式。
4. 请简单描述一下DOM树和盒子模型的联系。
5. 请简单描述一下行内元素和块级元素的区别，以及两者之间如何转换。
6. 请简单描述一下盒子在标准流中的定位原则。
7. 请简单描述一下盒子模型相关的常用样式属性有哪些。

三、实操题

模仿京东首页的“逛好店”（样式使用引入链接方式），效果如题图7.1所示。其中标题右侧的箭头的交互效果为：默认显示空心红箭头，鼠标移入后变为红色背景白箭头。

题图 7.1　京东首页的“逛好店”页面效果

第8章 用CSS设置常用元素样式

前面介绍了文本和图像的样式设置方法，在一个网页中，还有其他重要和常用的元素，如链接、列表、表格和表单。灵活运用CSS对这些元素设置样式，能够使网页更加美观。本章重点介绍用CSS设置链接与导航菜单、表格和表单的样式。本章思维导图如下。

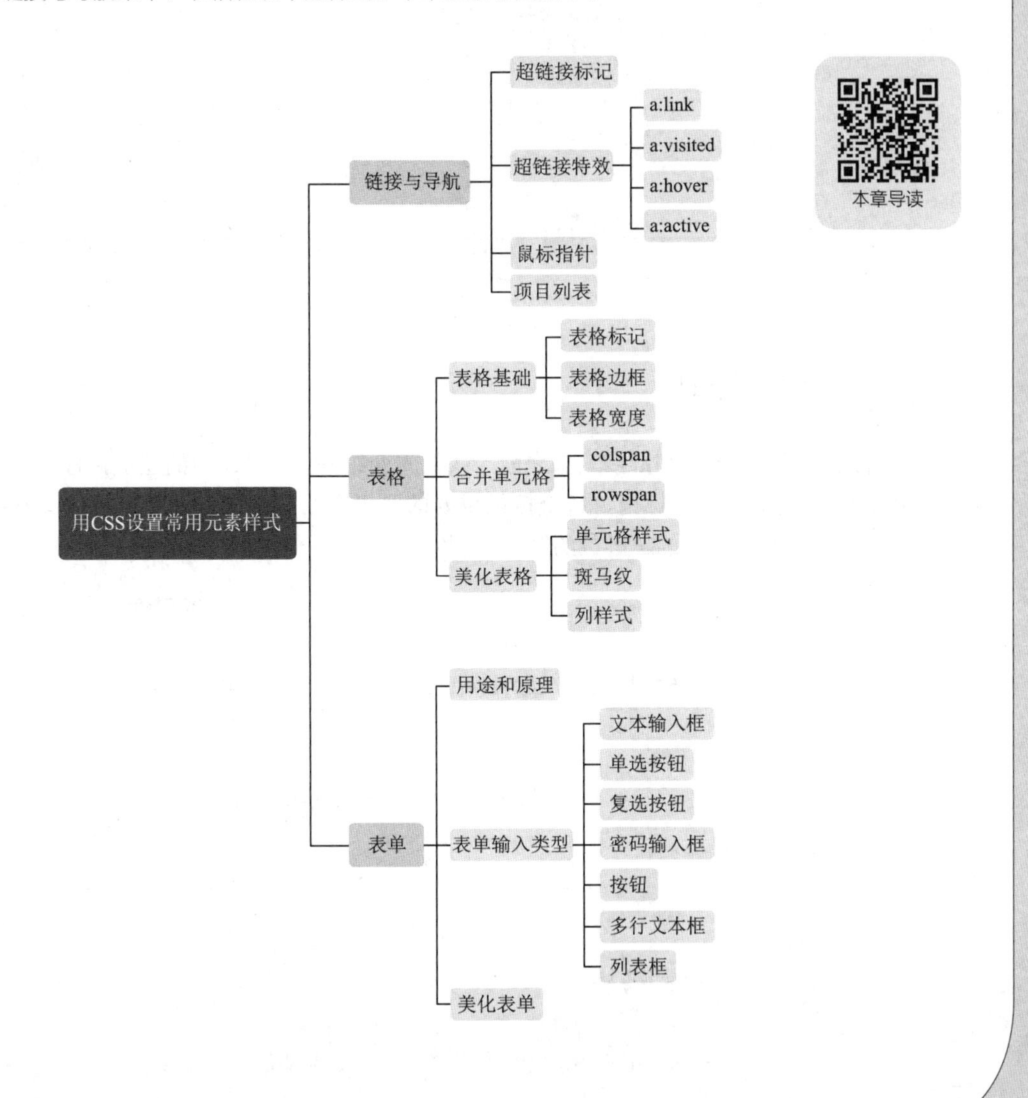

8.1 设置链接与导航菜单

在一个网站中，所有页面都会通过超级链接相互链接在一起，这样才会形成一个有机的网站。因此在各种网站中，导航都是网页中非常重要的组成部分之一，进而也出现了各式各样非常美观、实用性很强的导航样式。图8.1所示为微软公司关于Office的网站，其采用了下拉菜单式的导航条。

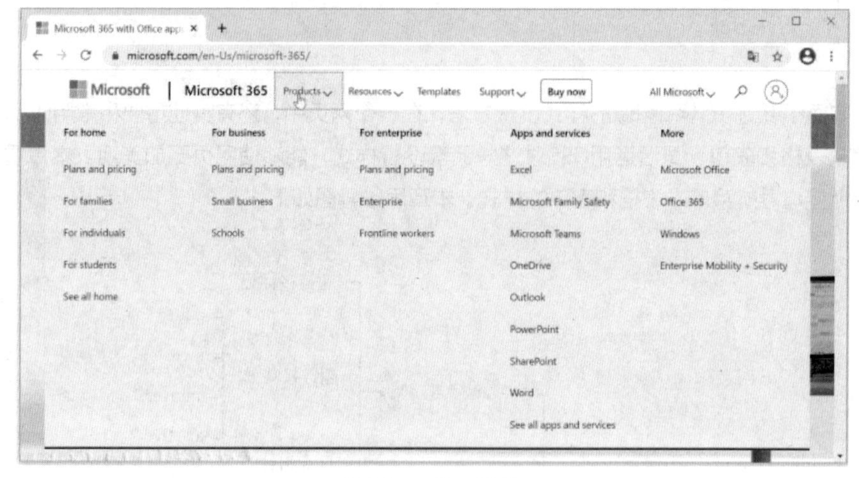

图 8.1　Office 网站

8.1.1 超链接标记

在介绍如何制作导航和链接效果之前，我们先介绍一下HTML中的超链接标记。建立超链接所使用的HTML标记为<a>标记。超链接最重要的要素有两个：设置为超链接的文本内容和超链接指向的目标地址。基本的超链接的结构如图8.2所示。

图 8.2　基本的超链接的结构

例如下面的网页代码：

```
1   <html>
2      <head>
3         <title>超链接</title>
4      </head>
5      <body>
6         点击<a href=1.html>这里</a>连接到一个图片网页
7      </body>
8   </html>
```

在<a>和</a>标记之间的内容就是在网页中被设定为超链接的内容。href属性是必要属性，用来放置超链接的目标地址。其可以是本网站内部的某个HTML文件，也可以是外部网站某个网页的URL。

1. URL的格式

每个文档在互联网上有唯一的地址，该地址的全称为统一资源定位符（uniform resource laocator），简称URL。

URL由4部分构成，即“协议”“主机名”“文件夹名”和“文件名”，如图8.3所示。

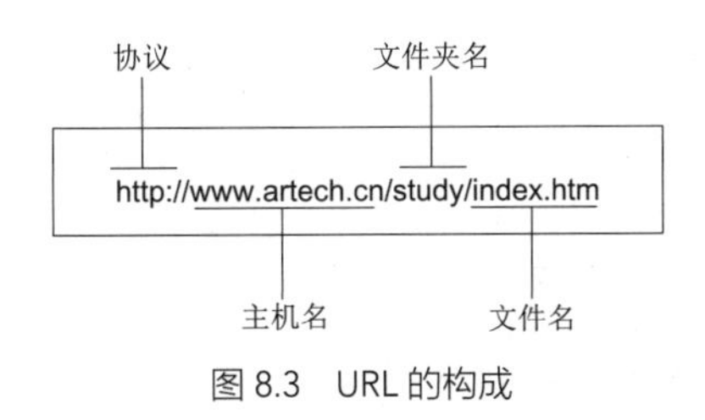

图 8.3 URL 的构成

互联网的应用种类繁多，网页只是其中之一。协议就是用来标示应用种类的，通常通过浏览器浏览网页的协议都是HTTP，即“超文本传输协议”，因此通常网页的地址都以“http://”开头。

接下来以“www.artech.cn”为主机名，表示文件存放于哪台服务器上。主机名可以用IP地址或者域名来表示。

确定主机以后，还需要说明文件存放于这台服务器的哪个文件夹中。这里，文件夹可以分为多个层级。

最后，需要确定目标文件的文件名，目标（网页）文件通常以“.htm”或者“.html”为后缀。

2. URL的类型

在前面的章节中讲解使用图像时，已经介绍了“路径”的概念。对于超链接，路径的概念同样存在。读者如果对路径这个概念还不熟悉，则可以复习一下相关的章节。

超链接的URL可以为两种类型：“外部URL”和“内部URL”。

（1）外部URL就像图8.2那样，包含文件的所有信息。基于外部URL，我们可以在浏览器中访问一个网站中的某个页面。

（2）内部URL则指向相对于原文档同一网站或者同一文件夹中的文件。内部URL通常仅包含文件夹名和文件名，甚至只有文件名。内部URL又可分为两种。

- 相对于文档的URL，这种URL以链接的原文档为起点。
- 相对于网站根目录的URL，这种URL以网站的根目录为起点。

在下面的例子中，第1个超链接使用的是“外部URL”；第2个超链接使用的是相对于网站根目录的URL，即链接到了原文档所在网站的根目录下的02.html；第3个超链接使用的是相对于文档的URL，即链接到了原文档所在文件夹的父文件夹下面的sub文件夹中的03.html文件。

```
1   <html>
2       <head>
3           <title>超链接</title>
4       </head>
5       <body>
```

```
6           单击<a href= "http://www.artech.cn/01.html">链接01</a>链接到第1个网页。
7           单击<a href= "/02.html">链接02</a>链接到第2个网页。
8           单击<a href= "../sub/03.html">链接03</a>链接到第3个网页。
9       </body>
10  </html>
```

3．设置图片的超链接

图片超链接的建立和文字超链接的建立基本类似，也是通过<a>标记来实现的，仅需要把原来的链接文字换成相应的图片即可。

请看下面的案例，代码如下。

```
1   <html>
2       <head>
3           <title>图片的超链接</title>
4       </head>
5       <body>
6           <a href=1.html><img src=pic.jpg></a><br>
7           单击该图片放大
8       </body>
9   </html>
```

4．设置以新窗口显示链接页面

在默认情况下，当单击链接时，目标页面还会在同一个窗口中显示。如果要在单击某个链接以后打开一个新的浏览器窗口，并在这个新窗口中显示目标页面，就需要在<a>标记中设置“target”属性。

将“target”属性设置为“_blank”，就会自动打开一个新窗口，显示目标页面。例如下面的代码。

```
1   <html>
2       <head>
3           <title>以新窗口方式打开</title>
4       </head>
5       <body>
6           以<a href="1.html" target="_blank">新窗口</a>方式打一个网页
7       </body>
8   </html>
```

8.1.2 丰富的超链接特效

超链接是网页上最常见的元素，通过超链接能够实现页面的跳转、功能的激活等，因此超链接也是与用户打交道最多的元素之一。8.1.1小节介绍了超链接的基本语法，本小节介绍超链接的各种效果，包括超链接的各种状态、伪属性和按钮特效等。

在默认的浏览器浏览方式下，超链接统一为蓝色并且有下画线，被单击过的超链接则为紫色并且也有下画线，如图8.4所示。

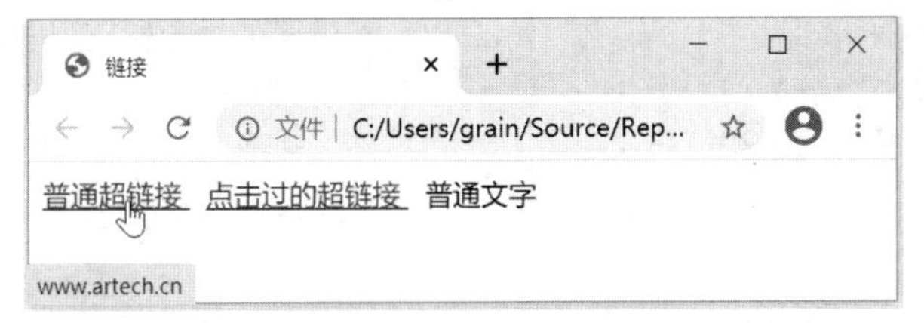

图8.4 普通的超链接

显然这种传统的超链接样式完全无法满足广大用户的需求。通过CSS可以设置超链接的各种属性，包括前面章节提到的字体、颜色和背景等，而且通过伪类别还可以制作很多动态效果。首先用最简单的方法去掉超链接的下画线，如下所示：

```
1   a{                                  /* 超链接的样式 */
2       text-decoration:none;           /* 去掉下画线 */
3   }
```

此时的页面效果如图8.5所示，无论是超链接本身，还是单击过的超链接，它们的下画线都被去掉了。除了颜色以外，它们与普通的文字没有太大区别。

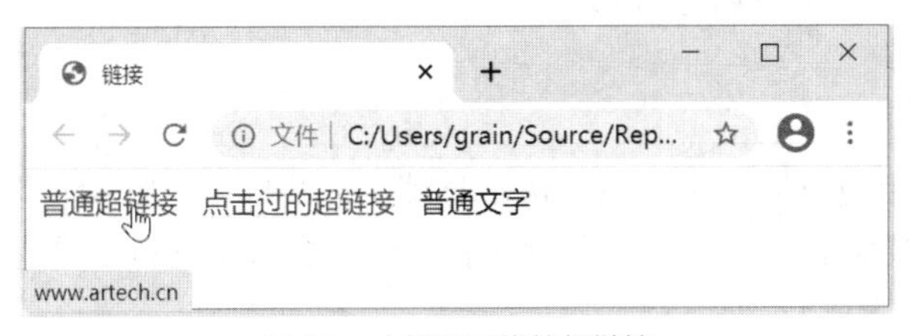

图8.5 去掉下画线的超链接

仅仅如上面所述，通过设置<a>标记的样式来改变超链接，并没有太多动态的效果。下面介绍利用CSS的伪类别（anchor pseudo classes）制作动态效果的方法，具体属性设置如表8.1所示。

表8.1 可制作动态效果的CSS伪类别属性

属性	说明
a:link	超链接的普通样式，即正常浏览状态的样式
a:visited	被单击过的超链接的样式
a:hover	鼠标指针经过超链接时的样式
a:active	在超链接上单击（即“当前激活”）时超链接的样式

请看如下案例代码，源文件请参考本书配套资源“第8章\8-01.html”。

```
1   <style>
2   body{
3       background-color:#99CCFF;
4   }
5   a{
6       font-size:14px;
7       font-family:Arial, Helvetica, sans-serif;
8   }
```

```
9   a:link{                              /* 超链接正常状态下的样式 */
10      color:red;                       /* 红色 */
11      text-decoration:none;            /* 无下画线 */
12  }
13  a:visited{                           /* 访问过的超链接 */
14      color:black;                     /* 黑色 */
15      text-decoration:none;            /* 无下画线 */
16  }
17  a:hover{                             /* 鼠标指针经过时的超链接 */
18      color:yellow;                    /* 黄色 */
19      text-decoration:underline;       /* 有下画线 */
20      background-color:blue;
21  }
22  </style>
23  <body>
24  <a href="home.htm">Home</a>
25  <a href="east.htm">East</a>
26  <a href="west.htm">West</a>
27  <a href="north.htm">North</a>
28  <a href="south.htm">South</a>
29  </body>
30  </html>
```

从图8.6的显示效果也可以看出，超链接本身都变成了红色，且没有下画线。而单击过的超链接变成了黑色，同样没有下画线。当鼠标指针经过时，超链接则变成了黄色，而且出现了下画线。

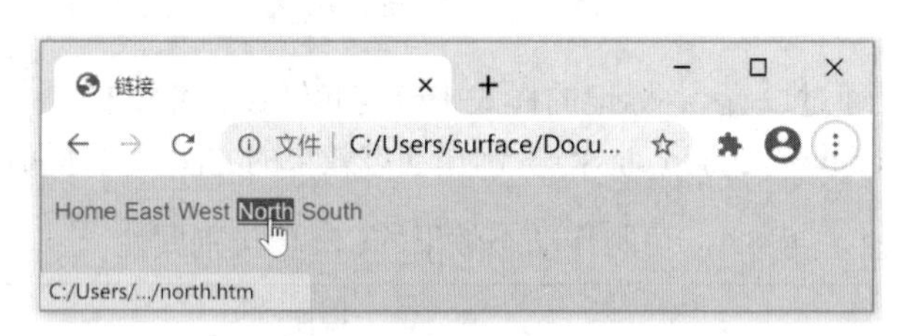

图 8.6　超链接的各个状态

从代码中可以看到，每一个超链接元素都可以通过4种伪类别设置相应的4种状态下的CSS样式。

请注意以下几点。

（1）不仅是上面代码中涉及的文字相关的CSS样式，其他各种背景、边框和排版的CSS样式都可以随意加入超链接的几个伪类别的样式规则中，从而得到各式各样的效果。

（2）当前激活状态“a:active”一般被显示的情况非常少，因此很少使用。因为当用户单击一个超链接后，焦点很容易就会从这个链接上转移到其他地方，例如新打开的窗口等，此时该超链接就不再是“当前激活”状态了。

（3）在设定一个a元素的4种伪类别时，需要注意顺序，要依次按照a:link、a:visited、a:hover、a:active的顺序进行设定。有人针对该顺序总结了有助于记忆的口诀，即“LoVe HaTe”（爱恨）。

（4）每一个伪类别的冒号前面的选择器之间不要有空格，要连续书写，例如a.classname:hover表示类别为“.classname”的a元素在鼠标指针经过时的样式。

8.1.3 控制鼠标指针

知识点讲解

在浏览网页时，通常看到的鼠标指针的形状有箭头、手形和I字形，而在Windows环境下用户实际看到的鼠标指针种类要比这个多得多。CSS弥补了HTML在这方面的不足，通过cursor属性可以设置各式各样的鼠标指针样式。

cursor属性可以在任何标记中使用，以改变各种页面元素的鼠标指针效果，代码如下：

```
1   body{
2       cursor:pointer;
3   }
```

pointer是一个特殊的鼠标指针值，它表示将鼠标设置为被激活的状态，即鼠标指针经过超链接时，该浏览器默认的鼠标指针样式在Windows中通常显示为手的形状。如果在一个网页中添加了以上语句，页面中任何位置的鼠标指针都将呈现手的形状。除了pointer外，cursor还有很多定制好了的鼠标指针效果，如表8.2所示。

表8.2　cursor定制的鼠标指针效果

属性值	鼠标指针	属性值	鼠标指针
auto	浏览器的默认值	nw-resize	
crosshair		se-resize	
default		s-resize	
e-resize		sw-resize	
help		text	
move		wait	
ne-resize		w-resize	
n-resize		hand	
all-scroll		col-resize	
no-drop		not-allowed	
progress		row-resize	
vertical-text			

经验之谈

表8.2中的鼠标指针样式，在不同的机器或者操作系统中显示时可能存在差异。读者可以根据需要适当选用。很多时候，浏览器调用的是操作系统的鼠标指针效果，因此同一用户的不同浏览器之间的鼠标指针效果差别很小，但不同操作系统的用户的浏览器之间鼠标指针效果还是存在差异的。

8.1.4 设置项目列表样式

传统的HTML提供了项目列表的基本功能，包括顺序式列表的<ol>标记和无顺序列表的<ul>标记等。当引入CSS后，项目列表被赋予很多新的属性，甚至超越了其最初设计时的功能。本节主要围绕项目列表的基本CSS属性进行相关介绍，包括项目列表的编号、缩进和位置等。

通常，项目列表主要采用<ul>或<ol>标记，然后配合<li>标记罗列各个项目。简单的项目列表代码如下，其显示效果如图8.7所示。本案例文件位于本书配套资源“第8章\8-02.html”。

```
1    <html>
2    <head>
3    <title>项目列表</title>
4    <style>
5    ul{
6        font-size:0.9em;
7        color:#00458c;
8    }
9    </style>
10   </head>
11   <body>
12   <ul>
13       <li>Home</li>
14       <li>Contact us</li>
15       <li>Web Dev</li>
16       <li>Web Design</li>
17       <li>Map</li>
18   </ul>
19   </body>
20   </html>
```

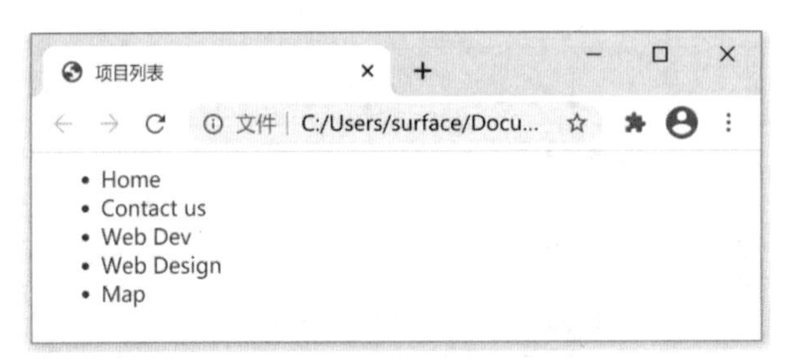

图 8.7　项目列表

在CSS中，项目列表的编号是通过属性list-style-type来修改的。无论是<ul>标记还是<ol>标记，都可以使用相同的属性值，而且效果是完全相同的。例如修改<ul>标记的样式为：

```
1    ul{
2        font-size:0.9em;
3        color:#00458c;
4        list-style-type:decimal;          /* 项目编号 */
5    }
```

此时项目列表将按照十进制数编号显示，这本身就是<ol>标记功能的体现。换句话说，在CSS中<ul>标记与<ol>标记的分界线并不明显，只要利用了list-style-type属性，二者就可以通用，显示效果如图8.8所示。

图 8.8 项目编号变为十进制数

当给<ul>或者<ol>标记设置list-style-type属性时，在它们中间的所有<li>标记都将采用该设置；如果对<li>标记单独设置list-style-type属性，则其仅会作用在该条项目上，如下所示。

```
1    <head>
2    <style>
3    ul{
4        font-size:0.9em;
5        color:#00458c;
6        list-style-type:decimal;              /* 项目编号 */
7    }
8    li.special{
9        list-style-type:circle;               /* 单独设置 */
10   }
11   </style>
12   </head>
13   <body>
14   <ul>
15       <li>Home</li>
16       <li>Contact us</li>
17       <li class="special">Web Dev</li>
18       <li>Web Design</li>
19       <li>Map</li>
20   </ul>
21   </body>
```

此时的显示效果如图8.9所示，可以看到第3项的项目编号变成了空心圆，但它并没有影响其他编号。

图 8.9 单独设置 <li> 标记

通常使用的list-style-type属性值除了上面看到的十进制数编号和空心圆外还有很多，常用的如表8.3所示。

表8.3　list-style-type属性值及其显示效果

属性值	显示效果
disc	实心圆
circle	空心圆
square	正方形
decimal	1，2，3，4，5，6，…
upper-alpha	A，B，C，D，E，F，…
lower-alpha	a，b，c，d，e，f，…
upper-roman	Ⅰ，Ⅱ，Ⅲ，Ⅳ，Ⅴ，Ⅵ，Ⅶ，…
lower-roman	ⅰ，ⅱ，ⅲ，ⅳ，ⅴ，ⅵ，ⅶ，…
none	不显示任何符号

8.1.5 实例：创建简单的导航菜单

作为一个成功的网站，导航菜单是不可或缺的。导航菜单的风格往往决定了整个网站的风格，因此网页设计者会投入很多时间和精力来制作各式各样的导航条，从而保证整个网站的风格一致。

在传统方式下，制作导航菜单是很麻烦的工作，需要使用表格，设置复杂的属性，还需要使用JavaScript实现相应鼠标指针经过或单击的动作。如果用CSS来制作导航菜单，则实现起来非常简单。

当项目列表的list-style-type属性值为“none”时，制作各式各样的导航菜单便成为项目列表的最大用处之一，通过各种CSS属性变换可以达到很多意想不到的导航效果。首先看一个案例，其效果如图8.10所示。本案例文件位于本书配套资源“第8章\8-03.html”。

图 8.10　无需表格的菜单

（1）建立HTML相关结构，将菜单的各个项用项目列表<ul>表示，同时设置页面的背景色，代码如下。

```
1    <body>
2    <div id="navigation">
3        <ul>
4            <li><a href="#">Home</a></li>
5            <li><a href="#">Contact us</a></li>
6            <li><a href="#">Web Dev</a></li>
7            <li><a href="#">Web Design</a></li>
8            <li><a href="#">Map</a></li>
9        </ul>
10   </div>
11   </body>
```

（2）开始设置CSS样式，首先把页面的背景色设置为浅色，代码如下。

```
1    body{
2        background-color:#dee0ff;
3    }
```

此时页面的效果如图8.11所示，这只是最普通的项目列表。

图 8.11 最普通的项目列表

（3）设置整个<div>块的宽度为固定150px，并设置文字的字体。设置项目列表<ul>的属性，以将项目符号设置为不显示。

```
1    #navigation {
2        width:150px;
3        font-family:Arial;
4        font-size:14px;
5        text-align:right
6    }
7    #navigation ul {
8        list-style-type:none;              /* 不显示项目符号 */
9        margin:0px;
10       padding:0px;
11   }
```

进行以上设置后，项目列表便显示为普通的超链接列表，如图8.12所示。

图 8.12　超链接列表

（4）为<li>标记添加下边线，以分割各个超链接，并对超链接<a>标记进行整体设置，如下所示。

```
1    #navigation li {
2        border-bottom:1px solid #9F9FED;      /* 添加下边线 */
3    }
4    #navigation li a{
5        display:block;
6        height:1em;
7        padding:5px 5px 5px 0.5em;
8        text-decoration:none;
9        border-left:12px solid #151571;      /* 左边的粗边 */
10       border-right:1px solid #151571;      /* 右侧阴影 */
11   }
```

以上代码中需要特别说明的是“display:block;”语句，通过该语句，超链接从行内元素改成了块级元素，此时的显示效果如图8.13所示。从图中边框的效果可以看出，超链接从行内元素变为了块级元素。当鼠标指针进入该块的任何部分时，其都会被激活，而不是仅在文字上方时其才会被激活。

图 8.13　区块设置

（5）设置超链接的样式，以实现动态菜单的效果，代码如下。

```
1    #navigation li a:link, #navigation li a:visited{
2        background-color:#1136c1;
3        color:#FFFFFF;
4    }
5    #navigation li a:hover{                      /* 鼠标指针经过时 */
6        background-color:#002099;                /* 改变背景色 */
7        color:#ffff00;                           /* 改变文字颜色 */
8        border-left:12px solid yellow;
9    }
```

代码的具体含义都在注释中一一说明了，这里不再重复。此时导航菜单就制作完成了，最终的效果如图8.14所示。

图 8.14　导航菜单

8.2 设置表格样式

表格是网页上最常见的元素。在传统的网页设计中，表格除了显示数据外，还常常被用作布局整个页面的工具。在Web标准逐渐深入设计领域后，表格不再承担布局的任务，但是表格仍然在网页设计中发挥着重要作用。本节继续挖掘CSS的强大功能，让普通的表格也能表现出精彩的一面。

表格作为传统的HTML元素，一直受到网页设计者的青睐。使用表格来表示数据、制作调查表等情况在网络中屡见不鲜。本节主要介绍CSS控制表格的方法，包括表格的颜色、标题、边框和背景等。

8.2.1 表格中的标记

在最初的HTML设计阶段，表格（<table>标记）仅仅用于存放各种数据，例如收支表、成绩表等都适合用表格来组织数据。因此，表格有很多与数据相关的标记，而且使用起来十分方便。

最常用的3个与表格相关的标记是<table>、<tr>和<td>。其中，<table>用于定义整个表格，<tr>用于定义一行，<td>用于定义一个单元格。此外，还有两个标记也是比较常用的，尤其是使用CSS可以灵活设置表格样式后，这两个标记更加常用。

（1）<caption>标记，其作用跟它的名称一样，就是用于定义表格的大标题。该标记可以出现在<table>与</table>之间的任意位置，不过通常习惯将其放在表格的第1行，即紧接着<table>标记。

（2）<th>标记，即表头，在表格中主要用于行或者列的名称。行和列都可以使用各自的名称。实际上<th>和<td>是很相似的，设计者可以分别对它们进行样式设置。

下面先准备一个简单的表格，例如制作一个“期中考试成绩表”，用到了上面5个标记，代码如下。实例文件位于本书配套资源“第8章\8-04.html”。

```
1    <!DOCTYPE html>
2    <html>
3    <head>
4    <title>成绩表</title>
```

```
5    </head>
6    <body>
7    <table border="2" cellpadding="2" cellspacing="2" bgcolor="#eeeeee">
8        <caption>期中考试成绩表</caption>
9        <tr>
10           <th>姓名</th> <th>物理</th> <th>化学</th> <th>数学</th> <th>总分</th>
11       </tr>
12       <tr><th>牛小顿</th> <td>32</td> <td>17</td> <td>14</td> <td>63</td></tr>
13       <tr><th>伽小略</th> <td>28</td> <td>16</td> <td>15</td><td >59</td></tr>
14       <tr><th>薛小谔</th> <td>26</td> <td>22</td> <td>12</td> <td>60</td></tr>
15       <tr><th>海小堡</th> <td>16</td> <td>22</td> <td>16</td> <td>54</td></tr>
16       <tr><th>波小尔</th> <td>25</td> <td>11</td> <td>12</td><td >48</td></tr>
17       <tr><th>狄小克</th> <td>15</td> <td>8</td> <td>9</td> <td>32</td></tr>
18   </table>
19   </body>
```

这个页面的显示效果如图8.15所示。

图 8.15　基本的表格样式

这个实例中没有使用任何CSS样式，而是使用了HTML中规定的设置表格的一些属性，例如在上面的代码中有如下一行：

```
<table border="2" cellpadding="10" cellspacing="10" bgcolor="#eeeeee">
```

这里border属性用于设定表格边框，bgcolor用于设定表格背景色，cellpadding和cellspacing的含义如图8.16所示。

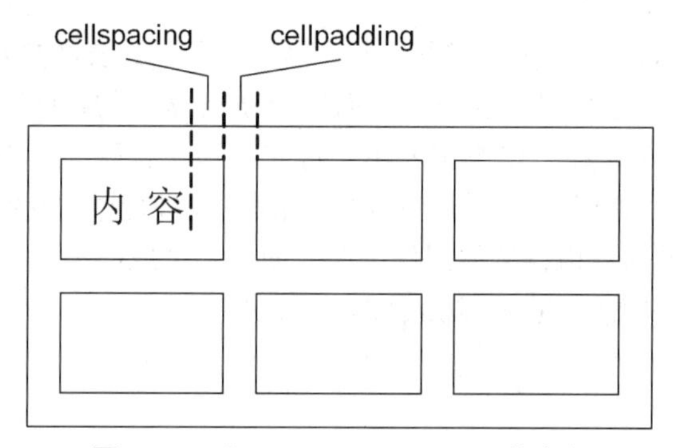

图 8.16　cellspacing 和 cellpadding 的含义

在CSS被广泛使用以前，设计者大都会使用上述属性来设置表格的样式，但是它们的控制能力非常弱，而使用CSS后则可以更精确灵活地控制表格的外观。

8.2.2 设置表格的边框

本案例中，仍然使用上面成绩表的数据，通过CSS来对表格样式进行设置。首先在原来的代码中删除使用的HTML属性，然后为table设置一个类别“record”，并进行如下设置。实例文件位于本书配套资源“第8章\8-05.html”。

```
1    <style>
2    .record{
3        font: 14px 宋体;
4        border:2px #777 solid;
5        text-align:center;
6    }
7
8    .record td{
9        border:1px #777 dashed;
10   }
11   .record th{
12       border:1px #777 solid;
13   }
14   </style>
```

此时效果如图8.17所示。最外面的粗线框是整个表格的边框，里面每个单元格都有自己的边框，th和td可以分别设置各自的边框样式，例如这里th为1px的实线，td为1px的虚线。

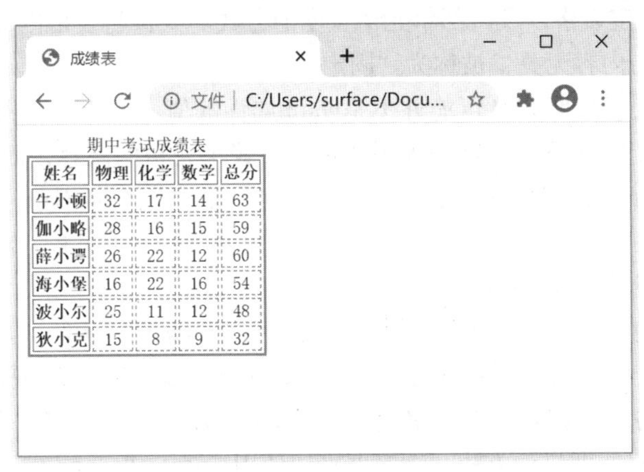

图8.17 设置表格的边框

可以看到此时每个单元格之间都有一个小的空隙，那么有没有办法消除这个空隙，并设置1px宽的分割线呢？这里需要使用一个新的CSS属性border-collapse。

通过border-collapse属性，CSS提供了两种完全不同的方法来设置单元格的边框。一种用于在独立的单元格中设置分离的边框，另一种用于设置从表格一端到另一端的连续边框。在默认情况下，边框是分离的，也就是在上面的表格中所看到的效果，相邻的单元格有各自的边框。

而如果针对上面的例子中，在“.record”的设置中增加一个属性设置：

```
border-collapse: collapse;
```

其他不做任何改变，效果将变成图8.18所示的样子，可以看到相邻单元格之间原来的两条边框重合为一条边框了，而且这条边框的粗细正是1px。源文件请参见本书配套资源“第8章\8-06.html”。

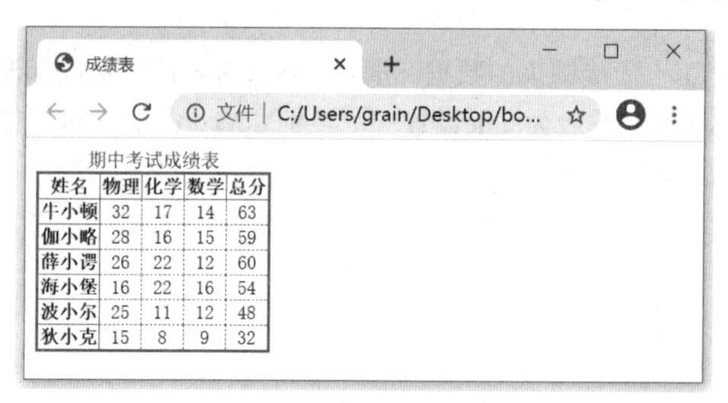

期中考试成绩表

姓名	物理	化学	数学	总分
牛小顿	32	17	14	63
伽小略	28	16	15	59
薛小谔	26	22	12	60
海小堡	16	22	16	54
波小尔	25	11	12	48
狄小克	15	8	9	32

图 8.18　表格边框的重合模式

说明

（1）border-collapse属性可以设置的属性值，除了collapse（合并）之外，还可以为separate（分离），其默认值为separate。

（2）如果表格的border-collapse属性被设置为collapse，那么HTML中设置的cellspacing属性值就无效了。

8.2.3 确定表格的宽度

CSS提供了两种确定表格以及内部单元格宽度的方式。一种与表格内部的内容相关，被称为“自动方式”；另一种与内容无关，被称为“固定方式”。

使用了自动方式时，实际宽度可能并不是width属性的值，因为它会根据单元格中的内容多少进行调整。而在固定方式下，表格的水平布局不依赖单元格的内容，而是明确地由width属性指定。如果取值为“auto”，就意味着使用“自动方式”进行表格的布局。

在两种方式下，各自如何计算布局宽度是一个比较复杂的逻辑过程。对于一般用户来说，不需要精确地掌握它，但是知道有这两种方式是很有用的。

在无论各列中的内容有多少，都要严格保证按照指定的宽度显示时，可以使用固定方式。反之，对各列宽度没有严格要求时，用自动方式可以更加有效地利用页面空间。

如果要使用固定方式，就需要对表格设置它的table-layout属性，将它设置为“fixed”，即固定方式；设置为“auto”，即自动方式。浏览器默认使用自动方式。

8.2.4 合并单元格

并非所有的表格都是规规矩矩的只有几行几列，有时还希望实现“合并单元格”，以满足某种内容展示的需要。在HTML中合并的方向有两种，一种是上下合并，另一种是左右合并。这两种合并方式各有不同的属性设定方法。

1. 用colspan属性左右合并单元格

首先介绍如何实现左右单元格的合并。例如在上面表格的基础上，现在要将A2和A3两个单元格合并为一个单元格，源文件参见本书配套资源“第8章\8-07.html”，代码如下：

```
1   <table border="1">
2       <tr>
3           <td> A1</td> <td colspan="2">A2A3</td> <td>A4</td>
4       </tr>
5       <tr>
6           <td>B1</td> <td>B2</td><td>B3</td> <td>B4</td>
7       </tr>
8       <tr>
9           <td>C1</td> <td>C2</td><td>C3</td> <td>C4</td>
10      </tr>
11  </table>
```

效果如图8.19所示，可以看到在<td>标记中，将colspan属性设置为“2”，这个单元格就会横跨两列。这样，它后面的A4单元格仍会处在原来的位置。

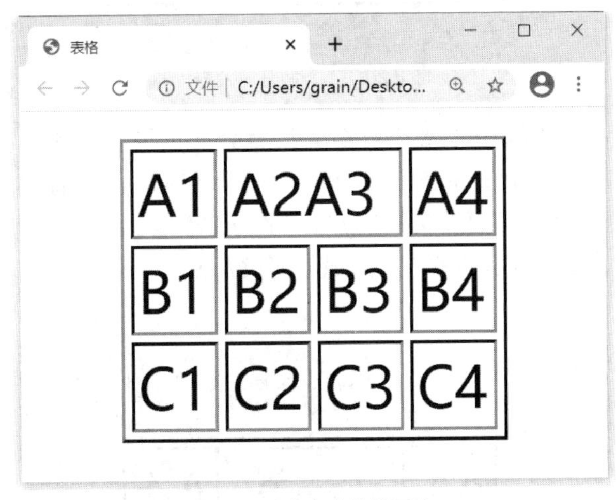

图 8.19　左右合并单元格

注意在合并单元格后，相应的单元格标记就会减少，例如这里原来的A3单元格的<td>和</td>标记就会被去掉。

2. 用rowspan属性上下合并单元格

除了左右相邻的单元格可以合并外，上下相邻的单元格也可以合并，例如将8-07.html代码稍加修改，源文件参见本书配套资源“第8章\8-08.html”，代码如下：

```
1   <table border="1">
2       <tr>
3           <td> A1</td> <td rowspan="2">A2<br>B2</td> <td>A3</td> <td>A4</td>
4       </tr>
5       <tr>
6           <td>B1</td> <td>B3</td> <td>B4</td>
```

```
7        </tr>
8        <tr>
9            <td>C1</td> <td>C2</td><td>C3</td> <td>C4</td>
10       </tr>
11   </table>
```

效果如图8.20所示，可以看到A2和B2单元格已经合并成了一个单元格。

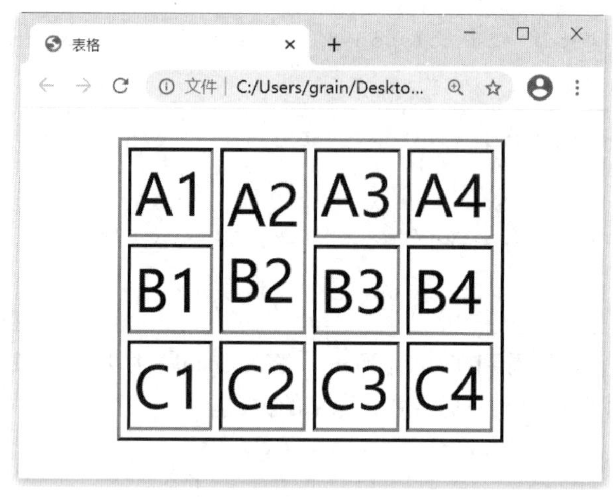

图 8.20　上下合并单元格

有了上次的经验后，可以知道，要合并单元格就会有一些单元格被“牺牲”掉，这次要将A2与B2单元格合并，那么被牺牲的就是B2单元格，而在A2的<td>标签中则设置了rowspan属性，这里rowspan=2的意思就是“这个单元格上下连跨了2格”。

那么如果希望产生图8.21所示的效果，又该如何设置呢？

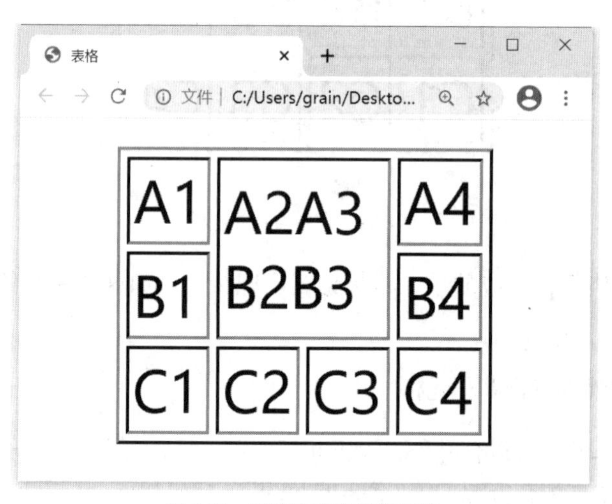

图 8.21　两个方向合并单元格

图中的表格同时合并了左右和上下两个方向的单元格，源文件参见本书配套资源“第8章\8-09.html”，代码如下：

```
1    <table border="1">
2      <tr>
```

```
3       <td> A1</td> <td rowspan="2" colspan="2">A2A3<br>B2B3</td><td>A4</td>
4     </tr>
5     <tr>
6       <td>B1</td> <td>B4</td>
7     </tr>
8     <tr>
9       <td>C1</td> <td>C2</td><td>C3</td> <td>C4</td>
10    </tr>
11  </table>
```

8.2.5 其他与表格相关的标记

除了前面介绍的标记外，HTML中还有3个标记，即<thead>、<tbody>和<tfoot>，它们用来定义表格的不同部分，亦被称为“行组”，如图8.22所示。

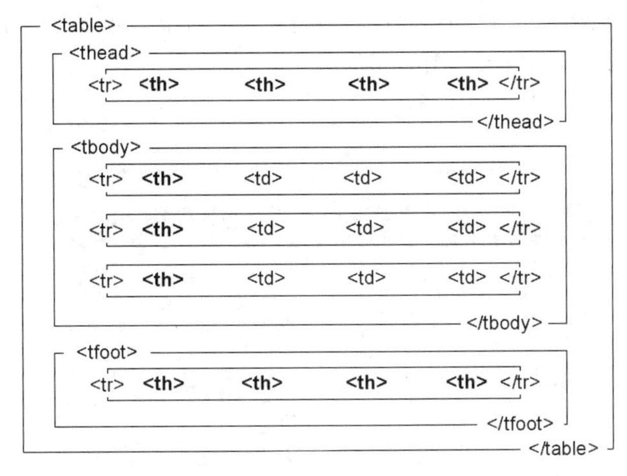

图 8.22 表格的 HTML 结构示意

使用CSS格式化表格时，通过这3个标记可以更方便地选择要设置样式的单元格。例如，对在<thead>、<tbody>和<tfoot>中的<th>设置不同的样式，如果使用下面这个标记：

```
tbody th{……}
```

将只对<tbody>中的内容产生作用，这样就不用额外声明类别了。

在HTML中，单元格是存在于“行”中的，因此如果要对整列设置样式，就不会像设置行那么方便，这时可以使用<col>标记。

例如，一个3行3列的表格，要将第3列的背景色设置为灰色，可以使用如下代码：

```
1   <table >
2   <col></col><col></col><col class="special"></col>
3       <tr>
4           <td>11</td>
5           <td>12</td>
6           <td>13</td>
7       </tr>
8   ……以下省略……
```

每一对“<col></col>”标记对应于表格中的一列。对需要单独设置的列设置一个类别，然后设置该类别的CSS即可。

注意

由于一个单元格既属于某一行，又属于某一列，因此很可能行列各自的CSS设置都会涉及该单元格，这时以哪个设置为准，这要根据CSS的优先级来确定。如果有些规则非常复杂，则在制作网页时就要实际试验一下，但是需要特别谨慎。

8.2.6 实例：美化表格

本案例中，我们对一个简单的表格进行设置，使它看起来更为精致。另外，当表格的行和列都有很多且数据量很大时，为了避免单元格采用相同的背景色而使浏览者发生看错行的情况，本例为表格设置隔行变色的效果，使奇数行和偶数行的背景色不同。实例的最终效果如图8.23所示。

Product List

product	ID	Country	Price	Color	weight
Computer	C184645	China	$3200.00	Black	5.20kg
TV	T 965874	Germany	$299.95	White	15.20kg
Phone	P494783	France	$34.80	Green	0.90kg
Recorder	R349546	China	$111.99	Silver	0.30kg
Washer	W454783	Japan	$240.80	White	30.90kg
Freezer	F783990	China	$191.68	blue	32.80kg
Total	6 products				

图 8.23 交替变色的表格样式

本章中还会以此为基础，再进行一些有趣的变化，希望给读者更多的启发。

1. 搭建HTML结构

首先确定表格的HTML结构，代码如下：

```
1   <body>
2   <table cellspacing="0">
3       <caption>Product List</caption>
4       <thead>
5           <tr>
6               <th>product</th>
7               <th>ID</th>
8               <th>Country</th>
9               <th>Price</th>
10              <th>Color</th>
11              <th>weight</th>
```

```
12          </tr>
13      </thead>
14      <tbody>
15          <tr>
16              <th>Computer</th>
17              <td>C184645</td>
18              <td>China</td>
19              <td>$3200.00</td>
20              <td>Black</td>
21              <td>5.20kg</td>
22          </tr>
23          ……这里省略5行……
24      <tfoot>
25          <tr>
26              <th>Total</th>
27              <th colspan="5">6 products</th>
28          </tr>
29      </tfoot>
30  </table>
31  </body>
```

这个表格中，使用的标记从上至下依次为<caption>、<thead>、<tbody>和<tfoot>。此时在浏览器中的效果如图8.24所示。

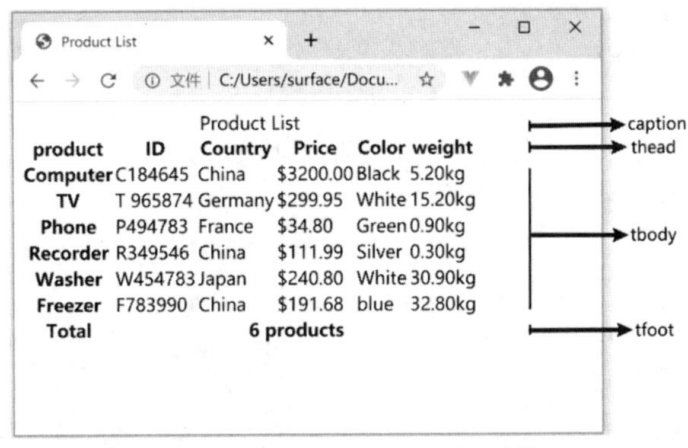

图 8.24　没有设置任何样式的表格

2. 整体设置

接下来对表格的整体和标题进行设置，代码如下：

```
1   table {
2       border: 1px #333 solid;
3       font: 12px arial;
4       width: 500px
5   }
6   table caption {
7       font-size: 24px;
8       line-height: 36px;
9       color: white;
10      background: #777;
11  }
```

此时的效果如图8.25所示，可以看到整体的文字样式和标题样式已被设置好。

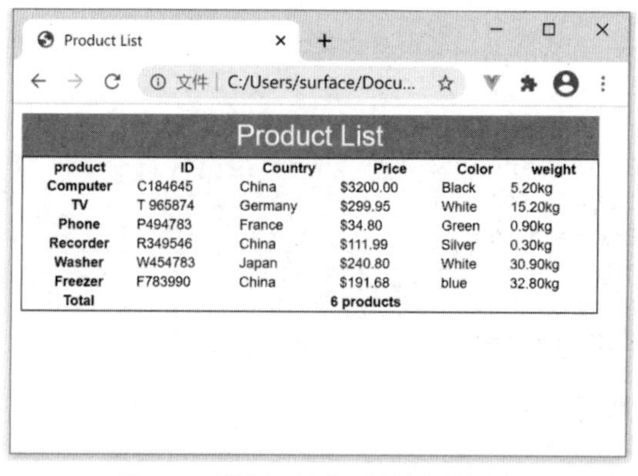

图 8.25 设置了部分属性的表格样式

3．设置单元格样式

现在来设置各单元格的样式，代码如下。首先分别设置tbody和thead以及tfoot部分的行背景色。

```
1   tbody tr{
2       background-color: #CCC;
3   }
4
5   thead tr,tfoot tr{
6       background:white;
7   }
```

然后设置单元格的内边距和边框属性，以实现立体效果。

```
1   td,th{
2       padding: 5px;
3       border: 2px solid #EEE;
4       border-bottom-color: #666;
5       border-right-color:  #666;
6   }
```

此时的效果如图8.26所示。

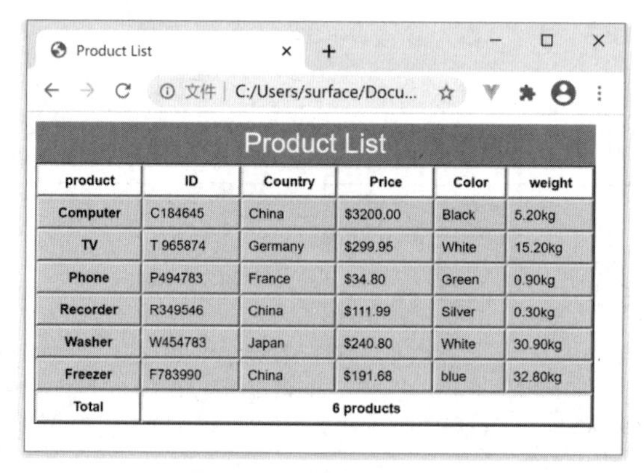

图 8.26 设置单元格样式

4．设置斑马纹

然后设置数据内容的背景色深浅交替，实现隔行变色，这种效果又被称为“斑马纹效果”。

在CSS中实现隔行变色的方法十分简单，只要使用结构伪类选择器，给偶数行的<tr>标记都添加上相应的CSS设置即可，代码如下。

```
1    tbody tr:nth-child(even) {
2        background-color: #AAA;
3    }
```

此时效果如图8.27所示。这里交替的两种颜色不但可以使表格更加美观，而且当表格的行数有很多时，可以使浏览者不易看错行。实例源文件请参考本书配套资源“第8章\8-10.html”。

Product List

product	ID	Country	Price	Color	weight
Computer	C184645	China	$3200.00	Black	5.20kg
TV	T 965874	Germany	$299.95	White	15.20kg
Phone	P494783	France	$34.80	Green	0.90kg
Recorder	R349546	China	$111.99	Silver	0.30kg
Washer	W454783	Japan	$240.80	White	30.90kg
Freezer	F783990	China	$191.68	blue	32.80kg
Total	6 products				

图 8.27 设置斑马纹

5. 设置列样式

对列做一些细节设置，例如，在price列和weight列中的数据是数值，如果能够右对齐，则更方便浏览者理解。现在的任务是使这两列中的数据右对齐，其他列都使用居中对齐的方式。

此时，先将所有列都设置为居中对齐，然后使用选择器选中price列和weight列，使它们右对齐，代码如下：

```
1    tr {
2        text-align: center;
3    }
4    tr td:nth-child(4), tr td:nth-child(6) {
5        text-align: right;
6    }
```

效果如图8.28所示。

Product List

product	ID	Country	Price	Color	weight
Computer	C184645	China	$3200.00	Black	5.20kg
TV	T 965874	Germany	$299.95	White	15.20kg
Phone	P494783	France	$34.80	Green	0.90kg
Recorder	R349546	China	$111.99	Silver	0.30kg
Washer	W454783	Japan	$240.80	White	30.90kg
Freezer	F783990	China	$191.68	blue	32.80kg
Total	6 products				

图 8.28 设置列样式

可以看到，这些列确实按照我们希望的方式对齐了。实例源文件请参考本书配套资源“第8章\8-11.html”。

8.3 设置表单样式

本节将主要介绍表单的制作方法。表单是交互式网站的一个很重要的应用，它可以实现网上投票、网上注册、网上登录、网上发信和网上交易等功能。表单的出现使网页从单向的信息传递发展到能够实现与用户交互对话。通过本章的学习，读者可以掌握基本的表单知识，了解表单的属性。

8.3.1 表单的用途和原理

对于一般的网页设计初学者而言，表单功能其实并不常用，因为表单通常必须配合JavaScript或服务器端的程序来使用，否则表单单独存在的意义并不大。

但是表单与网页设计也不是完全无关的，因为表单是网页的访问者与计算机进行交互的接口，例如很多网站提供的网站留言板，如图8.29所示。要让这样一个留言板真正运行起来，除了在HTML页面中放置相应的表单元素外，在服务器上还须放置相应的程序来接收访问者提交的留言信息，并将它们存储到数据库中。然后在需要显示留言时，再从数据库中获取信息，生成页面，发送给浏览器进行显示。

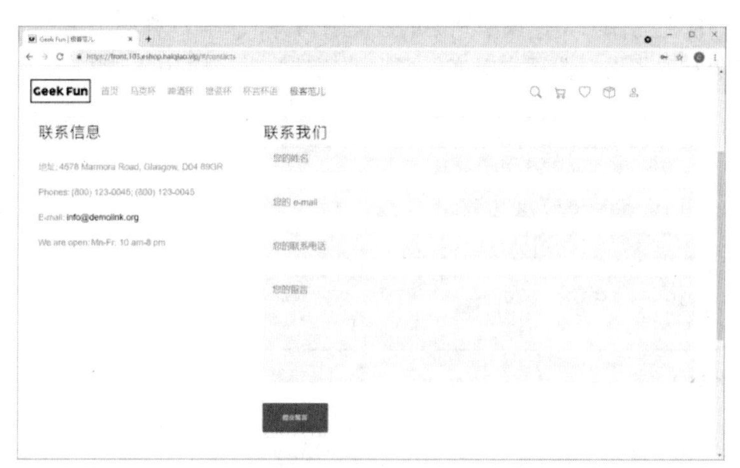

图 8.29　使用表单元素的留言板页面

因此通常来说，含有表单的页面和本书前面章节中介绍的页面是不同的。如果是普通的静态网页，当浏览器提出请求后，服务器不会做任何处理，而是会直接把页面发送给浏览器进行显示。但含有表单的网页则会根据表单内容在服务器上进行一番运算，然后把运算结果返回给浏览器。

因此，如果要真正制作可以和访问者交互的网页，仅仅靠HTML是不够的，还必须使用服务器端的程序，例如可以用Java、JSP和PHP等语言来开发。

在本章中则以介绍各式表单为主，至于一些动态程序的开发，本章不会涉及，读者如果感兴趣，不妨找一些相关书籍来学习。

8.3.2 表单输入类型

与表单相关的两个重要标记是<form>和<input>，前者用来确定表单的范围，后者用来定义表单中各个具体的表单元素。

先来看一个最简单的表单，代码如下。本实例源文件请参考本书配套资源“第8章\8-12.html”。

```
1   <form >
2       姓名：<input type="text">
3   </form>
```

效果如图8.30所示，可以看到页面上出现了一个文本输入框。

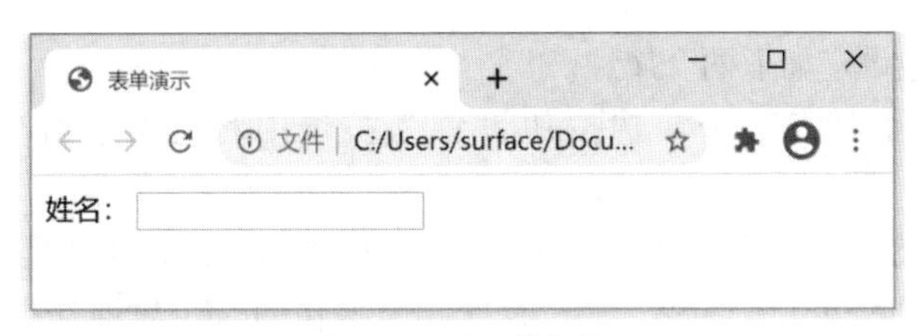

图 8.30　文本输入框

1. 文本输入框

上面代码中“input”的含义是“输入”，它代表了各种不同的输入控件，如文本输入框、单选按钮等。而每个表单元素之所以会有不同的类型，是因为type属性的值设定不同，当type=“text”时，显示的就是文本输入框。

下面先介绍一下“文字输入框”。除了用type=“text”这一方法来确定输入类型为“文本输入框”外，还可以设定如下属性。

（1）name：名称，设定文本框的名称，交互程序中常会用到。

（2）size：数值，设定此一栏位显现的宽度。

（3）value：预设内容，设定文本框的预设内容。

（4）align：对齐方式，设定文本框的对齐方式。

（5）maxlength：数值，设定文本框可输入文字的最大长度。

2. 单选按钮

如果将type属性设置为“radio”，就会产生单选按钮。单选按钮通常是好几个选项一起被摆出来供访问者点选，访问者一次只能选一个，因此称它们为单选按钮。

在上面的例子中增加两个单选按钮，本实例源文件请参考本书配套资源“第8章\8-13.html”，代码如下：

```
1   <form >
2    <p>姓名：
3       <input type="text" name="name"size="20">
4    </p>
5    <p>性别：
6       <input type="radio" name="gender"  value="radio" checked> 男
```

```
7        <input type="radio" name="gender"  value="radio">  女
8     </p>
9   </form>
```

效果如图8.31所示。

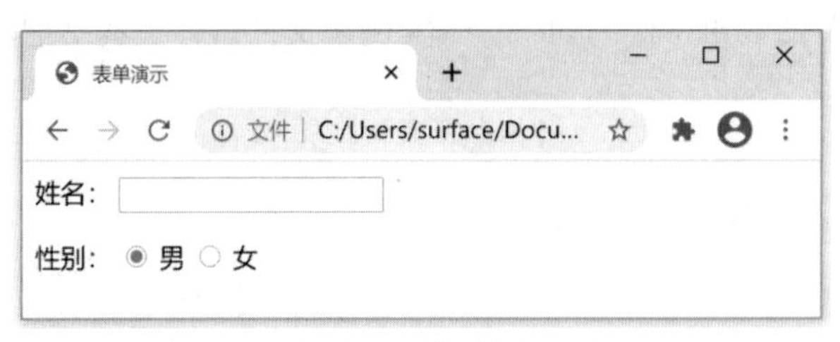

图 8.31　单选按钮

单选按钮通常会被设定如下两个属性。

（1）checked：当需要将某个单选按钮设置为被选中状态时，就要为该单选按钮设置checked= “checked”。

（2）name：需要将一组供选择的单选按钮设置为相同的名称，以保证在这一组中只能有一个单选按钮被选中，例如在上面的例子中，两个单选按钮的name属性都是“gender”，这样，当其中某个原来未被选中的单选按钮被选中后，原来选中的单选按钮就会变为未选中的状态。

3．复选按钮

当type属性被设置为“checkbox”时，就会产生复选按钮。复选按钮和单选按钮类似，也是一组放在一起供访问者点选的。复选按钮与单选按钮的区别是，利用复选按钮可以同时选中这一组选项中的多个。

在上面的例子中增加两个单选按钮，源文件请参考本书配套资源“第8章\8-14.html”，代码如下：

```
1   <p>兴趣：
2       <input type="checkbox" name="interest" > 文学
3       <input type="checkbox" name="interest" > 音乐
4       <input type="checkbox" name="interest" > 美术
5   </p>
```

效果如图8.32所示。

图 8.32　复选按钮

复选按钮通常会被设定如下两个属性。

（1）checked：与单选按钮相同，当需要将某个复选按钮设置为被选中状态时，就要为该复选按钮设置checked= “checked”。与单选按钮不同的是，可以同时将多个复选按钮设置为checked= “checked”。

（2）name：与单选按钮相似，需要将一组供选择的复选按钮设置为相同的名称，以保证在服务器处理数据时知道这组复选按钮是一组的。

4．密码输入框

当type属性被设置为“password”时，就会产生一个密码输入框。它和文本输入框几乎完全相同，差别仅在于密码输入框在输入时会以圆点或星号来取代输入的文字，以防他人偷看。

例如在上面的例子中，增加如下代码，本实例源文件请参考本书配套资源“第8章\8-15.html”。

```
密码：<input type="password">
```

效果如图8.33所示，可以看到在密码输入框中输入密码时，显示的是圆点。

图 8.33　密码输入框

密码输入框的属性与普通文本框的属性是完全相同的，这里不再赘述。

5．按钮

通常，填完表单后都会有一个“提交”按钮和一个“重置”按钮。“提交”按钮的作用是向服务器提交数据；“重置”按钮的作用是清除所有填写的数据，以恢复为初始状态。

将type设置为“submit”即提交按钮，将type设置为“reset”即重置按钮，相当简单易用。

例如在上面的例子中，增加如下代码，源文件请参考本书配套资源“第8章\8-16.html”。

```
<input type="submit"  value=" 提 交 "> <input type="reset"  value=" 重 置 ">
```

效果如图8.34所示。

图 8.34　按钮

value属性用于设置按钮上的文字。此外，除了“提交”和“重置”这两种专用按钮，还可以设置具有普通用途的按钮，具体设置通常需要JavaScript配合实现。将type设置为“button”即普通按钮。

在有的网站上，还可以看到用一个图像代替按钮的外观，在本质上其仍然是一个按钮。将type设置为“image”即图像按钮。

例如在上面的例子中增加如下代码：

```
1    <input type="button" name="button" value=" 按 钮 ">
2    <input type="image" name="imageField" src="button.png">
```

图像按钮效果如图8.35所示。源文件请参考本书配套资源“第8章\8-17.html”。

图 8.35　图像按钮

可以看到，上面页面中各种外观和作用各不相同的元素，都是使用<input>这个标记实现的，关键就在于type属性的值是什么。

此外，还有两种常用的表单元素，它们使用的是不同的标记。

6. 多行文本框

如果需要访问者输入比较多的文字，通常会使用多行文本框。这需要使用<textarea>标记来实现，例如下面的代码：

```
<textarea name="textarea" id="textarea" cols="45" rows="5"></textarea>
```

效果如图8.36所示。源文件请参考本书配套资源“第8章\8-18.html”。

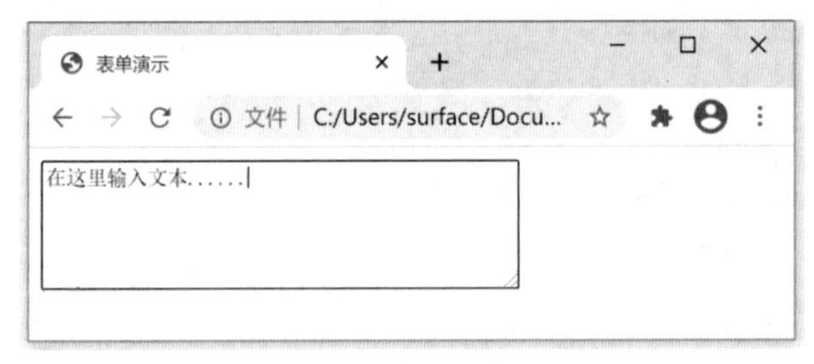

图 8.36　多行文本框

针对多行文本框，需要介绍几个有用的属性。

（1）cols：用于定义多行文本框的宽度（字符列数）。

（2）rows：用于定义多行文本框的高度（行数）。

（3）wrap：用于定义多行文本框的换行方式，可以有3种选择，介绍如下。

① off：输入文字不会自动换行。

② virtual：输入文字在屏幕上会自动换行，但是如果访问者没有按回车键换行，则提交到服务器时会被视为没有换行。

③ physical：输入文字时会自动换行，而且当提交文字到服务器时，屏幕上的自动换行会被视为换行效果提交。

7. 列表框

下拉列表框也是经常会被用到的表单元素，使用<select>标记实现，示例代码如下：

```
1    <select name="select" id="select">
2       <option value="1" selected>Flash</option>
3       <option value="2">Dreamweaver</option>
4       <option value="3">Fireworks</option>
5       <option value="4">Photoshop</option>
6    </select>
```

效果如图8.37所示。可以看到，列表中每个项目都使用了一个<option>标记来定义。源文件请参考本书配套资源“第8章\8-19.html”。

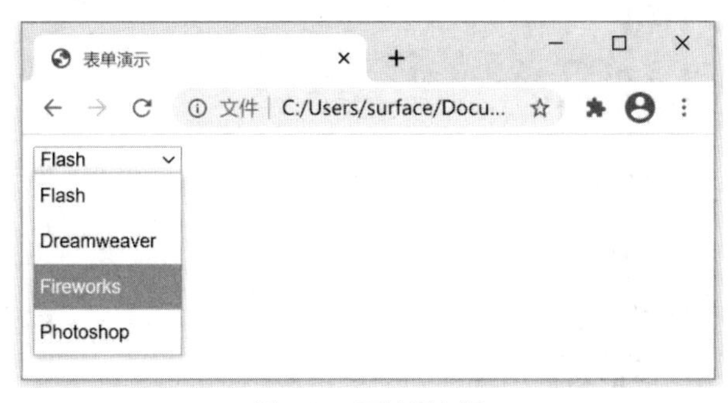

图 8.37 下拉列表框

此外，<select>标记还有另一种表现形式，即列表形式，与上面代码的区别在于，在<select>标记中用size属性设定列表行数，代码如下：

```
1       <select name="select" size="5" id="select">
2          <option value="1" selected>Flash</option>
3          <option value="2">Dreamweaver</option>
4          <option value="3">Fireworks</option>
5          <option value="4">Photoshop</option>
6     </select>
```

效果如图8.38所示。源文件请参考本书配套资源“第8章\8-20.html”。

图 8.38　列表

上面已经介绍了常用表单元素的设置方法，下面介绍如何使用CSS来对表单元素进行设置。

8.3.3　实例：美化表单

表单是网页与用户交互所不可缺少的元素，在传统HTML中对表单元素的样式进行控制的标记很少，而且大都局限于功能上的实现。本小节围绕CSS控制表单进行详细介绍，包括表单中各个元素的控制，与表格配合制作各种效果等。

表单中的元素很多，包括常用的文本输入框、单选按钮、复选按钮、按钮和列表框等。图8.39所示为一个没有经过任何修饰的表单，其包括最简单的文本输入框、列表框、单选按钮、复选按钮、多行文本框和按钮等。

图 8.39　普通表单

该表单的源代码如下所示，主要包括<form>、<input>、<textarea>、<select>和<option>等标记，没有经过任何CSS修饰。源文件请参考本书配套资源“第8章\8-21.html”。

```
1    <form method="post">
2    <p>请输入您的姓名:<br><input type="text" name="name" id="name"></p>
3    <p>请选择你最喜欢的颜色:<br>
4    <select name="color" id="color">
5        <option value="red">红</option>
```

```
6       <option value="green">绿</option>
7       <option value="blue">蓝</option>
8       <option value="yellow">黄</option>
9       <option value="cyan">青</option>
10      <option value="purple">紫</option>
11  </select></p>
12  <p>请问你的性别:<br>
13      <input type="radio" name="sex" id="male" value="male">男<br>
14      <input type="radio" name="sex" id="female" value="female">女</p>
15  <p>你喜欢做些什么:<br>
16      <input type="checkbox" name="hobby" id="book" value="book">看书
17      <input type="checkbox" name="hobby" id="net" value="net">上网
18      <input type="checkbox" name="hobby" id="sleep" value="sleep">睡觉</p>
19  <p>我要留言:<br><textarea name="comments" id="comments" cols="30" rows="4">
    </textarea></p>
20  <p><input type="submit" name="btnSubmit" id="btnSubmit" value="Submit"></p>
21  </form>
```

下面直接利用CSS对标记进行控制，为整个表单添加简单的样式风格，包括边框、背景色、宽度和高度等。源文件请参考本书配套资源“第8章\8-22.html”。

```
1   form{
2       border: 1px dotted #AAAAAA;
3       padding: 1px 6px 1px 6px;
4       margin:0px;
5       font:14px Arial;
6   }
7   input{                              /* 所有input标记 */
8       color: #00008B;
9   }
10  input.txt{                          /* 文本输入框单独设置 */
11      border: 1px inset #00008B;
12      background-color: #ADD8E6;
13  }
14  input.btn{                          /* 按钮单独设置 */
15      color: #00008B;
16      background-color: #ADD8E6;
17      border: 1px outset #00008B;
18      padding: 1px 2px 1px 2px;
19  }
20  select {
21      width: 80px;
22      color: #00008B;
23      background-color: #ADD8E6;
24      border: 1px solid #00008B;
25  }
26  textarea {
27      width: 200px;
28      height: 40px;
29      color: #00008B;
30      background-color: #ADD8E6;
31      border: 1px solid #00008B;
32  }
```

此时表单看上去就不那么单调了，如图8.40所示。浏览器会给元素加上默认样式，但设计者一般会对它们单独进行设置，以覆盖浏览器的默认值。这种方法在实际设计中经常使用，读者可以举一反三。

图 8.40　单独设置各个元素

本章小结

本章介绍了使用CSS设置网页中常用元素的方法。对于超链接，最核心的知识是4种类别的含义和用法；对于列表，需要了解基本的设置方法；对于表格，需要了解它的HTML结构及其相应的CSS属性；对于表单，需要掌握各种表单元素的作用，以及使用CSS设置表单元素的方法。这些都是非常重要和常用的元素，因此读者需要熟练掌握相关的基本要点。

习题 8

一、关键词解释

超链接　鼠标指针　项目列表　单元格　边框分离　合并单元格　表单
文本框　单选按钮　复选按钮　文本输入框　多行文本框　下拉列表框

二、描述题

1. 请简单描述一下超链接a标签的伪类别属性有哪几个。
2. 请简单描述一下常用的列表项目符号有哪些。
3. 请简单描述一下创建一个表格需要用到哪几个标记，其含义是什么。

4. 请简单描述一下合并单元格的几种方式。
5. 请简单描述一下表单的用途和原理。
6. 请简单列一下与表单相关的重要标记，并说明它们的用法。
7. 请简单描述一下表单的输入类型有哪几种。

三、实操题

1. 以表格的方式展示产品月销量，效果如题图8.1所示。表格有三列，分别为ID、产品名称和销量。表格最后一行统计出产品月销量的合计数值。

2. 现在网购已成为人们重要的购物方式之一，收货人信息是网购的必填模块，而收获人信息的填写离不开表单。利用本章所学知识，实现如题图8.2所示的效果：输入框获取焦点之后，边框变为蓝色。

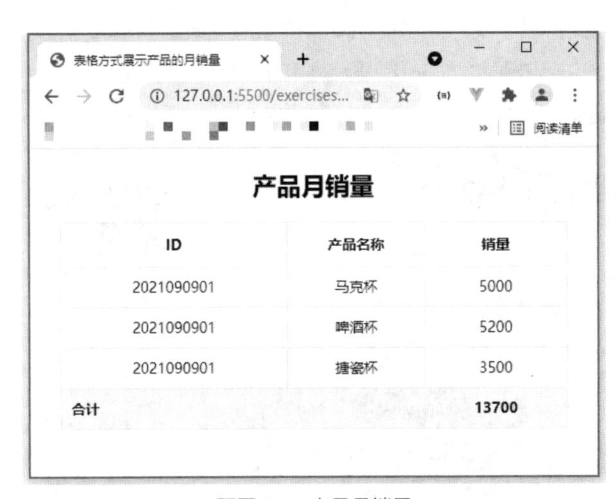

产品月销量

ID	产品名称	销量
2021090901	马克杯	5000
2021090901	啤酒杯	5200
2021090901	搪瓷杯	3500
合计		13700

题图 8.1　产品月销量

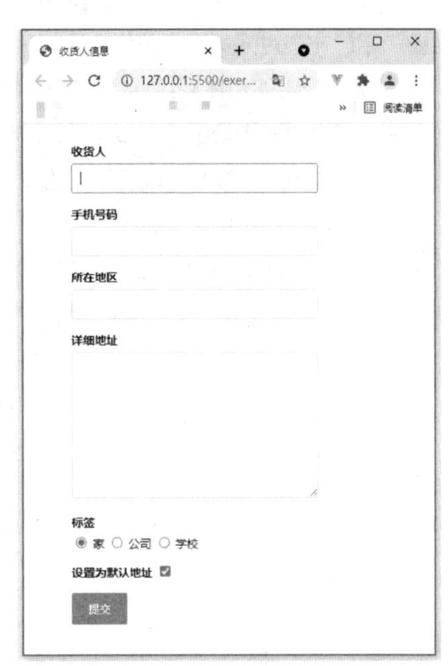

题图 8.2　收货人信息的表单效果

第9章 经典DIV+CSS网页布局方法

前面讲解的内容都属于设置网页上各种元素的样式，如文本、图像、表格等，但是CSS还有更重要的用途——对网页进行整体布局。

本章介绍如何使用经典的“DIV+CSS”方式布局网页，它首先会令网页在整体上进行<div>标记分块，然后对各个块进行CSS定位，最后在各个块中添加相应的内容。

需要指出的是，在CSS3广泛地被各浏览器支持后，我们除了使用本章介绍的经典DIV+CSS方式进行布局外，还可以使用CSS3新引入的两种方式进行布局，即Grid（栅格）和Flexbox（弹性盒子）。它们将在后面的章节中详细介绍。本章思维导图如下。

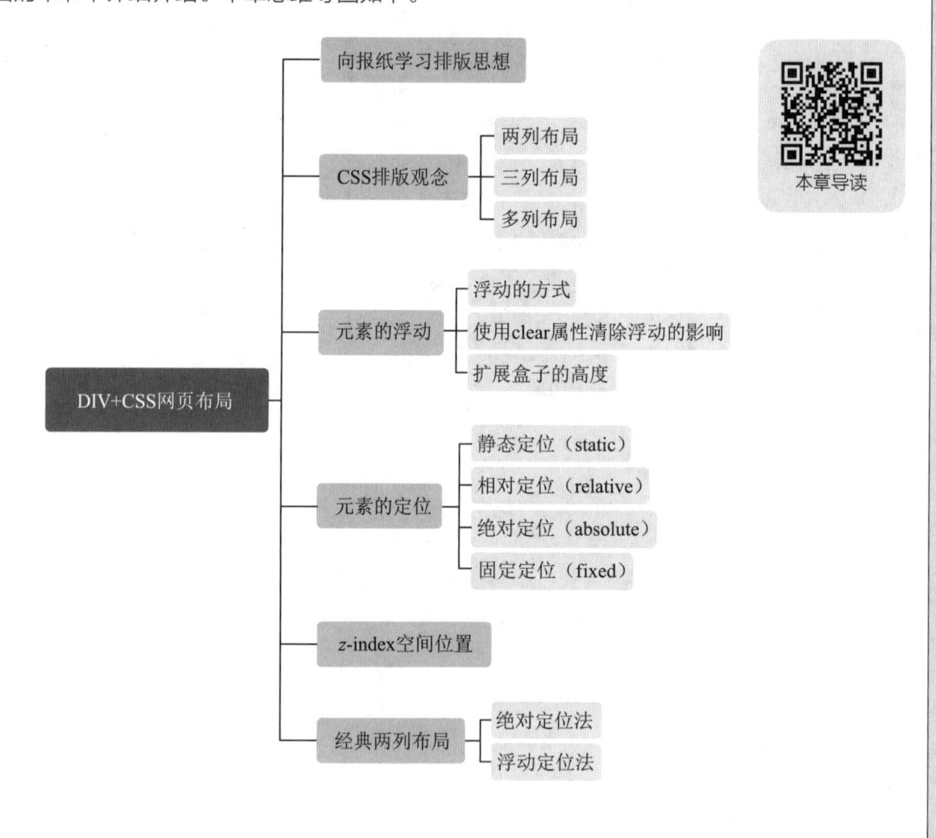

9.1 向报纸学习排版思想

在网页出现之前大约400年，报纸就开始发展并承担起了向大众传递信息的使命。经过多年的发展，报纸已经成为世界上最成熟的大众传媒载体之一。网页与报纸在视觉上有着很多类似的地方，因此在对网页进行布局和设计时也可以把报纸作为非常好的参考。

报纸的排版通常是基于一种被称为“网格”的方式进行的。传统的报纸经常使用的是8列设计，例如图9.1所示的这份报纸就是典型的8列布局，相邻的列之间会有一定的空白缝隙。而图9.2所示的报纸则是现在更为流行的6列布局，例如《北京青年报》等报纸的大部分关于新闻时事的版面都是6列布局，而文艺副刊等版面则使用更灵活的布局方式。读者可以找几份身边的报纸，仔细看一看它们是如何分列布局的，思考一下不同的布局方式会给读者带来什么样的心理感受。

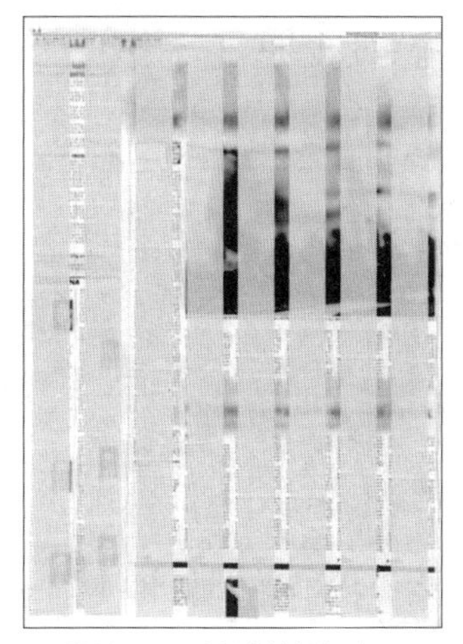

图 9.1　8 列方式的报纸布局

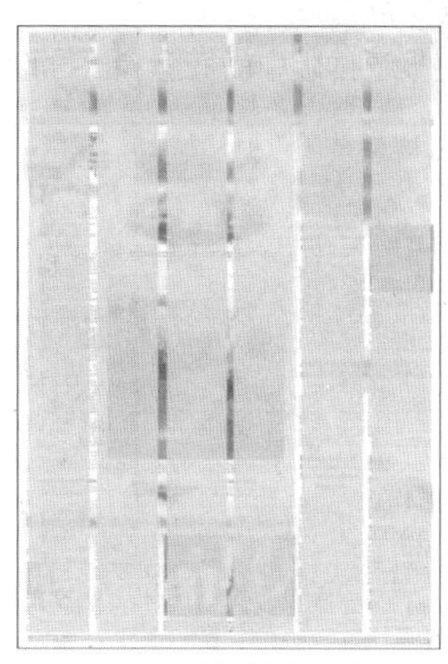

图 9.2　6 列方式的报纸布局

如果仔细观察更多的报纸，实际上还可以找到其他列数的布局方式。但是总体来说，报纸的列数通常要比网页的列数多，这是因为如果比较报纸的一个页面和浏览器窗口，报纸的一个页面在横向上容纳文字的字数远远超过浏览器窗口。另外，报纸排版经过多年的发展，技术上已经很成熟，即使是非常复杂的布局，在报纸上也可以比较容易地实现，而网页排版出现的时间相对较短，且还在不断发展的过程中。

这里仔细分析一下阅读报纸和阅读网页的动作差异，以及从中产生的效果。人们通常会手持报纸，每一个版分6列，每一列文字的宽度大约15个汉字，在阅读时，看一行文字基本不用横向移动眼球，目光只聚焦于很窄的范围，这样的阅读效率是很高的，特别适合报纸这样的“快餐”性媒体。另外，由于报纸的宽度是固定的，横向可容纳正文文字近100个，因此通常会分很多栏。

浏览器窗口的宽度所能容纳的文字比报纸少得多，因此通常不会有像报纸那么多的列。如果读者研究一下就会发现，网页的布局形式越来越复杂和灵活，这是因为相关技术在不断发展和变得成熟。

总之，我们仍可以从报纸的排版中学到很多经过多年积累下来的经验。核心思想是借鉴“网格”的布局思想，其具有以下优点。

（1）使用基于网格的设计可以使大量页面保持很好的一致性，这样无论是在一个页面内，还是在网站的多个页面之间，都可以实现统一的视觉风格，这显然是很重要的。

（2）均匀的网格以大多数人认为合理的比例将网页划分为一定数目的等宽列，这样在设计中就会产生很好的均衡感。

（3）使用网格可以帮助设计者把标题、标志、内容和导航目录等各种元素合理地分配到适当的区域，这样可以为内容繁多的页面创建出一种潜在的秩序，或者称之为“背后”的秩序。报纸的读者通常并不会意识到这种秩序的存在，但是这种秩序实际上起着重要的作用。

（4）网格的设计不但可以约束网页的设计，从而产生一致性，而且具有高度的灵活性。在网格的基础上，通过跨越多列等手段，可以创建出各种变化的方式，这些方式既保持了页面的一致性，又具有风格的多样性。

（5）网格可以大大提高整个页面的可读性，因为在任何文字媒体上，一行文字的长度与读者的阅读效率和舒适度有直接关系。如果一行文字过长，读者在换行时眼睛就必须剧烈地运动，以找到下一行文字的开头，这样既打断了读者的思路，又使眼睛和脖子的肌肉紧张，进而导致读者疲劳感明显增加。而通过使用网格，可以把一行文字的长度限制在适当的范围内，以使读者阅读起来既方便又舒适。

如果把报纸排版中的概念和CSS的术语进行对比，大致如图9.3所示。

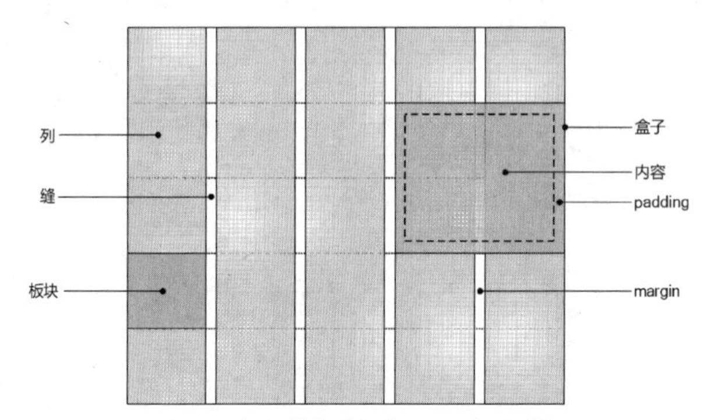

图 9.3　报纸排版术语与 CSS 术语对比

使用网格进行设计的灵活性在于，设计时可以灵活地将若干列在某些位置进行合并。例如图9.4（a）中将最重要的一则新闻（通常被称为“头版头条”）放在了非常显著的位置，并且横跨了8列中的6列。其余的内容，在需要时也可以横跨若干列。这样的版式就明显地打破了统一的网格所带来的呆板效果。图9.4（b）中也同样针对重要内容使用了横跨多列的设计手法。

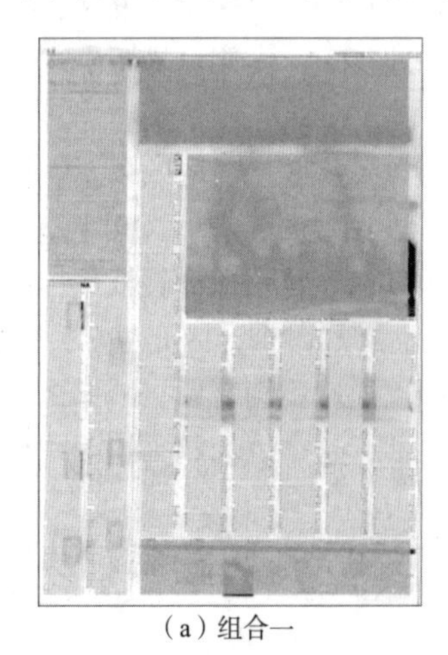

（a）组合一

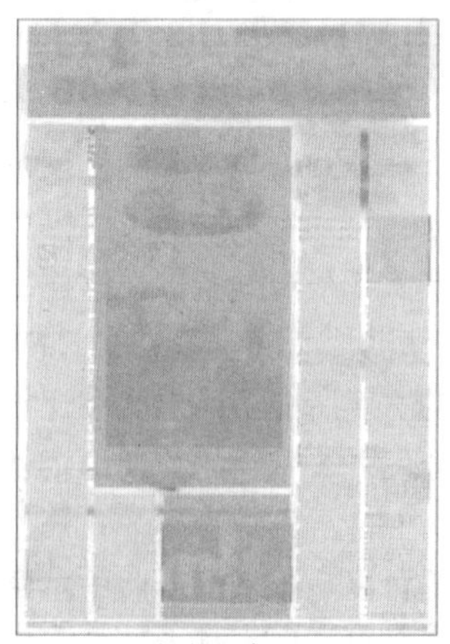

（b）组合二

图 9.4　报纸排版中的列可以灵活地组合

9.2 CSS排版观念

知识点讲解

过去使用表格布局时，在设计的最开始阶段就要确定页面的布局形式。由于使用表格进行布局，一旦布局确定下来就无法再更改，因此有极大的缺陷。使用CSS布局则完全不同，设计者首先考虑的不是如何分割网页，而是从网页内容的逻辑关系出发，区分出内容的层次和重要性；然后根据逻辑关系，把网页的内容使用<div>或其他适当的HTML标记组织好，最后才考虑网页的形式如何与内容相适应的问题。

实际上，即使是很复杂的网页，也都是一个模块一个模块逐步搭建起来的。下面以一些访问量非常大的实际网站为例，看看它们都是如何布局的，以及有哪些布局形式。

9.2.1 两列布局

图9.5所示为一个典型的两列布局的页面。这种布局形式几乎是网站最简单的布局形式。在两列布局中，通常一个侧列比较窄，用于放置目录等信息，另一个宽列则用于展示主要内容。这种布局形式结构清晰，对访问者的引导性较好。

图 9.5 两列布局的网页

9.2.2 三列布局

ESPN是著名的体育网站，它也是最早开始使用CSS布局的大型网站之一，如图9.6（a）所示，由其抽象出来的页面布局形式如图9.6（b）所示，它是一个典型的“1-3-1”布局，即在页面的顶部和底部各有一个占满宽度的横栏，而中间的部分又分为左、中、右3列。

（a）网页

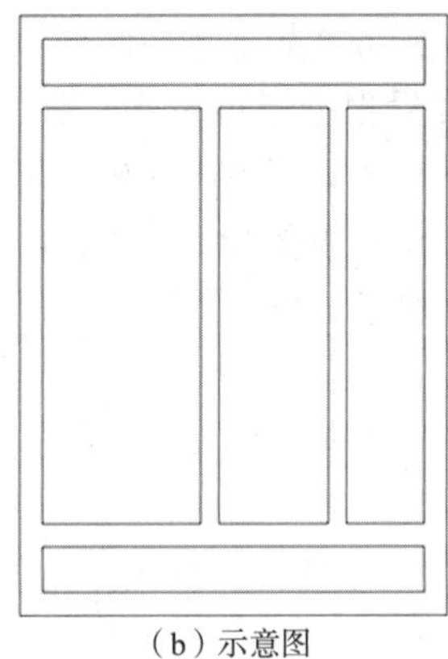

（b）示意图

图 9.6 “1-3-1”布局的网页及其示意图

9.2.3 多列布局

纽约时报是一个新闻类的知名站点，如图9.7所示，从图中可以看到，它具有深厚的报纸传统，因此它的布局带有非常明显的报纸排版风格。其列数很多，就像报纸，各个分栏会在适当位置合并，以适应不同类别的内容。

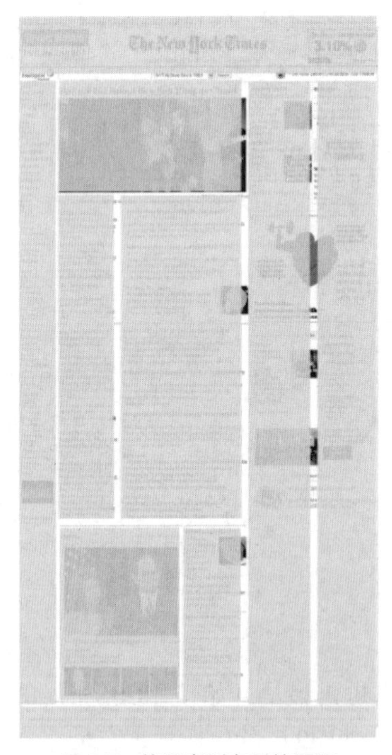

图 9.7 使用多列布局的网页

为了能够实现经典DIV+CSS布局，我们还需要补充讲解两个非常重要的CSS属性——float（浮动）和position（定位）。

9.3 元素的浮动

在标准流中，一般情况下一个块级元素在水平方向上会自动伸展，直至包含它的元素的边界；而在竖直方向上则会和兄弟元素依次排列，但不能并排。使用“浮动”方式后，块级元素将改变自身行为。

CSS中有一个float属性，默认值为none，也就是标准流通常的情况。如果将float属性设置为left或right，元素就会向其父元素的左侧或右侧靠紧，同时在默认情况下，盒子的宽度不再伸展，而是会收缩，具体会根据盒子中内容的宽度来确定。当一个盒子被设置为浮动时，它将脱离标准流而浮动到目标位置。

下面通过几个简单的例子了解一下浮动的具体行为。

浮动的性质比较复杂。这里先制作一个基础页面，代码如下，文件位于本书配套资源“第9章\9-01.html”。后面一系列的实验都将基于这个文件进行。

```
1   <!DOCTYPE html>
2   <html>
3   <head>
4       <title>float属性</title>
5   <style type="text/css">
6   body{
7       margin:15px;
8       font-family:Arial; font-size:12px;
9   }
10  .father{
11      background-color:#ffff99;
12      border:1px solid #111111;
13      padding:5px;
14  }
15  .father div{
16      padding:10px;
17      margin:15px;
18      border:1px dashed #111111;
19      background-color:#90baff;
20  }
21  .father p{
22      border:1px dashed #111111;
23      background-color:#ff90ba;
24  }
25  .son1{
26      /* 这里设置son1的浮动方式*/
27  }
28  .son2{
29      /* 这里设置son1的浮动方式*/
30  }
31  .son3{
32      /* 这里设置son3的浮动方式*/
33  }
```

```
34  </style>
35  </head>
36  <body>
37      <div class="father">
38          <div class="son1">Box-1</div>
39          <div class="son2">Box-2</div>
40          <div class="son3">Box-3</div>
41          <p>这里是浮动框外围的文字，这里是浮动框外围的文字，这里是浮动框外围的文字，这
            里是浮动框外围的文字，这里是浮动框外围的文字，这里是浮动框外围的文字，这里是浮
            动框外围的文字，这里是浮动框外围的文字，这里是浮动框外围的文字.</p>
42      </div>
43  </body>
44  </html>
```

上面的代码定义了4个<div>块，其中1个父块，另外3个是它的子块。为了便于观察，将各个块都加上了边框以及背景颜色，并且让<body>标记以及各个div有一定的margin值。

如果3个子div都没有设置任何浮动属性，就是标准流中的盒子状态。在父盒子中，4个盒子各自向右伸展，竖直方向依次排列，效果如图9.8所示。

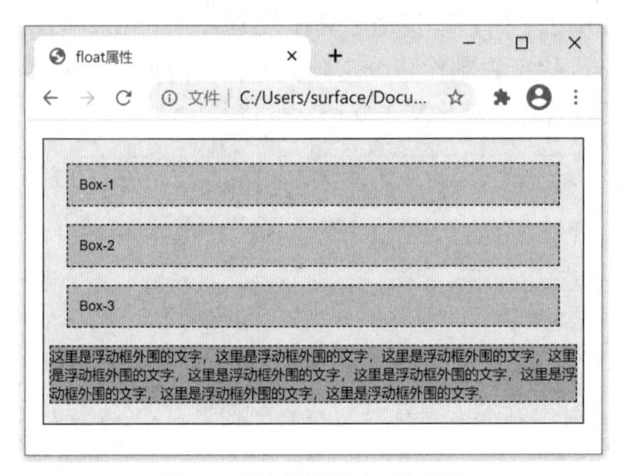

图 9.8　没有设置浮动时的效果

9.3.1 浮动的方式

下面开始在上述页面的基础上修改Box-1、Box-2和Box-3的属性，以说明浮动盒子具有哪些性质。

在上面的代码中找到：

```
1   .son1{
2       /* 这里设置son1的浮动方式*/
3   }
```

将.son1盒子设置为向左浮动，代码为：

```
1   .son1{
2       /* 这里设置son1的浮动方式*/
3       float:left;
4   }
```

同样将Box-1、Box-2和Box-3都设置为向左浮动，这时效果如图9.9所示，相应的文件位于本书配套资源“第9章\9-04.html”。可以清楚地看到文字所在的盒子的范围，以及文字会围绕浮动的盒子排列。

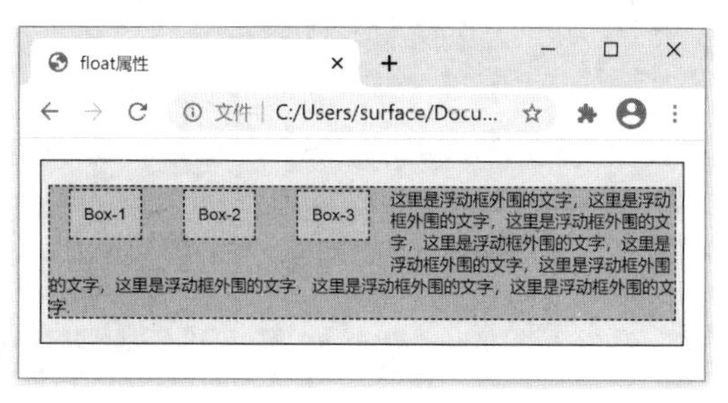

图 9.9　设置 3 个 <div> 浮动时的效果

如果此时将Box-3改为向右浮动，即float:right，则效果如图9.10所示，相应的文件位于本书配套资源“第9章\9-05.html”。可以看到Box-3移动到了最右端，文字段落盒子的范围没有改变，但文字此时夹在了Box-2和Box-3之间。

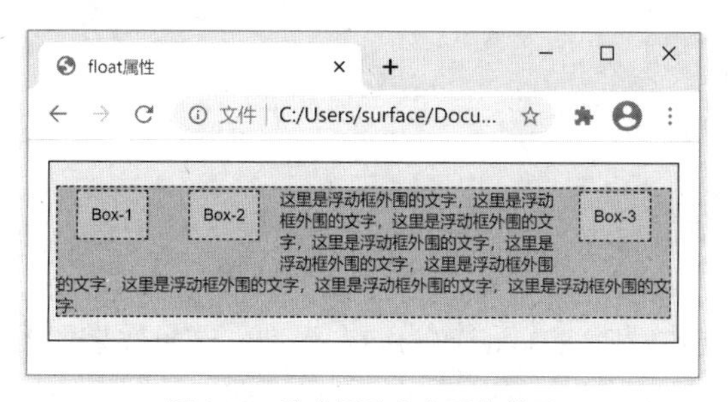

图 9.10　改变浮动方向后的效果

这时，如果把浏览器窗口慢慢调整变窄，Box-2和Box-3之间的距离就会越来越小，直到二者相接触。如果继续把浏览器窗口调整变窄，其将无法在一行中容纳Box-1到Box-3，Box-3会被挤到下一行但仍保持向右浮动，如图9.11所示，这时文字会自动布满剩余空间。由于Chrome浏览器窗口有最小宽度限制，可以按F12快捷键打开开发者工具，拖动黑色箭头指示的边框，以改变可视区域的宽度。

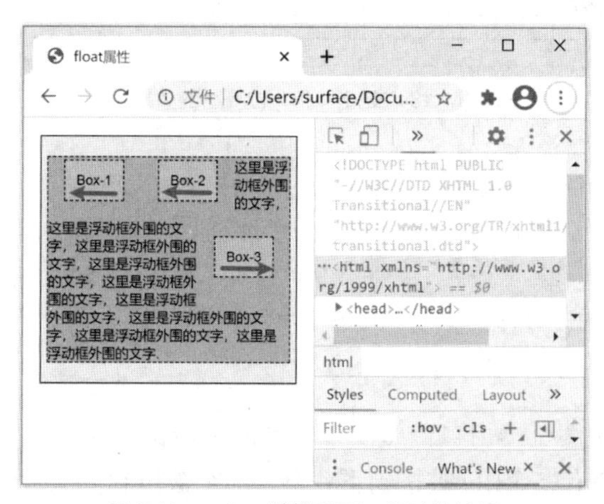

图 9.11　<div> 被挤到下一行时的效果

提示

如果开发者工具在浏览器下面，则可以先单击右侧的⋮，再单击“Dock to rigth”，这样开发者工具就会移动到右侧，如图9.12所示。

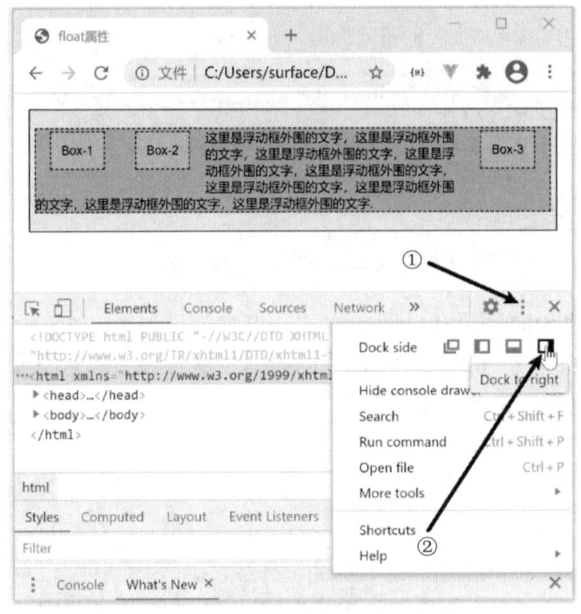

图 9.12　将开发者工具移动到右侧

接下来将Box-2改为向右浮动，Box-3改为向左浮动。这时效果如图9.13所示，相应的文件位于本书配套资源“第9章\9-06.html”。可以看到，布局没有变化，但是Box-2和Box-3交换了位置。

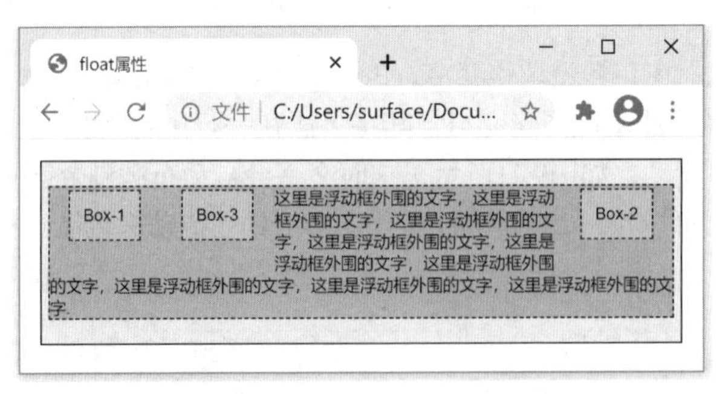

图 9.13　交换 <div> 位置后的效果

分析

这里给我们提供了一个很有用的启示，即通过使用CSS布局，利用一定的技巧可以实现在HTML不做任何改动的情况下调换盒子的显示位置。这个应用非常重要，这样就可以在写HTML时，通过CSS来确定内容的显示位置；而在HTML中确定内容的逻辑位置时，可以把内容较重要的放在前面，相对次重要的放在后面。

现在回到实验中，把浏览器窗口慢慢变窄，当浏览器窗口无法在一行中容纳Box-1到Box-3时，和上一个实验一样会有一个Box被挤到下一行。那么被挤到下一行的是哪一个呢？答案是在HTML中，写在后面的（即Box-3）会被挤到下一行，但其仍保持向左浮动，即会移动到下一行的左端，这时文字仍然会自动排列，如图9.14所示。

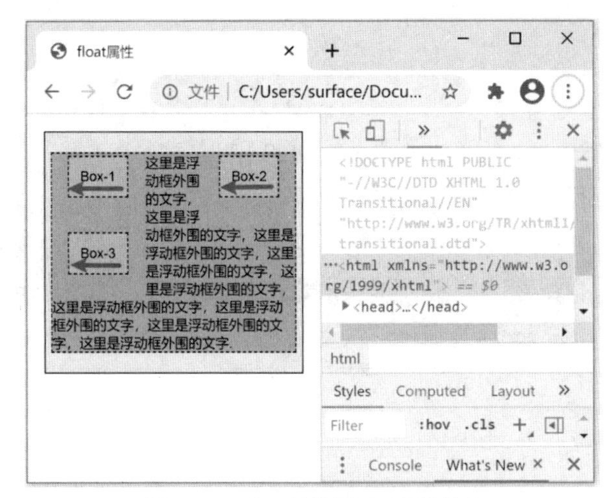

图 9.14　<div> 被挤到下一行的效果

9.3.2 使用clear属性清除浮动的影响

参考图9.15所示，修改代码，以使文字的左右两侧同时围绕着浮动的盒子，并使Box-3中增加一些文字。

图 9.15　设置浮动后文字环绕的效果

如果不希望文字围绕浮动的盒子，又该怎么办呢？首先找到代码中的如下4行。

```
1    .father p{
2        border:1px dashed #111111;
3        background-color:#ff90ba;
4    }
```

然后增加一行clear属性的设置，这里先将它设为左清除，也就是这个段落的左侧不再围绕着浮动框排列，代码如下，相应的文件位于本书配套资源“第9章\9-07.html”。

```
1    .father p{
2        border:1px dashed #111111;
3        background-color:#ff90ba;
4        clear:left;
5    }
```

这时效果如图9.16所示，段落的上边界向下移动，直到文字不受左边的两个盒子影响为止，但其仍然受Box-3的影响。

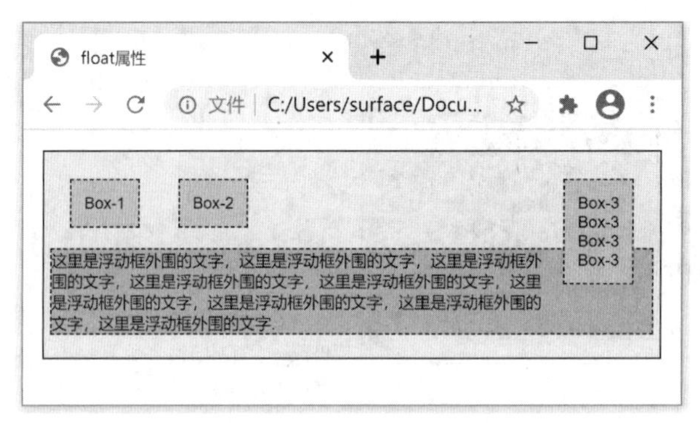

图 9.16　清除浮动对左侧影响后的效果

接着，将clear属性设置为right，效果如图9.17所示。由于Box-3比较高，因此清除了右边的影响后，左边自然就更不会受影响了。

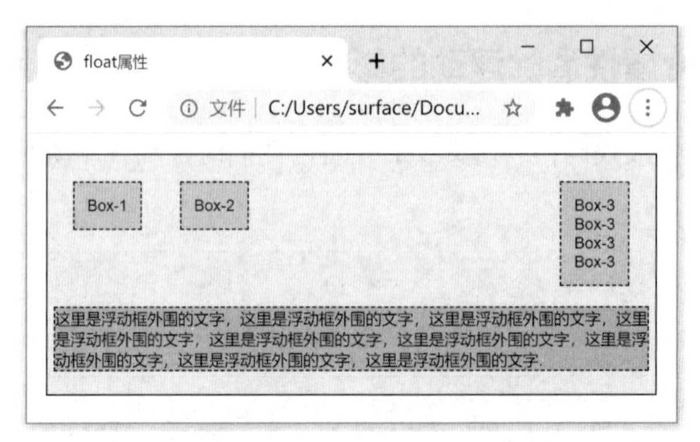

图 9.17　清除浮动对右侧影响后的效果

关于clear属性有以下两点要说明。

（1）clear属性除了可以被设置为left和right外，还可以被设置为both，表示同时消除左右两边的影响。

（2）需要特别注意，对clear属性的设置要放到文字所在的盒子中，如一个p段落的CSS设置中，而不要将其放到对浮动盒子的设置中。经常有初学者没有搞懂原理，误以为在对某个盒子设置了float属性后，要消除它对外面文字的影响，就要在它的CSS样式中增加一条clear，其实这是没有用的。

9.3.3 扩展盒子的高度

关于clear作用的介绍，这里再给出一个例子。在9.3.2小节清除浮动的例子中，将文字所在的段落删除，这时在父<div>里面只有3个浮动的盒子，它们都不在标准流中，此时观察浏览器中的效果如图9.18所示。

可以看到，文字段落被删除后，父<div>的范围缩成了一条，这是由padding和border构成的，也就是说，一个<div>的范围是由它里面的标准流的内容决定的，与里面的浮动内容无关。如果要使父<div>的范围包含这3个浮动盒子，如图9.19所示，那么该怎么办呢？

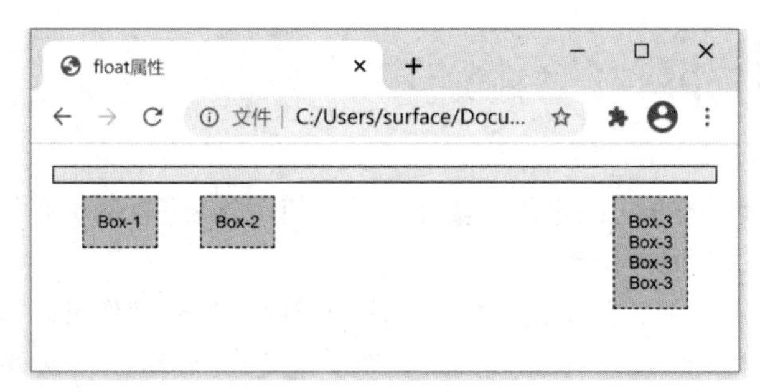

图 9.18　包含浮动 <div> 的容器将不会适应高度

图 9.19　希望实现的效果

实现这个效果的方法有多种，但都不完美，都会带来一些不“优雅”的副作用。其中一种方法是在3个<div>的后面再增加一个<div>，HTML代码如下：

```
1   <body>
2       <div class="father">
3           <div class="son1">Box-1</div>
4           <div class="son2">Box-2</div>
5           <div class="son3">Box-3<br />
6               Box-3<br />
7               Box-3<br />
8               Box-3</div>
9           <div class="clear"></div>
10      </div>
11  </body>
```

然后为这个<div>设置样式，注意这里必须指定其父<div>，并覆盖原来对margin、padding和border的设置。

```
1   .father .clear{
2       margin:0;
3       padding:0;
4       border:0;
5       clear:both;
6   }
```

这时效果如图9.19所示，相应的文件位于本书配套资源“第9章\9-08.html”。

9.4 元素的定位

本节详细讲解元素（盒子）的定位。实际上对于使用CSS进行网页布局这个大主题来说，“定位”这个词本身有两种含义。

（1）广义的“定位”：要将某个盒子放到某个位置时，这个动作可以被称为定位操作。这一操作可以使用任何CSS规则来实现，这就是泛指的一个网页排版中的定位操作。使用传统的表格排版时同样存在定位问题。

（2）狭义的“定位”：在CSS中有一个非常重要的属性position，这个单词翻译为中文也是定位的意思。然而要使用CSS进行定位操作并不能仅仅通过这个属性来实现，因此不要把二者混淆。

首先，对position属性的使用方法做一个概述，后面再具体举例说明。position属性可以被设置为以下4个属性值之一。

（1）static：这是默认的属性值，在该情况下盒子会按照标准流（包括浮动方式）进行布局。

（2）relative：称为相对定位。使用相对定位的盒子的位置常以标准流的排版方式为基础，然后使盒子相对于它在原本的标准位置偏移指定的距离。相对定位的盒子仍在标准流中，它后面的盒子仍以标准流方式对待。

（3）absolute：称为绝对定位。盒子的位置以它的包含框为基准进行偏移。绝对定位的盒子从标准流中脱离，这意味着它们对其后的兄弟盒子的定位没有影响，即其他盒子会觉得这个盒子不存在一样。

（4）fixed：称为固定定位。它和绝对定位类似，只是以浏览器窗口为基准进行定位，也就是当拖动浏览器窗口的滚动条时，依然保持对象位置不变。

读者可能会觉得这4条属性值不太容易理解，因此这一节的任务就是彻底搞懂它们的含义。

position定位与float一样，也是CSS排版中非常重要的概念。position从字面意思上看就是指定块的位置，即块相对于其父块的位置和相对于其自身应该在的位置。

9.4.1 静态定位（static）

static为默认值，它表示块保持在原本应该在的位置，即该值没有任何移动效果。因此，前面的所有例子实际上都是static方式的结构，这里不再介绍。

为了清楚理解其他比较复杂的定位方式，这里也使用一系列实验的方法，目的是通过实验的方法找出规律。

首先给出最基础的代码，即未设置任何position属性的代码，此时相当于使用的是static属性。相应的文件位于本书配套资源“第9章\9-09.html”。

```
1    <!DOCTYPE html>
2    <html>
3    <head>
4    <title>position属性</title>
5    <style type="text/css">
6    body{
7        margin:20px;
8        font :Arial 12px;
```

```
9    }
10   #father{
11       background-color:#a0c8ff;
12       border:1px dashed #000000;
13       padding:15px;
14   }
15
16   #block1{
17       background-color:#fff0ac;
18       border:1px dashed #000000;
19       padding:10px;
20   }
21   </style>
22   </head>
23   <body>
24       <div id="father">
25           <div id="block1">Box-1</div>
26       </div>
27   </body>
28   </html>
```

页面效果如图9.20所示，这是一个很简单的标准流方式的两层盒子。

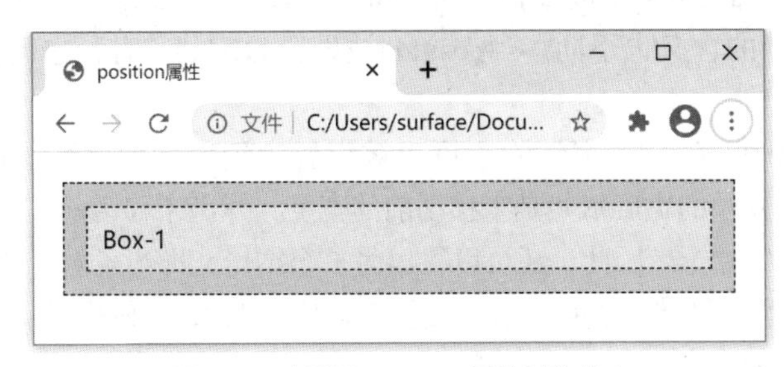

图 9.20　未设置 position 属性时的状态

9.4.2 相对定位（relative）

将一个盒子的position属性设置为relative，即将其设置为相对定位时，它的布局规则如下。

（1）使用相对定位的盒子，会相对于它原本的位置，通过偏移指定的距离到达新的位置。

（2）使用相对定位的盒子仍在标准流中，且其对父盒子没有任何影响。

因此，除了将position属性设置为relative，还需要指定一定的偏移量，水平方向通过left和right属性来指定，竖直方向通过top和bottom属性来指定。

例如将上面页面中的代码加以修改，即将Box-1的position属性设置为relative，并设置偏移距离，代码如下。

```
1    #block1{
2        background-color:#fff0ac;
3        border:1px dashed #000000;
4        padding:10px;
5        position:relative;              /* relative相对定位 */
6        left:30px;
```

```
7        top:30px;
8    }
```

效果如图9.21所示，相应的文件位于本书配套资源“第9章\9-10.html”。图中显示了Box-1原来的位置和新位置。可以看出，它向右和向下分别移动了30px，也就是说，“left:30px”的作用就是使Box-1的新位置在它原来位置的左边框右侧30px的地方，“top:30px”的作用就是使Box-1的新位置在原来位置的上边框下侧30px的地方。

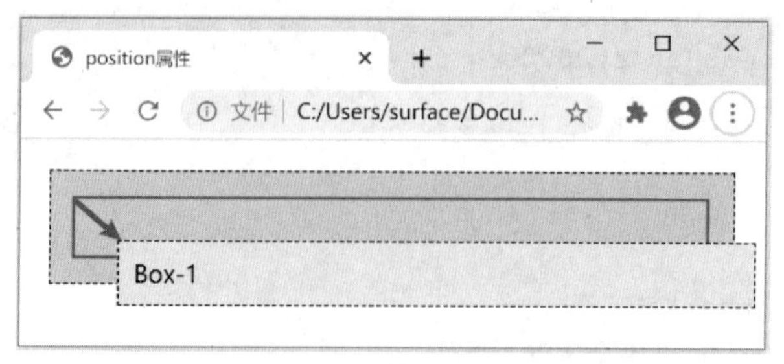

图 9.21　一个 <div> 设置为相对定位后的效果

这里用到了top和left两个CSS属性。实际上在CSS中共有4个配合position属性而使用的定位属性，除top和left外，还有right和bottom。

这4个属性只有当position属性被设置为absolute、relative或fixed时才有效。而且，当position属性取值不同时，它们的含义也不同。当position被设置为relative时，它们表示各个边界与原来位置的距离。

top、right、bottom和left这4个属性除了可以被设置为绝对的像素数，还可以被设置为百分数。此时，可以看到子盒子的宽度依然是未移动前的宽度，撑满未移动前父盒子的内容，只是向右移动了，右边框超出了父盒子。因此，还可以得出另一个结论，即当子盒子使用相对定位后，它发生了偏移，此时其即使移动到父盒子的外面，父盒子也不会变大，就好像子盒子没有变化一样。

类似地，如果将偏移的数值设置为：

```
1    right:30px;
2    bottom:30px;
```

效果将如图9.22所示。

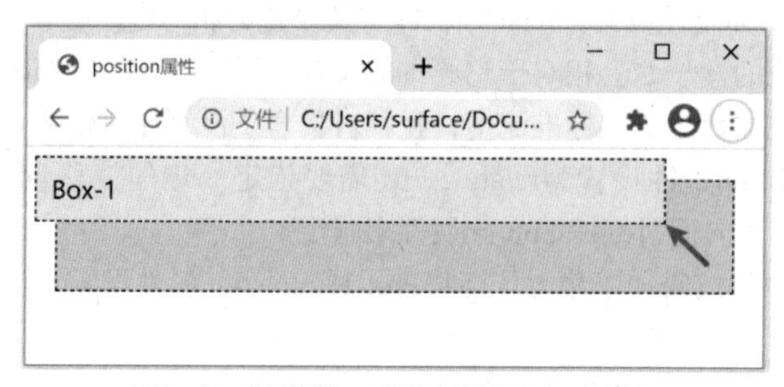

图 9.22　以右侧和下侧为基准设置相对定位

对设置为浮动的盒子使用相对定位时，规则同样适用。例如图9.23中显示的是3个浮动的盒子，它们都向左浮动排在一行中，如果对其中的一个盒子使用相对定位，它也同样会相对于其原本的位置（通过偏移指定的距离）移到新的位置，但它旁边的Box-3仍然“以为”它还在原来的位置。文件位于本书配套资源“第9章\9-11.html”，代码如下：

```
1   <style type="text/css">
2   body{
3     margin:20px;
4     font-family:Arial;
5     font-size:12px;
6   }
7   #father{
8     background-color:#a0c8ff;
9     border:1px dashed #000000;
10    padding:15px;
11    height: 72px;
12  }
13  #father div{
14    background-color:#fff0ac;
15    border:1px dashed #000000;
16    padding:10px;
17    width: 100px;
18    height: 50px;
19    float: left;
20  }
21  #block2{
22    position: relative;
23    left: 25px;
24    top: 35px;
25  }
26  </style>
27  </head>
28  <body>
29    <div id="father">
30      <div >Box-1</div>
31      <div id="block2">Box-2</div>
32      <div >Box-3</div>
33    </div>
34  </body>
```

效果如图9.23所示。

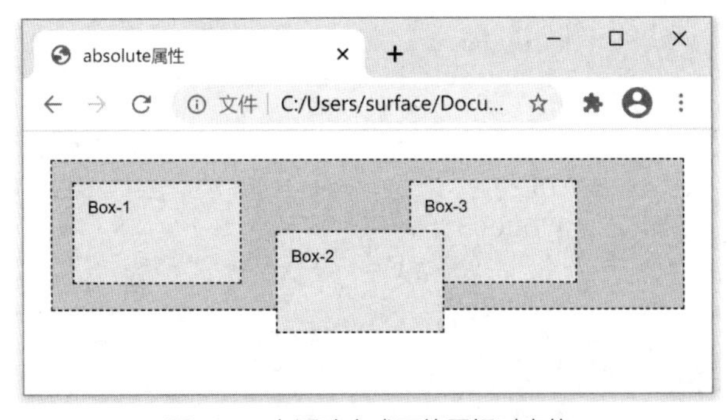

图 9.23 在浮动方式下使用相对定位

9.4.3 绝对定位（absolute）

了解了相对定位后，下面开始分析absolute方式，它表示绝对定位。通过上面的学习可知，各种position属性都需要通过配合偏移一定的距离来实现定位，而其中的核心问题就是以什么作为偏移的基准。绝对定位的规则描述如下。

（1）使用绝对定位的盒子以它“最近”的一个“已经定位”的“祖先元素”为基准进行偏移。如果没有已经定位的祖先元素，那么它就会以浏览器窗口为基准进行定位。

（2）绝对定位的框从标准流中脱离，这意味着它们对其后的兄弟盒子的定位没有影响，其他盒子会觉得这个盒子不存在一样。

在上述第（1）条原则中，有3个带引号的定语需要进行解释。

（1）“已经定位”的含义是，元素的position属性被设置，并且被设置为不是static的任意一种方式，此时该元素就被定义为“已经定位”的元素。

（2）关于“祖先元素”，如果结合本章前面介绍的“DOM树”的知识，则很容易理解。从任意节点开始走到根节点，所经过的所有节点都是它的祖先，其中的直接上级节点是它的父亲，以此类推。

（3）关于“最近”，在一个节点的所有祖先节点中，找出所有“已经定位”的元素，其中距离该节点最近的一个节点（父亲比祖父近，祖父比曾祖父近，以此类推），就是要找的定位基准。

下面仍然以一个标准流方式的页面为基础，实际验证一下绝对定位的规律。先准备如下代码：

```
1   <!DOCTYPE html>
2   <html>
3   <head>
4   <title>absolute属性</title>
5   <style type="text/css">
6   body{
7       margin:20px;
8       font-family:Arial;
9       font-size:12px;
10  }
11  #father{
12      background-color:#a0c8ff;
13      border:1px dashed #000000;
14      padding:15px;
15  }
16  #father div{
17      background-color:#fff0ac;
18      border:1px dashed #000000;
19      padding:10px;
20  }
21  #block2{
22  }
23  </style>
24  </head>
25  <body>
26      <div id="father">
```

```
27            <div >Box-1</div>
28            <div id="block2">Box-2</div>
29            <div >Box-3</div>
30        </div>
31    </body>
32    </html>
```

效果如图9.24所示。可以看到，一个父<div>里面有3个<div>都是按标准流方式排列的。相应的文件位于本书配套资源“第9章\9-12.html”。

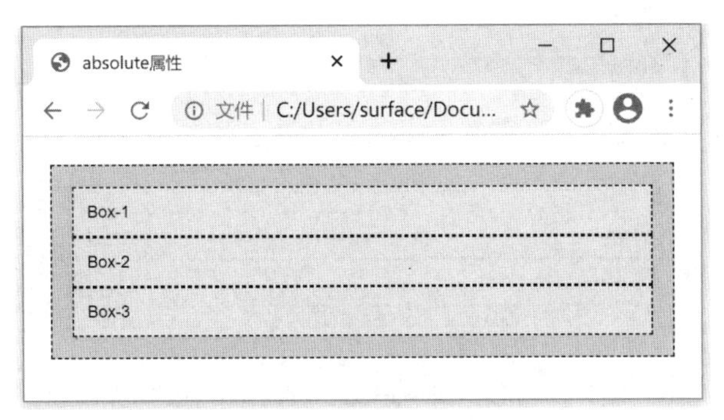

图 9.24　设置绝对定位前的效果

下面尝试使用绝对定位。在上述代码中找到对#block2进行CSS设置的代码块，目前它是空白的，下面把它改为：

```
1    #block2{
2        position:absolute;
3        top:30px;
4        right:30px;
5    }
```

这时的效果如图9.25所示，由于它的所有“祖先元素”都没有设置过定位属性，因此Box-1就会以浏览器窗口为基准定位；由于Box-2没有设置宽度，因此以它的自然宽度显示；由于top属性是30px，因此它的上边距离浏览器窗口上边30px，同理它的右边距离浏览器窗口右边30px，得到图9.25所示的效果。

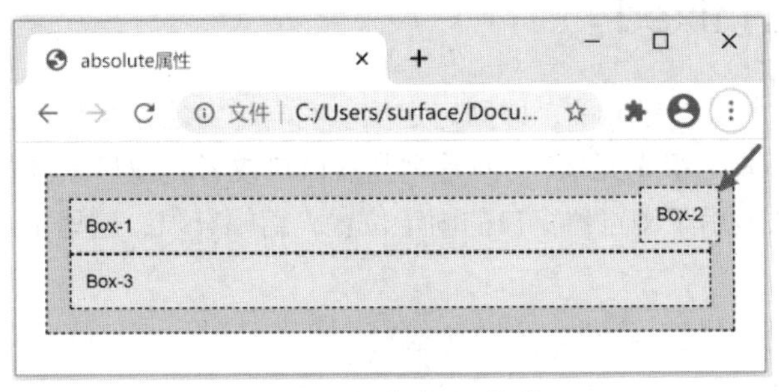

图 9.25　设置偏移量后的效果

接下来对上面的代码做一处修改，为父<div>增加一个定位样式，将Box-2的父<div>设置为相对定位，但是不设置偏移量，因此父元素实际上不会发生变化，代码如下：

```
1    #father{
2        background-color:#a0c8ff;
3        border:1px dashed #000000;
4        padding:15px;
5        position:relative;
6    }
```

这时Box-2的显示位置就变化了，如图9.26所示。偏移的距离没有变化，但是偏移的基准不再是浏览器窗口，而是它的父<div>。

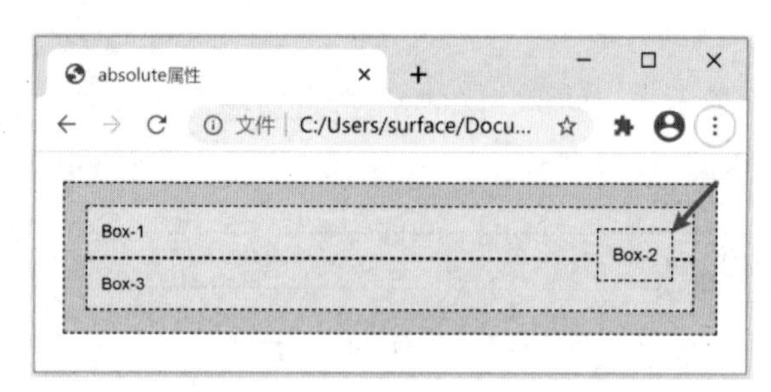

图 9.26 将父 <div> 设置为“包含块”后的效果

回到这个实际例子中，在父<div>没有被设置position属性时，Box-2的<div>的所有“祖先”都不符合“已经定位”的要求，因此它会以浏览器窗口为基准来定位。而当父<div>将position属性设置为relative后，它就符合“已经定位”的要求，同时它又是所有祖先中唯一一个已经定位的，故满足“最近”这个要求，因此Box-2就会以它为基准进行定位了。本书后面将绝对定位的基准称为“包含块”。

注意

对于绝对定位，如果将某个元素设置为绝对定位，而没有设置偏移属性，那么它仍将保持在原来的位置，但是它已经脱离了标准流。因此，当我们希望使某个元素脱离标准流而仍然保持在原来的位置时，就可以这样做。

9.4.4 固定定位（fixed）

position属性的第4个取值是fixed，即固定定位。它与绝对定位类似，也会脱离标准流，但是区别在于定位的基准不是“祖先元素”，而是浏览器窗口或者其他显示设备的窗口。这种方式常被用于将某个元素永久显示于浏览器窗口的固定位置，篇幅有限，这里不再详细介绍，感兴趣的读者可以自行探索。

9.5 z-index空间位置

z-index属性用于调整定位时重叠块的上下位置，与它的名称一样，想象页面为*x*-*y*轴，垂直于页面的方向为*z*轴，*z*-index值大的页面位于其值小的上方，如图9.27所示。

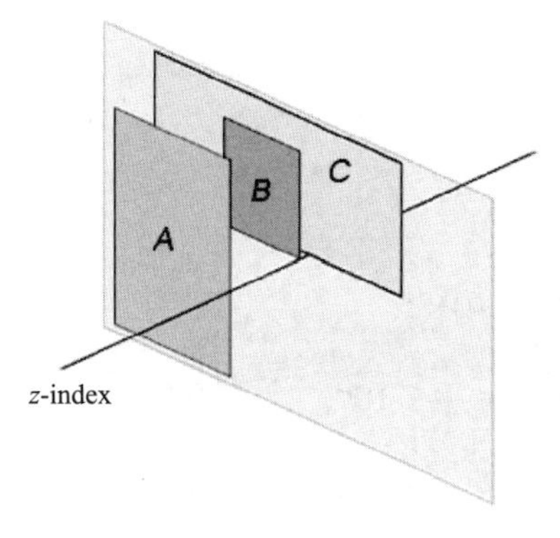

图 9.27　z-index 轴

z-index属性的值为整数，可以是正整数也可以是负整数。当块被设置了position属性时，该值便可用于设置各块之间的重叠高低关系。默认的z-index值为0。当两个块的z-index值一样时，它们将保持原有的高低覆盖关系。

9.6 经典两列布局

现在来制作经常会用到的“1-2-1”布局页面。在图9.28（a）所示的布局结构中，增加了一个“side”栏。但是在通常状况下，两个<div>只能竖直排列。为了让content和side能够水平排列，必须把它们放到另一个<div>中，然后使用浮动或者绝对定位的方法使content和side并列起来，如图9.28（b）所示。

本案例将通过两种方法制作两列布局页面，文件分别位于本书配套资源“第9章\1-2-1-absolute.html”和“第9章\1-2-1-float.html”。

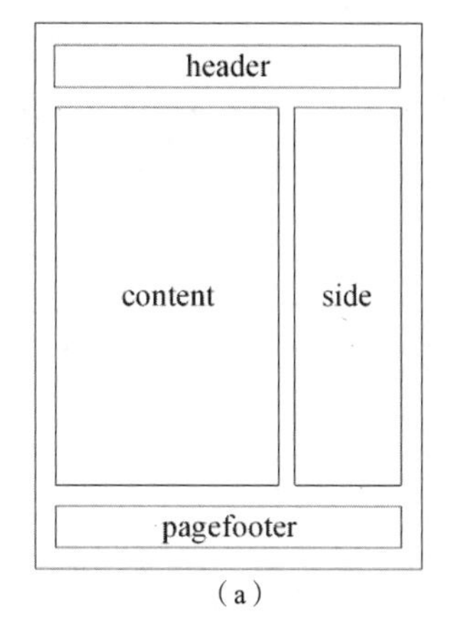

（a）

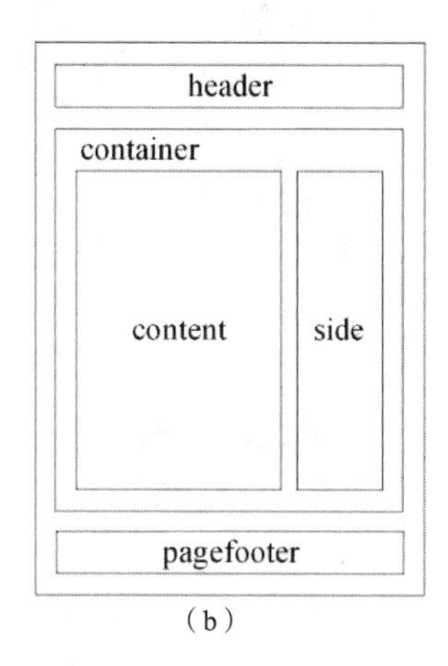

（b）

图 9.28　“1-2-1”布局的结构示意图

9.6.1 准备工作

基于上面的分析，现在来搭建HTML整体结构。文件位于本书配套资源“第9章\1-2-1.html”。

关键代码如下：

```
1	<body>
2	  <div id="header">
3	    <div class="rounded">
4	      <h2>Page Header</h2>
5	      <div class="main"></div>
6	      <div class="footer">
7	        <p>查看详细信息&gt;&gt;</p>
8	      </div>
9	    </div>
10	  </div>
11	  <div id="container">
12	    <div id="content">
13	      <div class="rounded">
14	        <h2>Page Content </h2>
15	        <div class="main">
16	        <p>这是圆角框中的示例文字，CSS排版是一种很新的排版理念，完全有别于传统的排版
	        习惯。这是圆角框中的示例文字。CSS排版是一种很新的排版理念，完全有别于传统的排
	        版习惯。</p>
17	        </div>
18	        <div class="footer">
19	          <p>查看详细信息&gt;&gt;</p>
20	        </div>
21	      </div>
22	    </div>
23	    <div id="side">
24	      <div class="rounded">
25	        <h2>Side Bar</h2>
26	        <div class="main">
27	        <p>这是圆角框中的示例文字，CSS排版是一种很新的排版理念，完全有别于传统的排版
	        习惯。这是圆角框中的示例文字。CSS排版是一种很新的排版理念，完全有别于传统的排
	        版习惯。CSS的功能十分强大而又灵活。</p>
28	        </div>
29	        <div class="footer">
30	          <p>查看详细信息&gt;&gt;</p>
31	        </div>
32	      </div>
33	    </div>
34	  </div>
35	  <div id="pagefooter">
36	    <div class="rounded">
37	      <h2>Page Footer</h2>
38	      <div class="main">
39	        <p>这是一行文本，在这里作为样例，显示在布局框中。</p>
40	      </div>
41	      <div class="footer">
42	        <p>查看详细信息&gt;&gt;</p>
43	      </div>
44	    </div>
45	  </div>
46	</body>
```

此时，页面效果如图9.29所示。

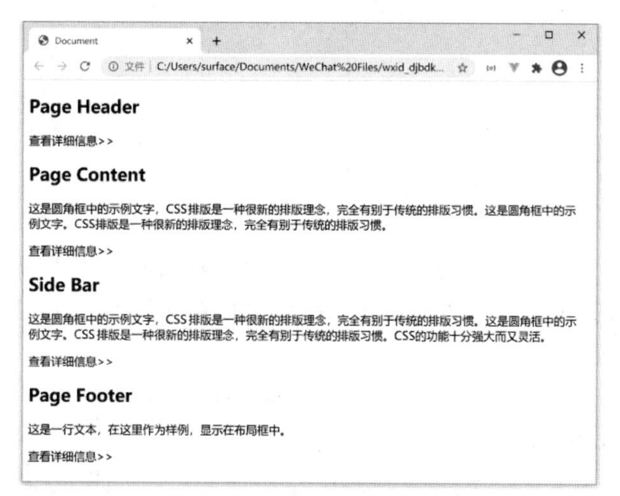

图 9.29　“1-2-1”布局的 HTML 整体结构搭建完成

下面设置CSS样式，代码如下：

```
1    <style>
2      body {
3        background: #FF9;
4        font: 13px/1.5 Arial;
5        padding:0;
6      }
7
8      p {
9        text-indent:2em;
10     }
11
12     h2 {
13       margin: 0;
14     }
15
16     .rounded {
17       border-radius: 25px;
18       border: 2px solid #996600;
19       box-shadow: 6px 6px 10px #9f741e;
20       padding: 15px;
21       margin-bottom: 20px;
22       background: #fff;
23     }
24
25     .footer p {
26       text-align: right;
27       color: #888;
28       margin-bottom: 0;
29     }
30
31     #header, #pagefooter, #container{
32       margin:0 auto;
33       width:760px;
34     }
```

```
35
36    #content{
37
38    }
39
40    #side{
41
42    }
43  </style>
```

上述代码主要设置了页面背景色、元素的边框、圆角和阴影效果。#container、#header和#pagefooter并列使用相同的样式，而#content和#side的样式则暂时先空着。这时的效果如图9.30所示。

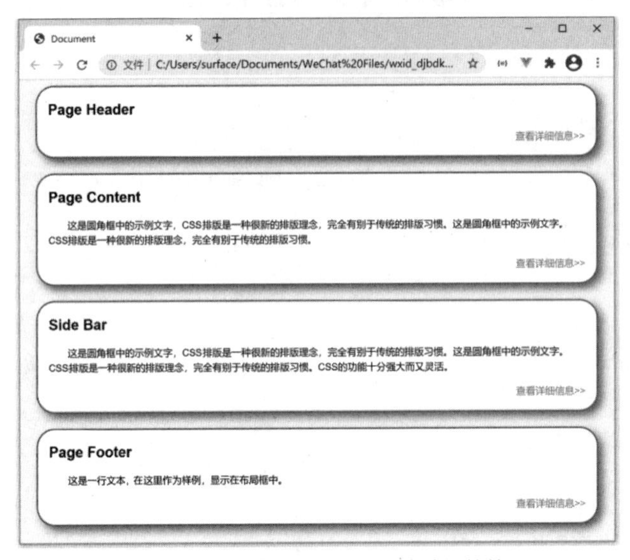

图 9.30　“1-2-1”布局准备工作完成后的效果

content和side是两个<div>，现在的关键是如何使它们横向并列。这里有不同的方法可以采用。

9.6.2　绝对定位法

首先将9.6.1小节中讲到的“第9章\1-2-1.html”文件另存为一个新的文件，我们用绝对定位的方法实现，相关代码如下。这种方法制作的案例文件位于本书配套资源“第9章\1-2-1-absolute.html”。

```
1   #header,#pagefooter,#container {
2       margin: 0 auto;
3       width: 760px;
4   }
5   #container {
6       position: relative;
7   }
8   #content {
9       position: absolute;
10      top: 0;
11      left: 0;
12      width: 490px;
13  }
```

```
14  #side {
15      margin-left: 510px;
16  }
```

为了使content能够使用绝对定位，必须考虑将哪个元素作为它的定位基准，显然应该是container这个<div>。因此将#contatiner的position属性设置为relative，使它成为下级元素的绝对定位基准，然后将content这个<div>的position设置为absolute，即绝对定位，这样它就脱离了标准流，side就会向上移动以占据原来content所在的位置。将content的宽度和side的左margin设置为相同的数值，就正好可以保证它们并列紧挨着放置，且不会相互重叠。

这时的效果如图9.31所示。读者可以参考本书配套资源“第9章\1-2-1-absolute.html”。

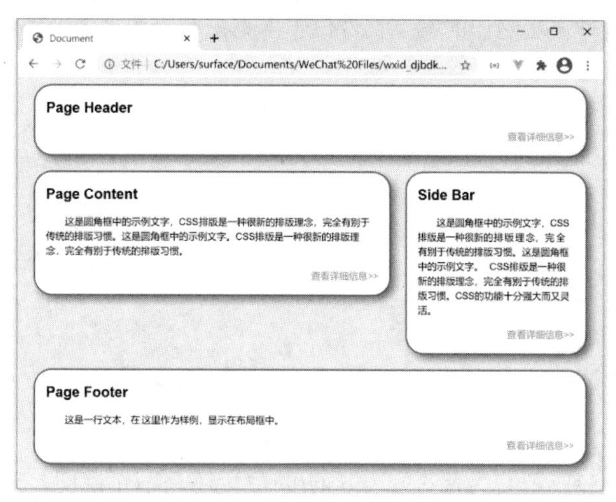

图 9.31　使用“绝对定位法”实现的“1-2-1”布局

注意

这种方法实现了中间的两列左右并排。它存在一个缺陷，即当右边的side栏比左边的content栏高时，显示效果不会有问题，但是如果左边的content栏比右边的side栏高，显示就会有问题。因为此时content栏已经脱离标准流，这对container这个<div>的高度不会产生影响，从而使pagefooter的位置只须根据右边的side栏来确定。例如，在content栏中再增加一个圆角框，这时的效果如图9.32所示。

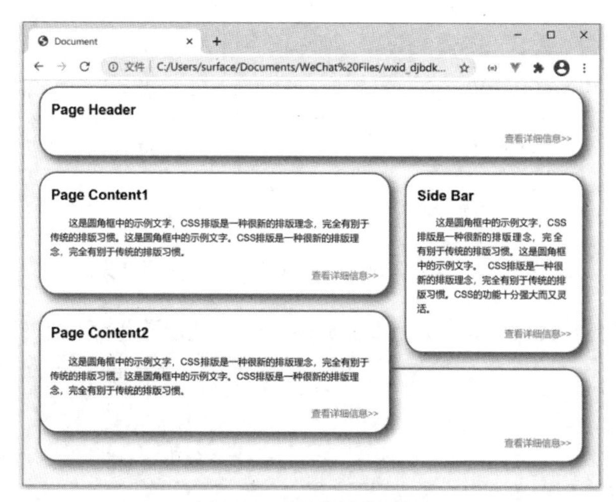

图 9.32　出现问题的页面

这是绝对定位带来的固有问题。如果用这种方法使几个<div>横向并列，就必须知道哪一列是最高的，并使该列保留在标准流中，使它作为“柱子”撑起这一部分的高度。

9.6.3 浮动定位法

还可以换一个思路，使用“浮动”来实现上述布局。将9.6.2小节中的文件另存为一个新文件。在新文件中，HTML部分代码完全不做修改。在CSS样式部分稍做修改，即将#container的position属性去掉，#content设置为向左浮动，#side设置为向右浮动，二者的宽度相加等于总宽度 – 20px。例如这里将它们的宽度分别设置为480px和260px。

相关代码如下，这种方法制作的案例文件位于本书配套资源“第9章\1-2-1-float.html”。

```
1    #header,#pagefooter,#container {
2        margin:0 auto;
3        width:760px;
4    }
5    #content {
6        float:left;
7        width:480px;
8    }
9    #side {
10       float:right;
11       width:260px;
12   }
```

此时的效果如图9.33所示。为什么pagefooter的位置还是不正确呢？请读者思考，到这里还差哪一个关键步骤？请读者注意，这个图中的效果虽然也不正确，但是仔细观察pagefooter部分的右端，我们可以发现其和图9.32是有区别的。

图 9.33　使用浮动定位法设置的布局效果（错误）

原因是此时还需要对#pagefooter设置clear属性，以保证清除浮动对它的影响，代码如下：

```
1    #pagefooter{
2        clear:both;
3    }
```

这时就可以看到正确的效果了，如图9.34所示。

图 9.34　使用浮动定位法设置的布局效果（正确）

使用这种方法时，并排的两列中无论哪一列内容变长，都不会影响布局。例如右边又增加了一个模块，使内容变长，但排版效果同样是正确的，如图9.35所示。

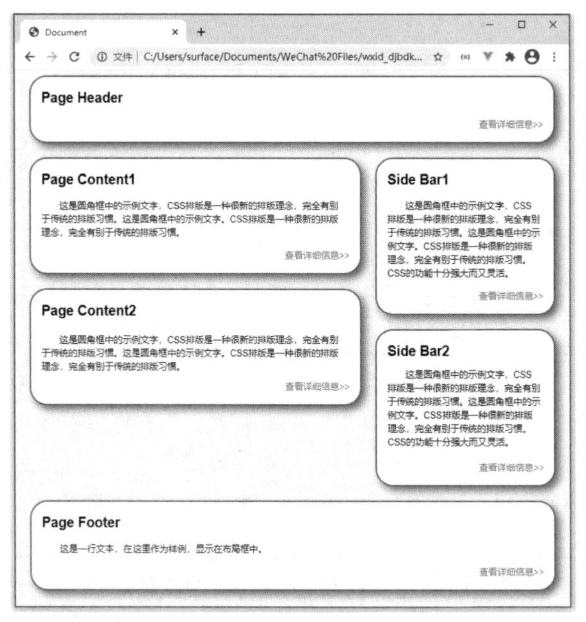

图 9.35　右侧的列变高后布局效果同样正确

至此，我们已经完全可以掌握“1-2-1”布局方式。只要保证每个模块自身代码正确，同时使用正确的布局方式，就可以非常方便地放置各模块。

这种方法非常灵活，例如要将side从页面右边移至页面左边，即交换其与content的位置，则只需要稍微修改一处CSS代码即可。请读者思考，应该如何修改才能实现图9.36所示的效果?

图 9.36　左右两侧的列交换位置

答案是将#content和#side的代码由：

```
1    #content {
2        float: left;
3        width: 480px;
4    }
5    #side {
6        float: right;
7        width: 260px;
8    }
```

修改为：

```
1    #content{
2        float: right;
3        width: 480px;
4    }
5    #side {
6        float: left;
7        width: 260px;
8    }
```

具体原理请读者自己思考。如果还没有想清楚其中的奥妙，则请仔细阅读本书第7章中关于盒子模型的讲解。

9.7 Grid和Flexbox布局

本章前面4节介绍的各种网页布局的方法，都是经过了很多早期开发者的探索，从最早依靠<table>标签实现的布局，逐步演变为通过<div>标签配合浮动和定位等CSS属性实现的布局，这是一个很大的飞跃和进步。但是<div>标签以及其他普通HTML标签作为通用的元素，并不具备专门的布局性质，因此开发人员在实现各种实际的网页布局效果时，工作还是非常复杂。同时，这种方法当被用于布局时也不够灵活，且对很多布局效果无能为力。为此，在CSS3中引入了专门用于网页布局的新工具，其中最主要的两个工具分别是Gird和Flexbox。

由于篇幅所限，本节内容以电子文档（参见本书配套资源）形式给出，请读者自行下载阅读。

本章小结

本章首先介绍了“浮动”和“定位”这两个非常重要属性，它们对于复杂页面的排版至关重要；然后以不同的布局方式演示了如何灵活地运用CSS的布局性质，使页面按照需要的方式进行排版。读者应该掌握使用“绝对定位法”和“浮动定位法”进行布局的方法。

习题 9

一、关键词解释

排版　　浮动　　定位　　相对定位　　绝对定位　　*z*-index

二、描述题

1. 请简单描述一下常用的网站布局大致分为几种。
2. 请简单描述一下如何清除浮动。
3. 请简单描述一下定位有几种方式。它们的区别是什么。
4. 请简单描述一下*z*-index的作用是什么，以及应该在什么情况下使用*z*-index。

三、实操题

使用本章讲解的浮动属性，仿照京东首页的顶部和banner模块的排版（如题图9.1所示），通过使用色块来替代各模块，实现题图9.2所示的排版效果。

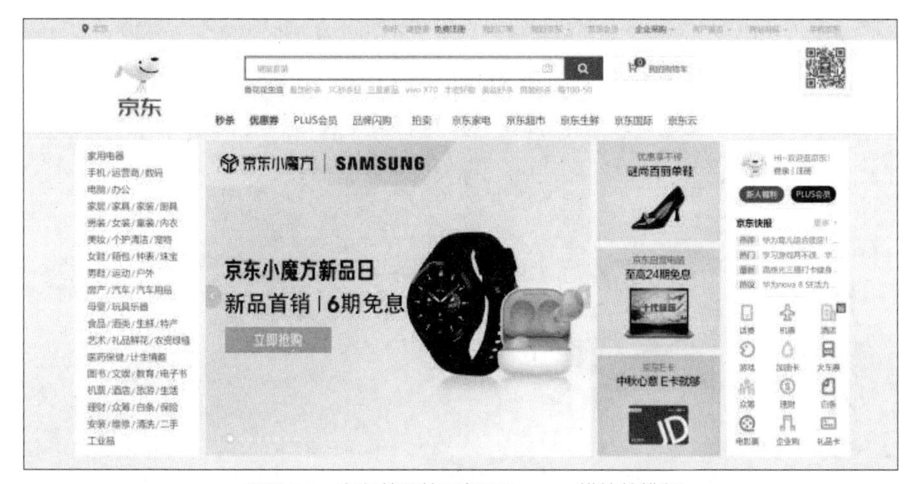

题图 9.1　京东首页的顶部和 banner 模块的排版

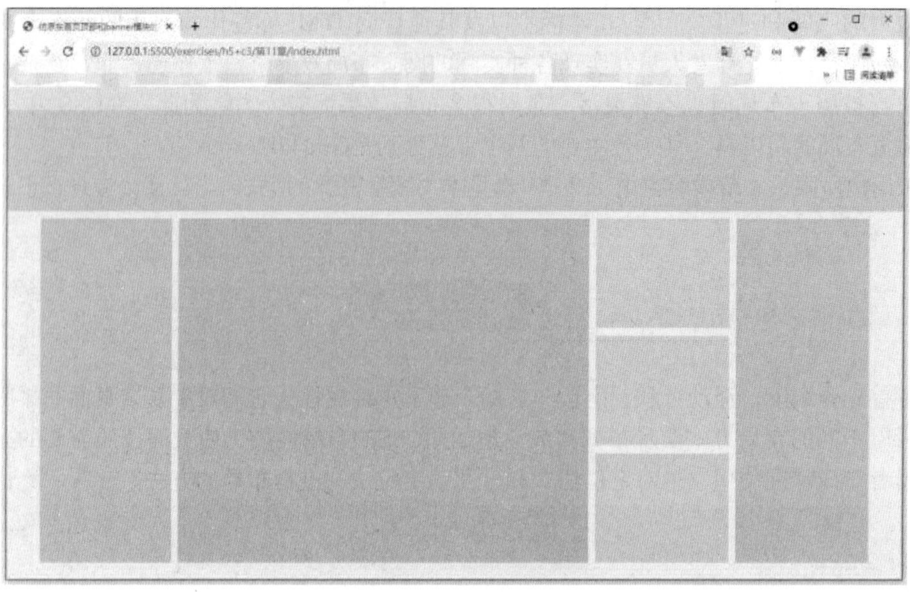

题图 9.2　排版效果

第三篇

JavaScript开发篇

第10章 JavaScript基础

网页主要由3部分组成：结构（structure）、表现（presentation）和行为（behavior）。前面介绍了HTML和CSS，HTML与CSS的关系就是“内容结构”与“表现形式”的关系。HTML确定网页的内容结构，CSS确定网页的表现形式，而控制网页的行为需要使用JavaScript实现。从本章开始将对JavaScript进行深入的讨论。

本章先介绍JavaScript的发展历史，然后分析JavaScript的核心ECMAScript，让读者从底层了解JavaScript的编写，包括JavaScript的基本语法、变量、关键字、保留字、语句、函数等。

经过20多年的发展，JavaScript语言已经成为一种非常完备的语言，因此其内容的丰富性和复杂性也是不言而喻的。介绍JavaScript的书籍有很多，而本书中，我们将围绕最基本并且实用的部分展开讲解，使读者能够容易地理解重要且核心的一些概念，并通过一些案例掌握JavaScript语言的使用方法。本章思维导图如下。

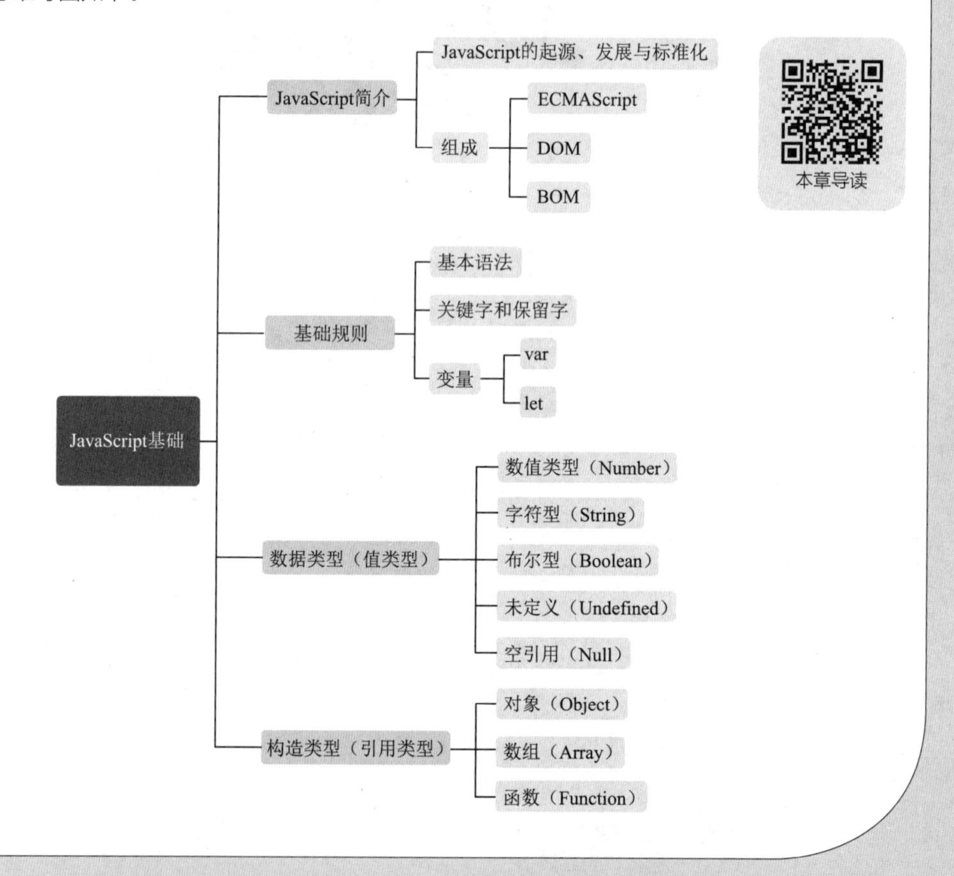

10.1 JavaScript简介

在正式讲解JavaScript前，先介绍一些相关的背景知识，以使读者了解JavaScript的发展历史及其现状。

10.1.1 JavaScript的起源、发展与标准化

任何技术都不是单纯地在实验室里凭空构想出来的，JavaScript语言也是起于草莽，然后逐步成为今天互联网时代的核心支柱的。

1992年，一家名为Nombas的公司开发出一种叫作“C减减”（C-minus-minus）的嵌入式脚本语言，并将其捆绑在一个被称作CEnvi的共享软件中。当时意识到互联网会成为技术焦点的网景（Netscape）公司，开发出自己的浏览器软件Navigator并最先进入市场。与此同时，Nombas公司开发了第一个可以嵌入网页的CEnvi版本，这便是最早万维网上的客户端脚本。

此后不久，微软（Microsoft）公司也意识到互联网的重要性，决定进军浏览器市场，并在其发布的IE 3.0中搭载了一个JavaScript的克隆版本。为了避免版权纠纷，微软公司将其命名为Jscript。随后微软公司将浏览器加入操作系统中进行捆绑销售，使JavaScript得以快速发展，但这样也产生了3个不同的JavaScript：网景公司的JavaScript、微软公司的Jscript以及Nombas公司的ScriptEase。

1997年，JavaScript 1.1作为一个草案被提交给了ECMA（European computer manufacturers association，欧洲计算机制作商协会），由来自网景、Sun、微软、Borland等对脚本语言感兴趣的公司的程序开发员组成第39技术委员会（TC39），最终锤炼出ECMA-262标准，其中定义了ECMAScript这种全新的脚本语言。ECMAScript也就成为了现在JavaScript最重要的一部分。

由于巨大的市场利益，浏览器厂商之间展开了激烈的竞争，因此W3C（World Wide Web Consortium，万维网联盟）通过协调各大厂商制定大家共同遵守的标准，实现了技术的标准化。但是这个过程也是非常艰难的，各个厂商有各自的诉求，达成一致非常不易。

1998年6月，ECMAScript 2.0发布；1999年12月，ECMAScript 3.0发布，这个标准是一个巨大的成功，其成为了JavaScript的通行标准，并得到了广泛支持。接着就开始了下一个标准的制定工作，但是这个工作非常困难，争议巨大。经过8年的时间，W3C才于2007年10月发布了ECMAScript 4.0的草案。W3C本来预计次年8月发布正式版本，但是草案发布后，由于ECMAScript 4.0的目标过于激进，各方对于是否通过这个标准发生了严重分歧。以雅狐（Yahoo）、微软、谷歌为首的大公司反对JavaScript的大幅升级，主张小幅改动；而以JavaScript创造者布兰登·艾奇（Brendan Eich）为首的Mozilla公司，则坚持原标准草案。为此，ECMA开会决定中止ECMAScript 4.0的开发，并将其中涉及现有功能改善的一小部分内容发布为ECMAScript 3.1，之后又被改名为ECMAScript 5，这是一个妥协的产物。因此，目前JavaScript的早期版本常见的就是ES3和ES5，它们之间差别不大，并且不存在ES4版本。

2015年6月17日，ECMAScript 6正式发布，其正式的名称被改为ECMAScript 2015，但是开发人员早已习惯称之为ES6，因此，大多数场合其都被称为ES6。ECMAScript 2015是一个非常重要的版本，在多方的共同努力下，它使得JavaScript从一个先天不足的脚本语言成为一个正常而稳定的通用程序开发语言。而此后，ECMAScript 仍然在不断演进，但是ES6奠定的大结构已经稳定下来了，因此ES6可以说是JavaScript标准化过程中最重要的一个版本，也是经过近20年的多方努力而达到的结果。

从ECMAScript 2015开始，正式的版本名称用发布年份标识，这也导致每个版本都有两个名称。2016年6月，小幅修订的“ECMAScript 2016”（简称ES2016或ES7）标准发布，其与前一个标准的差异非常小。

需要注意的是，上面介绍的都是ECMAScript，那么它和JavaScript又是什么关系呢？它们二者是标准与实现的关系，即ECMAScript是大家协商确定的一套标准，而JavaScript则是各个浏览器或其他运行环境具体的实现。

10.1.2 JavaScript的组成

尽管ECMAScript是一个重要标准，但它并不是JavaScript的唯一组成部分，也不是唯一被标准化的部分。上面提到的DOM也是其重要的组成部分之一，另外浏览器对象模型BOM也是，如图10.1所示。

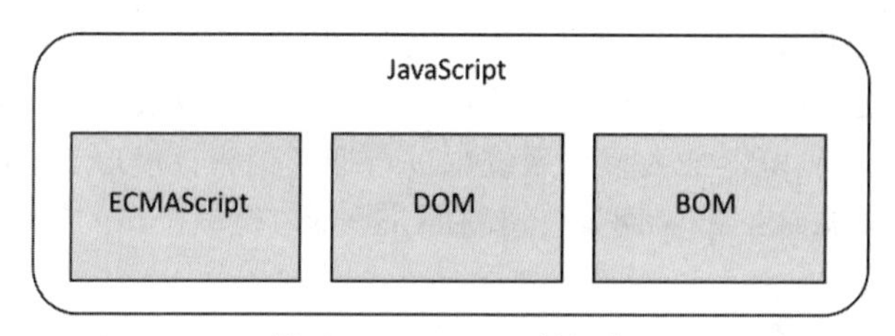

图 10.1　JavaScript 的组成

1．ECMAScript

正如前面所说，ECMAScript是一种由ECMA标准化的脚本程序设计语言。它并不与任何浏览器绑定，也没有用到任何用户输入输出的方法。事实上，Web浏览器仅仅是一种ECMAScript的宿主环境。除了常见的网页浏览器外，Adobe公司的Flash脚本ActionScript等都可以支持ECMAScript的实现，只是Flash已被逐渐淘汰。简单来说，ECMAScript描述的仅仅是语法、类型、语句、关键字、保留字、运算符、对象等。

每个浏览器都有其自身的ECMAScript接口的实现。这些接口被不同程度地扩展后，就产生了后面会提到的DOM、BOM等。

2．DOM

根据W3C的DOM（Document Object Model，文档对象模型）规范可知，DOM是一种与浏览器、平台、语言等无关的接口，可使用户访问页面的其他标准组件。简单来说，DOM最初解决了网景和微软公司之间的冲突，给了Web开发者一个标准方法，让他们能方便地访问站点中的数据、脚本和表现层对象。

DOM把整个页面规划成由节点层次构成的文档，考虑下面这段简单的HTML代码：

```
1    <html>
2    <head>
3        <title>DOM Page</title>
```

```
4   </head>
5
6   <body>
7       <h2><a href="#myUl">标题1</a></h2>
8       <p>段落1</p>
9       <ul id="myUl">
10          <li>JavaScript</li>
11          <li>DOM</li>
12          <li>CSS</li>
13      </ul>
14  </body>
15  </html>
```

这段HTML代码十分简单，这里不再一一说明各个标记的含义。如果利用DOM结构将其绘制成节点层次图，则如图10.2所示。

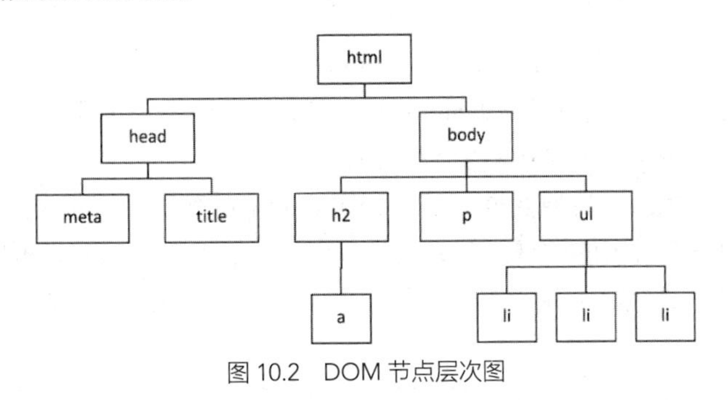

图 10.2　DOM 节点层次图

对于该节点层次图的各个部分，后面的章节会详细讲解，这里所需要说明的是，DOM将页面清晰合理地进行了层次结构化，从而使开发者对整个文档有了空前的控制力。

3. BOM

从IE 3.0和Netscape Navigator 3.0开始，浏览器都提供一种被称为BOM（brower object model，浏览器对象模型）的特性，它可以对浏览器窗口进行访问和操作。利用BOM的相关技术，Web开发者可以移动窗口、改变状态栏以及执行一些与页面中的内容毫不相关的操作。尽管没有统一的标准，但BOM的出现依然给网络世界增添了不少色彩，主要包括以下内容。

（1）弹出新的浏览器窗口。

（2）移动、关闭浏览器窗口以及调整窗口的大小。

（3）提供Web浏览器相关信息的导航对象。

（4）提供页面详细信息的定位对象。

（5）提供屏幕分辨率详细参数的屏幕对象。

（6）提供cookie的支持。

（7）提供各种浏览器自身的一些新特性，如IE的ActiveX类等。

本书的后续章节也将对BOM进行详细介绍。

10.2 JavaScript的基本语法

知识点讲解

在基本语法这个层面，JavaScript是“类C”的，即它借用了与“C语言”相近的一些语法。当然也有大量的改变和扩展，下面选择一部分重要的内容进行讲解。

注意

JavaScript是对ECMAScript标准的实现，而市面上的浏览器众多，各自的JavaScript引擎（或者称为JavaScript解释器）对ECMAScript标准的实现程度不完全一致，因此通常采用一个特别版本ECMAScript作为讲解的默认版本，必要时会介绍一些其他版本的情况。本书按照目前主流的开发默认版本——ECMAScript 6，即ECMAScript 2015来进行讲解。

为了兼容旧版本，有很多语法在ECMAScript 6中仍然被保留，但已经不推荐使用，一般会按照新的主流方式来讲解，必要时会做一些补充说明。

ECMAScript的基础概念可以归纳为以下几点：

（1）区分大小写。与C语言一样，JavaScript中的变量、函数、运算符以及其他一切东西都是区分大小写的，变量myTag与MytAg是两个不同的变量。

（2）弱类型变量。所谓弱类型变量，是指JavaScript中的变量无特定类型，不像C语言那样每个变量都需要声明为一个特定的类型。定义变量只用“let”关键字，并且可以将其初始化为任意的值。这样可以随意改变变量所存储的数据类型（应该尽可能避免这样的操作）。弱类型变量示例如下：

```
1   let age = 25;
2   let name = "Tom";
3   let male = true;
```

说明

“let”是ES6中新引入的关键字，用来代替以前的“var”关键词。后面讲到“变量作用域”的相关知识点时再对其做详细说明。

（3）每行结尾的分号可有可无。C语言要求每行代码以分号“；”结束，而JavaScript则允许开发者自己决定是否以分号来结束该行语句。如果没有分号，JavaScript就会默认把这行代码的结尾看作该语句的结尾，因此下面两行代码都是正确的：

```
1   let myChineseName = "Zhang San"
2   let myEnglishName = "Mike";
```

注意

大多数JavaScript编程指南中会建议开发者养成良好的编程习惯，为每一句代码都加上分号（作为结束）。但这也不是一定的，如果能够用好，不加分号也可以产生阅读性非常好的代码。但是需要注意的是，最好不要“混用”，应该选择要么都按传统习惯加上分号，要么所有不需要加分号的地方都不加。“一致”是很重要的。

（4）括号用于代码块。代码块表示一系列按顺序执行的代码。这些代码在JavaScript中都被封装在花括号"{"和"}"里，例如：

```
1    if(myName == "Mike"){
2        let age = 25;
3        console.log(age);
4    }
```

（5）注释的方式与C语言类似。JavaScript也有两种注释方式，分别用于单行注释和多行注释，如下所示：

```
1    //这是单行注释 this is a single-line comment
2    /* 这是多行注释
3    this is a multi-line
4    comment */
```

对于HTML页面来说，JavaScript代码都包含在<script>与</script>标记之间，可以是直接嵌入的代码，也可以是通过<script>标记的src属性调用的外部.js文件。下面是一个完整的包含JavaScript的HTML页面示例，具体源代码请参考本书配套资源"第10章\10-1.html"。

```
1    <html>
2    <head>
3    <title>JavaScript页面</title>
4    <script>
5    let myName = "Mike";
6    document.write(myName);
7    </script>
8    </head>
9
10   <body>
11       <p>正文内容</p>
12   </body>
13   </html>
```

10.3 使用VS Code编写第一个包含JavaScript的页面

在正式开始学习JavaScript前，先把工具准备一下。学习JavaScript的开发所需的工具非常简单，一个编写程序的编辑器加上一个浏览器（用于查看结果）就可以了。但是不要小看开发工具，真正的开发人员对开发工具是非常挑剔的，这个在读者成为一名真正的开发人员以后会慢慢有自己的体会。在第2章中，我们使用VS Code编写了第一个网页，现在用它来编写JavaScript代码。

案例讲解

10.3.1 创建基础的HTML文档

在网页中使用JavaScript有嵌入式和链接式两种基本方式：

（1）嵌入式是直接在<script>标签内部写JavaScript代码。

（2）链接式是使用<script>标签的src属性链接一个.js文件。

对于特别简单的代码，我们可以直接用嵌入式将其写在一个HTML文件中。而对于比较复杂的项目，则应该认真组织程序的结构，一般会把JavaScript代码单独写成一个独立文件，然后再以链接方式引入HTML文件。下面以嵌入式的方式来讲解，先创建基础的HTML文档，然后编写代码。

首先根据2.2.2小节中介绍的方法创建一个基础的HTML页面，代码如下，然后开始编写JavaScript代码。

```
1    <!DOCTYPE html>
2    <html lang="en">
3    <head>
4      <meta charset="UTF-8">
5      <meta http-equiv="X-UA-Compatible" content="IE=edge">
6      <meta name="viewport" content="width=device-width, initial-scale=1.0">
7      <title>Document</title>
8    </head>
9    <body>
10
11   </body>
12   </html>
```

10.3.2 编写JavaScript

为了体现VS Code的代码提示功能，先在head标签内部插入script标签，然后输入以下代码，以创建一个数组。

```
let stack = new Array();
```

VS Code对JavaScript提供智能提示功能，如图10.3所示，在第二行代码输入了stack几个字母后，输入一个“点”，这时VS Code中会出现一个下拉框，提示数组的各种方法。因为VS Code会识别出stack是一个数组类型的变量，所以它会列出数组所具有的一些属性，供开发者直接选择，避免了开发者记错或者输入错误，从而提高了开发效率。VS Code有很多类似的功能，能够帮助开发者提高开发效率和质量。

```
<!DOCTYPE html>
<html lang="en">
<head>
    <meta charset="UTF-8">
    <meta name="viewport" content="width=device-width, initial-scale=1.0">
    <title>Document</title>
    <script>
        let stack = new Array();
        stack.
    </script>  concat        (method) Array<any>.concat(...items…
</head>       copyWithin
<body>        entries
              every
</body>       fill
</html>       filter
              find
              findIndex
              forEach
              indexOf
              join
              keys
```

图 10.3　VS Code 的智能提示

编写代码后要记得按“Ctrl+S”组合键保存。

10.3.3 在浏览器中查看与调试

通常进行Web前端开发时，开发者会先使用谷歌的Chrome浏览器测试结果是否正确，因为Chrome浏览器具有丰富的开发者工具，调试起来非常方便。当一个页面在Chrome浏览器中的结果正确后，再使用其他浏览器做兼容性测试。

作为一个简单的演示，我们用以下内容做一个简单的页面，这个页面的body中没有任何元素，在head部分加入了一个<script>标记，以及两行JavaScript代码，代码如下。

```
1   <!DOCTYPE html>
2   <html>
3   <head>
4       <script>
5       console.log("通过输出一些内容的方式，可以看到运行结果”)
6       console.log(new Date())
7       </script>
8   </head>
9   <body>
10  </body>
11  </html>
```

注意

上面代码中<script>标记没有带任何属性，我们再看一些网页的源代码时，常常会看到这个标记被写为<script type = "text/javascript">，即给<script>标记加了一个type属性，说明这对脚本是用JavaScript语言写的，但其实这是画蛇添足，<script>标记的type属性的默认值就是“text/javascript”，因此省略不写就可以了，还可以保持代码干净。

当一个页面写好并被保存后，开发者就可以在文件管理器中双击这个文件，用浏览器直接打开（计算机上设置的默认浏览器会打开它）。例如打开上面制作的这个页面，可以看到浏览器是空白的，没有任何内容，如图10.4所示。注意以下两点。

（1）地址栏中显示的地址是以file://开头的，而不是以http://开头的，这说明其是本地地址，而不是一个Web服务器上的网址。

（2）点击右上角竖着的三个圆点图标，可以展开菜单，找到图中所示的“开发者工具”一项，打开开发者工具。该操作对应的组合键是“Ctrl+Shift+I”，由于特别常用，建议读者记住这个组合键。

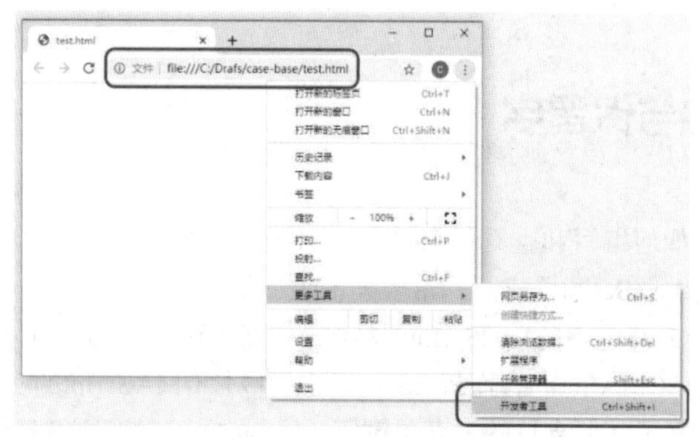

图 10.4　在 Chrome 浏览器中打开测试页面

打开开发者工具后，可以看到图10.5所示的结果，在浏览器下方出现了一些新的内容，单击“Console”选项，打开“控制台”面板，可以看到有两行内容，它们正是上面在<script>标记中写的两行JavaScript的输出结果，并且在右端还给出了相应语句所在的文件和行数。用这种方式可以非常方便地看到程序运行过程中的一些结果，这是一种很方便的调试方法。

图 10.5　打开“控制台”面板查看输出结果

说明

Chrome浏览器的开发者工具包含了一整套非常强大的工具，可以用于监控、调试页面，包括HTML元素、CSS样式和JavaScript逻辑。读者在实践过程中，应该尽快掌握开发者工具的使用方法，这样以后在学习JavaScript时，可以做到事半功倍。

早期，在还没有Chrome浏览器及开发者工具之前，人们常常使用alert的方式输出一些内容，用于测试和调试。例如把上面代码中的console.log()改为alert (new Date())，那么页面中就会弹出一个提示框，显示需要展示的内容，如图10.6所示，这种方式已经很少使用了。

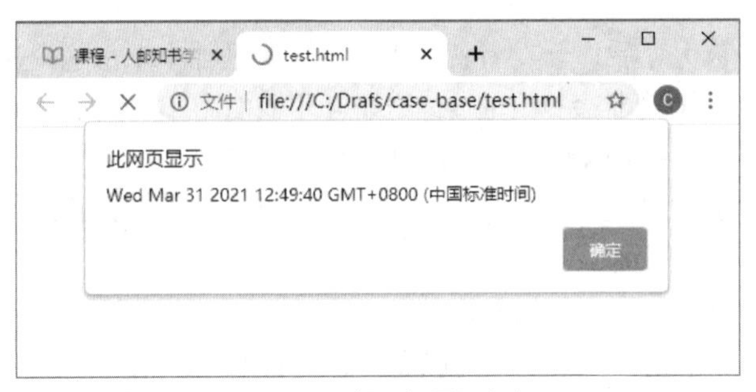

图 10.6　用提示框展示内容

10.4 关键字与保留字

在10.3节中介绍了如何编写和查看一个带有JavaScript脚本程序的页面后，我们就可以正式开始学习JavaScript语言了，希望读者能够坚持到底。

为了使不同浏览器或环境中的JavaScript保持统一，它们有一个统一的标准，即ECMA-262标准，定义的语言被称为ECMAScript，而JavaScript就是针对ECMAScript的实现。

ECMA-262标准定义了其所支持的一套关键字（keyword），这套关键字是保留的，不能作为变量名或者函数名使用，否则解释程序就会报错。下面是2015版的ECMAScript（简称ES6）的关键字完整列表。

```
1   break       case        catch       class       continue
2   debugger    default     delete      do          else
3   export      extends     finally     for         function
4   if          import      in          instanceof  new
5   return      super       switch      this        throw
6   try         typeof      var         void        while
7   with        yield
```

ECMAScript同时还定义了一套保留字，用于将来可能出现的情况。同样，保留字也不能用作变量名或者函数名。下面列出了ES6中的所有保留字。

```
1   await       enum        implements  interface   let
2   package     protected   private     public      static
```

10.5 变量

在日常生活中有很多东西是固定不变的，而有些东西则会发生变化，例如人的生日通常是固定不变的，但年龄和心情却会随着时间的变化而变化。在讨论程序设计时，那些发生变化的东西被称为变量。

如前面所述，JavaScript中变量是通过let关键字来声明的，例如：

```
1   let girl;
2   let boy = "zhang";
```

需要注意“声明”和“初始化”的区别。上面的语句中先“声明”了一个变量girl，但并没有对它进行初始化，因此此时它的值甚至它的类型都尚未确定，即其值为“undefined”。undefined也是JavaScript的一个关键字。

第二行中的变量boy不仅被“声明”了，并且其初始值被设置为字符串“zhang”。由于JavaScript是弱类型，所以浏览器等解释程序会自动创建一个字符串值，而无须明确进行类型声明。另外，还可以用let同时声明多个变量：

```
    let girl = "Jane", age=19, male=false;
```

上面的代码首先定义girl字符串为“Jane”，接着定义数值age为19，再定义布尔值male为false。即使这3个变量属于不同的数据类型，但在JavaScript中它们都是合法的。

此外，与C语言等不同的是，JavaScript还可以在同一个变量中存储不同数据类型的变量，即可以更换变量存储内容的类型，如下所示：

```
1   let test = "Hello, world!";
2   console.log(test);
3   //…… 一些别的代码 ……
4   test = 19820624;
5   console.log(test);
```

以上代码分别输出字符串“Hello, world!”和数值19820624，这说明变量test的类型从字符串变成了数值。

注意

开发者应养成良好的编程习惯。即使JavaScript能够为一个变量赋多种数据类型的变量，但这种方法在绝大多数情况下并不值得推荐。使用变量时，同一个变量应该只存储一种数据类型。

另外，JavaScript还可以不声明变量就直接使用，如下所示：

```
1   let test1 = "Hello";
2   console.log(test1);
3   test2 = test1 + " world!";
4   console.log(test2);
```

以上代码中并没有使用let来声明变量test2，而是直接进行使用，这样仍然可以正常输出结果。在浏览器控制台的输出结果如下：

```
1   Hello
2   Hello world!
```

但非常值得注意的是，在实际编程过程中切勿这样做。JavaScript的解释程序在遇到未声明过的变量时会自动用该变量创建一个全局变量，并将其初始化为指定的值。同样，为了养成良好的编程习惯，变量在使用前都应当被声明。另外，变量的名称须遵循以下3条规则。

（1）首字符必须是字母（大小写均可）、下画线（_）或者美元符号（$）。

（2）余下的字母可以是下画线、美元符号、任意字母或者数字字符。

（3）变量名不能是关键字或者保留字。

下面是一些合法的变量名：

```
1   let test;
2   let $fresh;
3   let _Zhang01;
```

下面则是一些非法的变量名：

```
1   let 4abcd;            //数字开头，非法
2   let blog'sName;       //对于变量名，单引号“'”是非法字符
3   let false;            //不能使用关键字作为变量名
```

为了代码清晰易懂，变量名通常会采用一些著名的命名规则，主要有Camel标记法和Pascal标记法。

Camel标记法采用首字母小写，接下来的单词都以大写字母开头的方法，例如：

```
let myStudentNumber = 2001011026, myEnglishName = "Mike";
```

Pascal标记法采用首字母大写，接下来的单词都以大写字母开头的方法，例如：

```
let MyStudentNumber = 2001011026, MyEnglishName = "Mike";
```

但在实际开发中通常会有一些约定俗成的习惯方式，例如比较流行的面向对象语言中都用的“类-实例”结构，类的名称一般采用Pascal标记法，而实例则一般采用Camel标记法。

例如，假设一个“重型汽车”类的名字叫作HeavyCar，那么由这个类产生的实例就得叫作heavyCar。这在后面的章节还会详细介绍。

除了上面介绍的两种变量命名方式外，在Web开发中还常常会遇到另一种命名规则，例如页面中对象的CSS类的名称或者id属性的名称通常使用Kebab命名习惯，即各个单词之间用“-”连接，例如下面的代码。

```
1   <body>
2       <p id="most-import-content">正文内容</p>
3   </body>
```

这里的”most-import-content”就使用了Kebab命名习惯，每个单词之间用“-”连接。

10.6 数据类型

JavaScript共有7种数据类型，它们又被分为两类，即简单数据类型和复杂数据类型，介绍如下。

（1）简单数据类型。

① 数值类型（number）。

② 字符型（string）。

③ 布尔型（boolean）。

④ 未定义（undefined）。

⑤ 空（null）。

⑥ 符号（symbol）。

（2）复杂数据类型。

对象（object）。

说明

“未定义”在前面我们已经遇到过；此外，“符号”类型是ES6引入的新类型。本书将不会涉及这个新类型，其余类型本书都会进行讲解。

10.6.1 数值类型

在JavaScript中如果希望某个变量包含一个数值，使用统一的数值类型即可，而不需要像在其他语言中那样将数据分为各种长度的整数以及浮点数。下面的例子中都是正确的数值表示方法，相关文件请参考本书配套资源“第10章\10-2.html”。

```
1   <title>数值计算</title>
2   <script>
3   let myNum1 = 23.345;
4   let myNum2 = 45;
```

```
5    let myNum3 = -34;
6    let myNum4 = 9e5;        //科学计数法
7    console.log(myNum1 + ", " + myNum2 + ", " + myNum3 + ", " + myNum4);
8    </script>
```

以上代码的运行结果如下，可以清楚地看到各个数值的输出结果，这里不再一一讲解。

```
23.345, 45, -34, 900000
```

说明

本书中很多例子会使用console.log来输出结果，输出的结果在浏览器中能够非常方便地查看。例如上述HTML文件在Chrome浏览器中打开后，按“Ctrl+Shift+I”组合键打开浏览器的开发者工具，切换到“控制台”即可查看输出结果，如图10.7所示。

图 10.7　使用“控制台”查看输出结果

对于数值类型，如果希望将其转换为科学计数法则可以采用toExponential()方法，该方法接收一个参数，表示要输出的小数位数。科学计数法的使用方式如下，相关文件请参考本书配套资源“第10章\10-3.html”。

```
1    <script>
2    let fNumber = 895.4;
3    console.log(fNumber.toExponential(1));
4    console.log(fNumber.toExponential(2));
5    </script>
```

两次输出结果如下，读者可以自行实验各种其他数值。

```
1    9.0e+2
2    8.95e+2
```

10.6.2 字符型

1. 基本用法

字符型数据（字符串）由零个或者多个字符构成。字符可以包括字母、数字、标点符号和空格。字符串必须放在单引号或者双引号里。下面这两条语句有着相同的效果：

```
1    let language = "JavaScript";
2    let language = 'JavaScript';
```

单引号和双引号通常可以根据个人喜好任意使用，但针对一些特殊情况则需要根据所包含的字符串来加以正确地选择。例如字符串中包含双引号时则应该把整个字符串放在单引号中，反之亦然，如下：

```
1    let sentence = "let's go";
2    let case = 'the number "2001011026"';
```

也可以使用字符转义“\”（escaping）的方法来实现更复杂的字符串效果，如下所示：

```
1    let score = "run time 3\'15\"";
2    console.log(score);
```

以上代码的输出结果如下：

```
run time 3'15"
```

注意

无论使用双引号还是单引号，作为一种良好的编程习惯，最好能在脚本中保持一致。如果在同一脚本中一会儿使用双引号，一会儿又使用单引号，代码很快就会变得难以阅读。

2．模板字符串

在实际开发中，我们经常会遇到最终需要的一个字符串是由若干部分拼接而成的情况。传统的方法就是使用“+”运算符把各个部分组合在一起，例如下面的代码：

```
1    let age = 10;
2    let name = "Mike";
3    let greeting = "I am " + name + ". I am " + age + "years old."
```

这样输出的结果是“I am Mike. I am 10 years old.”。它实际上是把这一句话拆分成了5句话，然后用“+”运算符连接起来，这样很不方便。

ES6中引入了一个新的方法，将字符串两端的双引号或单引号换成一个特殊的符号“`”（输入时一般是键盘上数字“1”键左边的那个键），这样字符串就变成了“模板字符串”，然后字符串中就可以用“${}”来插入特定的内容，例如将上面的第3行改为：

```
let greeting2 = 'I am ${ name }. I am ${ age } years old.'
```

得到的结果完全相同，但是无论是输入代码时还是阅读/检查代码时，改后的代码都要清晰很多。

3．字符串长度

字符串具有length属性，即其中的字符个数可以被返回，例如：

```
1    let sMyString = "hello world";
2    console.log(sMyString.length);
```

以上代码的输出结果为11，即“hello world”这个字符串的字符个数。这里需要特别指出，即使字符串中包含双字节（与ASCII字符相对，一个ASCII字符只占用一个字节），每个字符也只算一个字符，读者可以自己用中文字符进行试验。

反过来，如果希望获取指定位置的字符，可以使用charAt()方法。第一个字符的位置为0，第二个字符的位置为1，以此类推，如下所示：

```
1    let sMyString = "Hello, world!";
2    console.log(sMyString.charAt(4));
```

以上代码的输出结果是“o”，即第5个字符（对应位置为4）为字母“o”。

注意

从全世界范围来看，有大量文字，每种文字有各自的字符，特别是亚洲的中、日、韩等文字数量巨大，因此如何在计算机中存储更多的字符也是一个非常复杂的问题。经过大量的努力，业界形成了各种标准，并逐步进入实际生活中。因此，简单地使用charAt()方法获取一个字符串的长度是不可靠的，例如，如果在字符串中有中文字符，那么使用charAt()方法就无法得到正确的结果。

4. 子串

如果需要从某个字符串中取出一段子字符串，可以采用slice()、substring()或substr()方法。其中slice()和substring()都接受两个参数，分别为子字符串的起始位置和终止位置，返回这二者之间的字符，不包括终止位置的那个字符。如果第二个参数不设置，则默认从起始位置到字符串的末尾。slice()与substring()的用法如下，相关文件请参考本书配套资源“第10章\10-4.html”。

```
1    <script>
2    let myString = "hello world";
3    console.log(myString.slice(1,3));
4    console.log(myString.substring(1,3));
5    console.log(myString.slice(4));
6    console.log(myString);        //不改变原字符串
7    </script>
```

输出结果如下，从中也可以看出slice()和substring()方法都不改变原字符串，只是返回子字符串而已。

```
1    el
2    el
3    o world
4    hello world
```

这两种方法的区别主要在于对负数的处理。对于slice()而言，负数参数是从字符串的末尾往前计数的，而substring()则会直接将负数作为0来处理，并将两个参数中较小的作为起始位，较大的作为终止位，即substring(2,-3)等同于substring(2,0)。例如下面的代码，相关文件请参考本书配套资源“第10章\10-5.html”。

```
1    let myString = "hello world";
2    console.log(myString.slice(2,-3));
3    console.log(myString.substring(2,-3));
4    console.log(myString.substring(2,0));
5    console.log(myString);
```

代码运行结果如下，从中能够清晰地看到slice()方法与substring()方法的区别。

```
1    llo wo
2    he
3    he
4    hello world
```

对于substr()方法，其两个参数分别为起始字符串的位置和子字符串的长度，例如：

```
1    let myString = "hello world";
2    console.log(myString.substr(2,3));
```

其输出结果如下。substr()方法使用起来同样十分方便。开发者可以根据自己的需要选用不同的方法。

```
     llo
```

5. 搜索

搜索操作对于字符串来说十分平常，JavaScript提供了indexOf()和lastIndexOf()这两种搜索方法。它们的不同之处在于前者从前往后搜，后者则相反，返回值都是子字符串开始的位置（这个位置都是由前往后从0开始计数的）。如果找不到，则返回-1。indexOf()和lastIndexOf()的用法如下，相关文件请参考本书配套资源“第10章\10-6.html”。

```
1    let myString = "hello world";
2    console.log(myString.indexOf("l"));          //从前往后
3    console.log(myString.indexOf("l",3));        //可选参数，从第几个字符开始往后找
4    console.log(myString.lastIndexOf("l"));      //从后往前
5    console.log(myString.lastIndexOf("l",3));    //可选参数，从第几个字符开始往前找
6    console.log(myString.lastIndexOf("V"));      //大写“V”表示找不到，返回-1
```

代码运行结果如下，两种方法都十分便利。

```
1    2
2    3
3    9
4    3
5    -1
```

10.6.3 布尔型

JavaScript中同样有布尔型，它只有两种可取的值：true和false。从某种意义上说，为计算机设计程序就是跟布尔型的值（布尔值）打交道。计算机就是0和1的世界。

与字符串不同，布尔值不能用引号引起来，例如下面的代码，实例文件请参考本书配套资源“第10章\10-7.html”。

```
1   let married = true;
2   console.log("1. " + typeof(married));
3   married = "true";
4   console.log("2. " + typeof(married));
```

布尔值false和字符串“false”是两个完全不同的值。代码中第一个语句把变量married设置为布尔值true，而接着又把字符串“true”赋给变量married。

另外可以看到，方法typeof()可以获取一个变量的类型，从这里也可以看出，JavaScript语言中不用指定一个变量的类型，不代表变量没有类型。变量是有类型的，只是它的类型在赋值时才确定。

以上代码的运行结果如下，可以看到第1句输出的数据类型为boolean，而第二句为string。

```
1   1. boolean
2   2. string
```

10.6.4 类型转换

语言的重要特性之一就是具有进行类型转换的能力，JavaScript也不例外，它为开发者提供了大量简单的类型转换方法。通过一些全局函数，还可以实现更为复杂的转换。

例如将数值转换为字符串，可以直接利用加号“+”将数值加上一个长度为零的空串，或者通过toString()方法实现，代码如下，实例文件位于本书配套资源“第10章\10-8.html”。

```
1   let a = 3;
2   let b = a + "";
3   let c = a.toString();
4   let d = "student" + a;
5   console.log('a: ' + typeof(a));
6   console.log('b: ' + typeof(b));
7   console.log('c: ' + typeof(c));
8   console.log('d: ' + typeof(d));
```

以上代码的输出结果如下，从中可以清楚地看到a、b、c、d这4个变量的数据类型。

```
1   a: number
2   b: string
3   c: string
4   d: string
```

这是最简单的将数值转换为字符串的方法。下面几行有趣的代码或许会让读者对这种转换方法有更深入的认识。

```
1    let a=b=c=4;
2    console.log(a+b+c.toString());
```

以上代码的输出结果是84。

对于将数值转换为字符串，如果使用toString()方法，则还可以加入参数，直接进行进制的转换，代码如下，实例文件位于本书配套资源“第10章\10-9.html”。

```
1    let a=11;
2    console.log(a.toString(2));
3    console.log(a.toString(3));
4    console.log(a.toString(8));
5    console.log(a.toString(16));
```

进制转换的运行结果如下：

```
1    1011
2    102
3    13
4    b
```

对于字符串转换为数值，JavaScript提供了两种非常方便的方法，分别是parseInt()和parseFloat()。正如方法的名称一样，前者将字符串转换为整数，后者将字符串转换为浮点数。只有字符类型才能调用这两种方法，否则将会直接返回NaN。

在判断字符串是否是数值字符之前，parseInt()与parseFloat()都会仔细分析该字符串。parseInt()方法首先会检查位置0处的字符，判断其是否是有效数字，如果不是则直接返回NaN而不再进行任何操作。如果该字符为有效字符，则检查位置1处的字符，并进行同样的测试直到发现非有效字符或者字符串结束为止。通过下面的示例，相信读者会对parseInt()有很好的理解，实例文件参考本书配套资源“第10章\10-10.html”。

```
1    console.log(parseInt("4567red"));
2    console.log(parseInt("53.5"));
3    console.log(parseInt("0xC"));          //直接进行进制转换
4    console.log(parseInt("Mike"));
```

以上语句的运行结果如下。对于每一句的具体转换方式这里不再一一讲解，读者从例子中也能清晰地看到parseInt()方法的转换特点。

```
1    4567
2    53
3    12
4    NaN
```

利用parseInt()方法的参数，同样可以轻松地实现进制转换，例如如下代码，相关文件参考本书配套资源“第10章\10-11.html”。

```
1    console.log(parseInt("AF",16));
2    console.log(parseInt("11",2));
3    console.log(parseInt("011"));          //0开头，默认为八进制
```

```
4    console.log(parseInt("011",8));
5    console.log(parseInt("011",10));     //指定为十进制
```

以上代码的输出结果如下，由此可以很清楚地看到parseInt()方法在进制转换方面的强大功能。

```
1    175
2    3
3    11
4    9
5    11
```

parseFloat()方法与parseInt()方法的处理方式类似，这里不再重复讲解，直接通过下面的代码进行展示。读者可以自行试验该方法的不同结果，实例文件请参考本书配套资源“第10章\10-12.html”。

```
1    console.log(parseFloat("34535orange"));
2    console.log(parseFloat("0xA"));     //不再有默认进制，直接输出第一个字符“0”
3    console.log(parseFloat("435.34"));
4    console.log(parseFloat("435.34.564"));
5    console.log(parseFloat("Mike"));
```

以上代码最终运行结果如下：

```
1    34535
2    0
3    435.34
4    435.34
5    NaN
```

注意

这一小节中介绍了一些在JavaScript中进行类型转换常用的方法。从上面的例子中可以看到，JavaScript会自作主张地进行很多“隐式”的类型转换。读者若对这些转换规则不是特别熟悉，则可能会产生一些意想不到的结果。在介绍完10.6.5小节之后，我们再对此做补充说明，以便引起读者的注意。

说明

学习到这里，我们已经接触到了JavaScript的6种数据类型中的4种：未定义、数值型、字符型、布尔型。

10.6.5 数组

字符串、数值和布尔值都属于离散值（scalar），如果某个变量是离散的，那么在任意时刻就只能有一个值。如果想用一个变量来存储一组值，最基本的方式就是使用数组（array）。需要注意的是，字符串、数值和布尔值都属于JavaScript的6种“简单类型”数据之一，而数组则属于另外一种“对象”类型，也就是说，对象类型有很多种，数组是其中之一，用来构造比简单类型更复杂的数据结构。

数组可以被理解为由名称相同的多个值构成的一个集合，集合中的每个值都是这个数组的元素（element）。例如可以使用变量team来存储一个团队里所有成员的名字。声明以及初始化一个数组通常有两种方法。实际上还有其他方法（它们超出了本书的讲解范畴），有兴趣的读者可以再进一步去探索学习。

1．用字面量方式声明数组

在JavaScript中最简单的方式是使用字面量来声明数组，如下所示。

```
1    let team = [ "Tom", "Mike", "Jane"];
2    let numbers = [ 1, 3, 7, 9, 12]
```

在JavaScript中，数组都是变长数组，故不需要预先指定长度。

2．用Array类型的构造函数声明数组

前面提到，在JavaScript中数组本质上属于对象类型，因此可以向创建一个对象那样创建一个数组。我们还没有详细讲到对象的知识，这里提前使用一下。一个对象类型的本质是它有一个构造函数，使用new运算符调用一个构造函数就能创建出一个该类型的对象，最简单的代码如下：

```
let team = new Array ();
```

可以看到Array类型的构造函数就是 Array()，前面加了一个“new”关键字。new本质上是一个“运算符”，就像加号一样，这一点初学者可能不太理解。

上面这个语句就是把变量team初始化为一个数组，这个数组中没有任何元素，它等价于：

```
let team = [];
```

此外，还可以再构造函数中指定数组中的元素，代码如下：

```
let team = new Array ("Tom", "Mike", "Jane");
```

这样就等价于：

```
let team = [ "Tom", "Mike", "Jane"];
```

数组定义好后，访问其中元素的方法与C语言等大多数语言相同，用方括号类指定元素索引（也被称为下标），例如对上面定义的team数组，team[0] 的值就是"Tom"，team[2]的值就是"Jane"。

注意

JavaScript和C语言一样，数组的索引从0开始排列。

从上面的例子中可以看出，JavaScript的数组是“动态”数组，或者叫作“变长”数组，不需要事先指定长度，并且可以随时改变数组中的元素，从而它的长度也随之改变。如果需要的话，也可以指定数组的元素个数，也就是数组的长度。

因此，JavaScript还提供了另一种方式来初始化一个数组，在必要时可以指定数组长度，参考代码如下：

```
1    let team = new Array(3);          //一个3个人的团队
2    team[0] = "Tom";
3    team[1] = "Mike";
4    team[2] = "Jane";
```

以上代码先创建了空数组team，然后定义了3个数组项。每增加一个数组项，数组的长度就会动态地增长1。

3．数组的一些常用操作

与字符串的length属性一样，数组也可以通过length属性来获取数组的长度，且数组的索引同样也是从0开始的，代码如下（本书配套资源“第10章\10-13.html”）。

```
1    let aMap = new Array("China","USA","Britain");
2    console.log(aMap.length + " " + aMap[2]);
```

以上代码的运行结果如下，数组长度为3，而aMap[2]获得的是数组的最后一项，即“Britain”。

```
3 Britain
```

另外，通过下面的示例代码，相信读者会对数组的长度有更深入的理解（本书配套资源“第10章\10-14.html”）。

```
1    let aMap = new Array("China","USA","Britain");
2    aMap[20] = "Korea";
3    console.log(aMap.length + " " + aMap[10] + " " + aMap[20]);
```

以上代码的运行结果如下，这里不再一一讲解，读者可以自行试验。

```
21 undefined Korea
```

对于数组而言，通常需要将其转化为字符串再进行使用。toString()方法可以很方便地实现这个功能，代码如下（本书配套资源“第10章\10-16.html”）。

```
1    let aMap = ["China","USA","Britain"];
2    console.log(aMap.toString());
3    console.log(typeof(aMap.toString()));
```

输出结果如下，可以看出转换后代码直接将各个数组项用逗号进行了连接。

```
1    China,USA,Britain
2    string
```

如果不希望用逗号进行连接，而希望用指定的符号，则可以使用join()方法。该方法接受一个参数，即用来连接数组项的字符串，用法如下（本书配套资源“第10章\10-17.html”）。

```
1    let aMap = ["China","USA","Britain"];
2    console.log(aMap.join());                //无参数，等同于toString()
3    console.log(aMap.join(""));              //不用连接符
4    console.log(aMap.join("]["));            //用“][”来连接
```

```
5    console.log(aMap.join("-cc-"));
```

输出结果如下，从结果中也可以看出join()方法的强大功能。

```
1    China,USA,Britain
2    ChinaUSABritain
3    China][USA][Britain
4    China-cc-USA-cc-Britain
```

从数组可以很轻松地转换为字符串。对于字符串，JavaScript同样提供了split()方法来将其转换成数组。split()方法接受一个参数，即用于分割字符串的标识，用法如下，实例文件请参考本书配套资源“第10章\10-18.html”。

```
1    let sFruit = "apple,pear,peach,orange";
2    let aFruit = sFruit.split(",");
3    console.log(aFruit.join("--"));
```

以上代码的输出结果如下：

```
apple--pear--peach--orange
```

数组中元素的顺序很多时候是开发者所关心的。JavaScript提供了一些简单的方法用于调整数组中元素之间的顺序。reverse()方法可以用来设置数组元素反序，用法如下，实例文件请参考本书配套资源“第10章\10-19.html”。

```
1    let aFruit = ["apple","pear","peach","orange"];
2    console.log(aFruit.reverse().toString());
```

以上代码的输出结果如下，可以看到数组的元素进行了反序排列。

```
orange,peach,pear,apple
```

对于字符串而言，没有类似reverse()的方法，但仍然可以利用split()方法将其转化为数组，再利用数组的reverse()方法进行字符串的反序，最后再用join()将结果转化回字符串，代码如下：

```
1    let myString = "abcdefg";
2    console.log(myString.split("").reverse().join(""));
3    /*  split("")将每个字符都转为一个数组元素
4        reverse()反序数组的每个元素
5        join("")最后将数组无连接符地转为字符串
6    */
```

以上代码的运行结果如下，字符串成功反序了，实例文件请参考本书配套资源“第10章\10-20.html”。

```
gfedcba
```

对于数组元素的排序，JavaScript还提供了一个更为强大的sort()方法，简单运用如下：

```
1    let aFruit = ["pear","apple","peach","orange"];
2    aFruit.sort();
```

```
3    console.log(aFruit.toString());
```

以上代码的显示结果如下，数组被按照字母顺序重新进行了排列，实例文件请参考本书配套资源“第10章\10-21.html”。

```
apple,orange,peach,pear
```

作为本小节的最后一个案例，演示一下数组还可以作为“栈”来进行方便的操作。JavaScript的数组提供了push()和pop()方法，它们可以非常方便地实现“栈”的功能。因为不需要知道数组的长度，所以在根据条件将结果一一保存到数组时特别有效，在后续章节的例题中会反复使用它们，这里仅说明这两个方法如何使用，代码如下，实例文件请参考本书配套资源“第10章\10-22.html”。

说明

“栈”是一种较简单的数据结构，即一个具有“后进先出”特征的线性表（一维数据结构），可以被理解为具有“入栈”（push）和“出栈”（pop）两个操作的数组，最先入栈的元素最后出栈，最后入栈的元素最先出栈。

```
1    let stack = new Array();
2    stack.push("red");
3    stack.push("green");
4    stack.push("blue");
5    console.log(stack.toString());
6    let vItem = stack.pop();
7    console.log(vItem);
8    console.log(stack.toString());
```

以上代码的运行结果如下，数组被看成了一个“栈”，通过push()、pop()做入栈和出栈处理。

```
1    red,green,blue
2    blue
3    red,green
```

本章小结

本章介绍了JavaScript语言的一些基础知识，包括JavaScript语言的产生和演进过程（使用VS Code可以编写包含JavaScript程序的页面），以及一些最基础的JavaScript语言知识。读者需要重点理解“变量”和“类型”。无论编写多么复杂的程序或者系统，首先必须确保能把数据和信息用计算机可以理解的方式表示出来。不同的语言有各自的表达方式和表达体系，而“变量”和“类型”就是最基础的表达体系。学习一门语言，首先就要理解这门语言是如何构造它的数据类型体系的。

习题 10

一、关键词解释

JavaScript　ECMAScript　DOM　BOM　VS Code　调试　关键字
保留字　数据类型　类型转换　数组　字面量　构造函数

二、描述题

1. 请简单描述一下JavaScript的实现是由哪几个部分组成的。
2. 请简单列出常用的关键字和保留字。
3. 请简单描述一下JavaScript中有几种数据类型，分别是什么。
4. 请简单描述一下本章中声明数组的方式有哪几种。
5. 请简单描述一下本章中数组常用的方法有哪几个，它们的含义分别是什么。

三、实操题

统计某个字符串在另一个字符串中出现的次数，例如统计下面这段话中JavaScript出现的次数。

> 第9章对JavaScript进行了概述性的介绍，从本章开始将对JavaScript进行深入讨论，并分析JavaScript的核心ECMAScript，让读者从底层了解JavaScript的编写，包括JavaScript的基本语法、变量、关键字、保留字、语句、函数等。

第11章 程序控制流与函数

第10章重点讲解了JavaScript的数据类型体系，至此，我们已经能够将复杂的信息通过一定的方式表达为JavaScript引擎所能理解的数据。接下来，就需要了解一下，一个程序到底是如何运行起来的，输入的数据经过了哪些过程，才能最终得到我们需要的结果。本章思维导图如下。

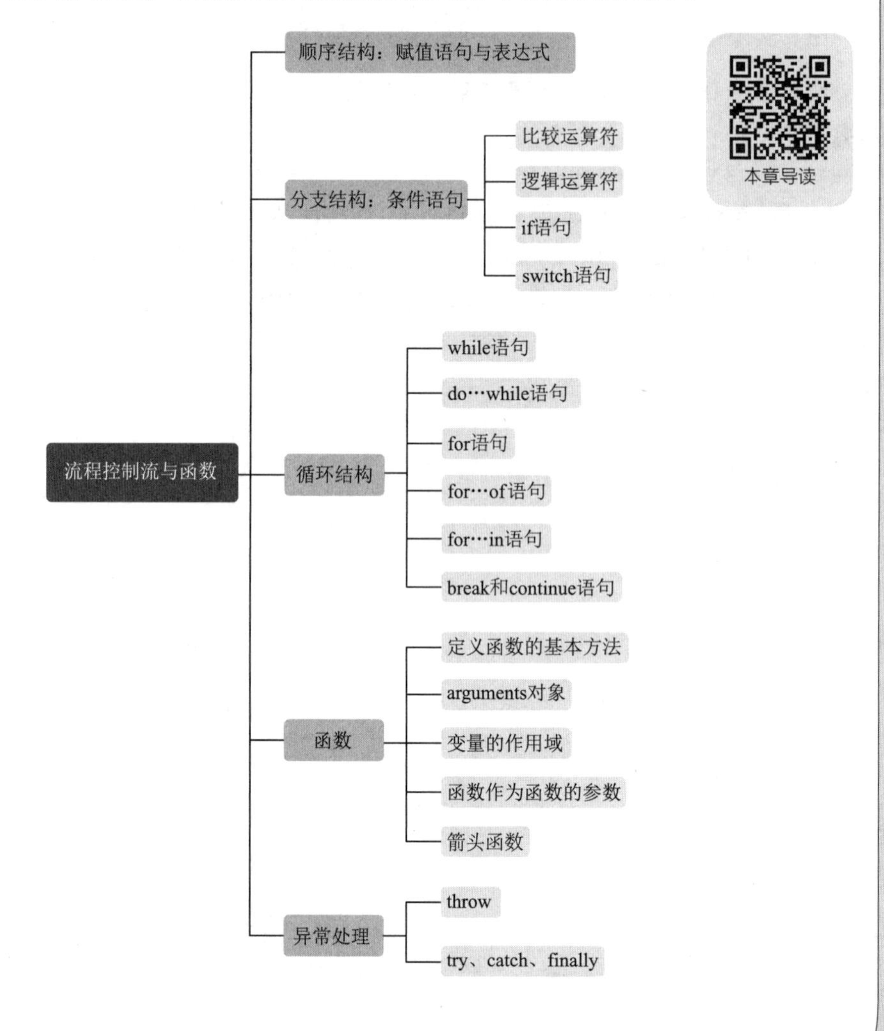

11.1 顺序结构：赋值语句与表达式

程序是一条一条的指令按一定的顺序所组成的集合。我们编写程序的本质就是在设计和控制程序流动的方式。荷兰著名计算机科学家迪杰斯特拉提出的结构化程序设计指出，从本质上来说，程序控制流有且仅有3种结构：顺序结构、分支结构、循环结构。

本节先介绍最简单的“顺序结构”。顾名思义，其是一条语句一条语句地按顺序编写好，执行时按照先后次序依次进行。最常用的就是赋值语句，例如a=3; 就是一个赋值语句——将3这个值赋给了变量a。

与此相关的一个重要概念就是表达式。每种程序设计语言都会设计好若干种数据类型以及相应的一整套运算符。各种类型的字面量、常量以及变量通过运算符组织在一起，最终可以计算出某个特定的唯一结果。

例如下面的代码：

```
1   let a;
2   a = (4+5)*4;
3   const b = 3*3;
```

在上面代码中，出现了3种不同的“量”，例如4、5这些量，被称为“字面量”，它们不包含变量或常量，可以直接得到运算结果。

另外，由let声明的量是一个“变量”a，开始时还没有给它赋值，因此它的值是undefined。然后通过表达式对它赋值后，它的值就变成了36。

接下来又通过“const”关键字声明了一个“常量”b。const和let相似，区别是它声明的是“常量”，也就是不能再修改值的量。因此声明它的同时必须给它赋值，否则以后就没有机会给它赋值了。

知识点

目前的主流最佳实践建议是，建议开发者在写代码时，优先使用const声明，除非要声明的量将来会改变时才使用let声明。

在上面代码中除了“变量”a和“常量”b外，如4、5这些量，被称为“字面量”。

与表达式相关的其他重要概念有“运算符”与“优先级”。每种语言都会提供若干种运算符，并规定运算符之间的优先级关系。通常其与我们日常理解的优先级一致，如“先乘除，后加减”“有括号时先算括号内的部分”“多层括号从最里面的开始算起”等。

注意

高级语言的运算符种类通常有很多（JavaScript有20多种运算符），有时也会遇到比较复杂的特殊情况，不一定能凭直觉判断。这时读者可以查一下手册，或者增加一些冗余的括号，以确保优先级的正确。但是注意千万不要想当然，因为这时一旦出错，后面就会很难发现它。

11.2 分支结构：条件语句

与其他程序设计语言一样，JavaScript也具有各种条件语句来进行流程上的

判断。本节对其进行简单的介绍，包括各种运算符以及逻辑语句等。

11.2.1 比较运算符

JavaScript中的比较运算符主要包括等于（==）、严格等于（===）、不等于（!=）、不严格等于（! ==）、大于（>）、大于或等于（>=）、小于（<）、小于或等于（<=）等。

针对大多数比较运算符，我们从字面意思就很容易理解它们的含义，简单示例如下，实例文件请参考本书配套资源“第11章\11-1.html”。

```
1    <script>
2    console.log("Pear" == "Pear");
3    console.log("Apple" < "Orange");
4    console.log("apple" < "Orange");
5    </script>
```

以上代码的输出结果如下：

```
1    true
2    true
3    false
```

从输出结果可以看到，比较运算符是区分大小写的，因此通常在比较字符串时，为了排序的正确性，往往将字符串统一转换成大写字母或者小写字母再进行比较。JavaScript提供了toUpperCase()和toLowerCase()两种方法，如下所示：

```
console.log("apple".toUpperCase() < "Orange".toUpperCase());
```

其输出结果为true。

值得说明的是，在JavaScript中，要区分“==”和“===”的区别，“==”被称为“等于”，“===”被称为“严格等于”。

（1）使用“==”时，如果两个比较对象的类型不相同，则会先进行类型转换，然后再做比较；如果转换后二者相等，则返回true。

（2）使用“===”时，如果两个比较对象的类型不相同，则不会进行类型转换，而是会直接返回false；只有类型相同才会进行比较，并根据比较结果返回true或false。

注意

当前很多软件开发团队的最佳实践规定，在实际开发中，一律使用“===”，而禁止使用“==”。

11.2.2 逻辑运算符

JavaScript与其他程序设计语言一样，其逻辑运算符主要包括与运算（&&）、或运算（||）和非运算（!）。与运算（&&）表示两个条件都为true时，整个表达式才是true，否则为false。或运算（||）表示两个条件只要有一个为true，整个表达式便是true，否则为false。非运算（!）就是简单地将true变为false，或者将false变为true。简单举例如下，实例文件请参考本书配套资源“第11章\11-2.html”。

```
1    <script>
2    console.log(3>2 && 4>3);
3    console.log(3>2 && 4<3);
4    console.log(4<3 || 3>2);
5    console.log(!(3>2));
6    </script>
```

输出结果如下。读者可以自己再试验一些情况，这里不再一一讲解。

```
1    true
2    false
3    true
4    false
```

11.2.3 if语句

if语句是JavaScript中最常用的语句之一，其语法如下：

```
if(condition) statement1 [else statement2]
```

其中condition可以是任何表达式。计算的结果甚至不必是真正的布尔值，因为ECMAScript会自动将其转化为布尔值。如果条件计算结果为true，则执行statement1；如果条件计算结果为false，则执行statement2（前提是statement2存在，因为else部分不是必需的）。每个语句都可以是单行代码，也可以是代码块，简单举例如下，实例文件请参考本书配套资源“第11章\11-11.html”。

```
1    <html>
2    <head>
3    <title>if语句</title>
4    </head>
5    <body>
6    <script>
7    //首先获取用户的一个输入，并用Number()强制将其转换为数字
8    let iNumber = Number(prompt("输入一个5到100之间的数字", ""));
9    if(isNaN(iNumber))                                  //判断输入的是否是数字
10       alert("请确认你的输入正确");
11   else if(iNumber > 100 || iNumber < 5)               //判断输入的数字范围
12       alert("你输入的数字范围不在5和100之间");
13   else
14       alert("你输入的数字是:" + iNumber);
15   </script>
16   </body>
17   </html>
```

以上代码首先用prompt()方法让用户输入一个介于5到100之间的数字，如图11.1所示，然后用Number()将其强行转换为数值型。

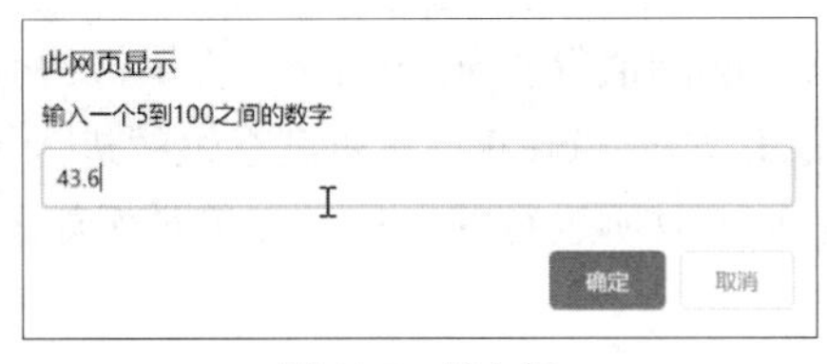

图 11.1 输入框

然后对用户的输入进行判断，并用if语句对判断出的不同结果执行不同的语句。如果输入的不是数值，则显示非法输入；如果输入的数字不在5到100之间，则显示数字范围不对；如果输入正确，则显示用户的输入，如图11.2所示。这也是典型的if语句的使用方法。

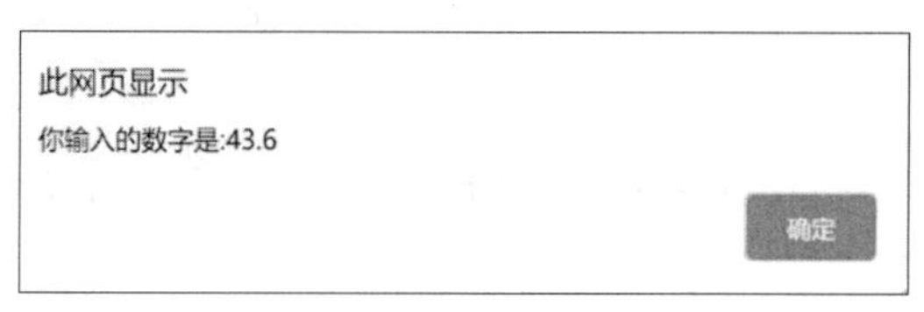

图 11.2　显示用户输入

其中方法Number()将参数转换为数字（无论是整数还是浮点数），如果转换成功则返回转换后的结果，如果转换失败则返回NaN。而函数isNaN()用来判断参数是否是NaN，如果是NaN则为true，否则为false。

在多重条件语句中，需要注意else与if 的匹配问题。考虑如下一个场景：根据一个分数，给出评级；如果分数大于100分则评为“good”，小于60分则评为“fail”，其他评为“pass”。

```
1   let s=200, result;
2   if(s > 100)
3       result = "good";
4   else if(s >= 60)
5       result = "pass";
6   else
7       result = "fail";
```

先将条件按顺序排好，从一端开始，然后联级依次写else和if，层次非常清晰。另外，JavaScript像C语言一样，当发生嵌套时，else总是与离它最近的一个尚未被else匹配过的if匹配，例如上面最后一个else 会与第一个if匹配。

11.2.4　switch语句

当需要判断的情况比较多时，通常会采用switch语句来实现，其语法如下：

```
1   switch(expression){
2       case value1: statement1
3           break;
4       case value2: statement2
5           break;
6       ……
7       case valuen: statementn
8           break;
9       default: statement
10  }
```

每个情况都表示如果expression的值等于某个value，就执行相应的statement。关键字break会使代码跳出switch语句。如果没有关键字break，代码就会继续进入下一个情况。关键字default表示表达式不等于其中任何一个value时所进行的操作。简单举例如下，实例文件请参考本书配套资源“第11章\11-4.html”。

```
1    <html>
2    <head>
3    <title>switch语句</title>
4    </head>
5
6    <body>
7    <script>
8    let iWeek = parseInt(prompt("输入1到7之间的整数",""));
9    switch(iWeek){
10       case 1:
11           alert("Monday");
12           break;
13       case 2:
14           alert("Tuesday");
15           break;
16       case 3:
17           alert("Wednesday");
18           break;
19       case 4:
20           alert("Thursday");
21           break;
22       case 5:
23           alert("Friday");
24           break;
25       case 6:
26           alert("Saturday");
27           break;
28       case 7:
29           alert("Sunday");
30           break;
31       default:
32           alert("Error");
33   }
34   </script>
35   </body>
36   </html>
```

以上代码同样先利用prompt()方法让用户先输入1到7之间的一个数字，如图11.3所示，然后根据用户的输入给出相应的星期，如图11.4所示。

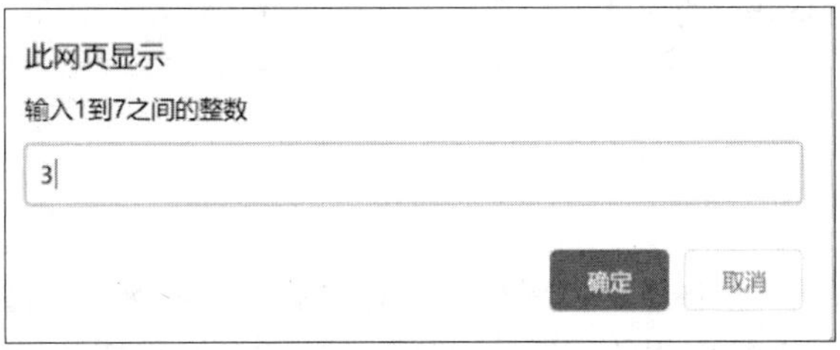

此网页显示
输入1到7之间的整数
3
确定 取消

图 11.3 输入一个数字

此网页显示
Wednesday
确定

图 11.4　输出相应的星期

11.3 循环语句

循环语句的作用是反复执行同一段代码。其尽管分为几种不同的类型，但基本原理几乎是一样的：只要给定的条件仍能得到满足，包含在循环体语句里面的代码就会重复执行下去，一旦条件不再满足则终止。本节简要介绍JavaScript中常用的几种循环。

11.3.1 while语句

while语句是前测试循环语句，即是否终止循环的条件判断是在执行内部代码之前，因此循环的主体可能根本不会被执行，其语法如下：

```
while(expression) statement
```

当expression为true时，程序会不断执行statement语句，直到expression变为false。例如使用while语句求和，实例文件请参考本书配套资源“第11章\11-5.html”。

```
1  let i=iSum=0;
2  while(i<=100){
3      iSum += i;
4      i++;
5  }
6  console.log(iSum); //5050
```

以上代码是简单地求1到100加和的方法，这里不再详细讲解每行代码，其运行结果是5 050。

11.3.2 do…while语句

do…while语句是while语句的另外一种表达方法，它的语法结构如下：

```
1  do{
2      statement
3  }while(expression)
```

与while语句不同的是，它将条件判断放在循环之后，这就保证了循环体statement至少会被执行一次。很多时候这是非常实用的。简单举例如下，实例文件请参考本书配套资源“第11章\11-6.html”。

```
1  <html>
2  <head>
```

```
3    <title>do..while语句</title>
4    </head>
5
6    <body>
7    <script>
8    let aNumbers = new Array();
9    let sMessage = "你输入了:\n";
10   let iTotal = 0;
11   let vUserInput;
12   let iArrayIndex = 0;
13   do{
14       vUserInput = prompt("输入一个数字，或者'0'退出","0");
15       aNumbers[iArrayIndex] = vUserInput;
16       iArrayIndex++;
17       iTotal += Number(vUserInput);
18       sMessage += vUserInput + "\n";
19   }while(vUserInput != 0)          //当输入为0（默认值）时退出循环体
20   sMessage += "总数:" + iTotal;
21   alert(sMessage);
22   </script>
23   </body>
24   </html>
```

以上代码利用循环不断让用户输入数字，如图11.5所示。在循环体中将用户的输入存入数组aNumbers，然后不断求和，会将结果赋给变量iTotal，相应的sMessage也会不断更新。

图 11.5　提示用户输入数字

当用户的输入为0时退出循环体，并且输出求和结果，如图11.6所示。利用do…while语句就保证了循环体在最开始判断条件之前，至少执行了一次。

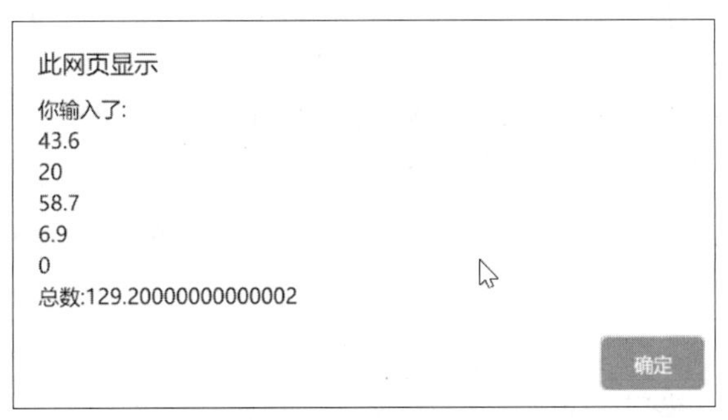

图 11.6　输出求和结果

注意

上面输出的求和结果中小数点位数很多，这是浮点数的精度问题。保留两位小数可以用toFixed(2)方法实现，这在后面会介绍。

11.3.3 for语句

for语句是前测试循环语句，其在进入循环之前不仅能够初始化变量，而且能够定义循环后要执行的代码，其语法如下：

```
for(initialization; expression; post-loop-expression) statement
```

执行过程如下。

（1）执行初始化initialization语句。

（2）判断expression是否为true，如果是则继续，否则终止整个循环体。

（3）执行循环体statement代码。

（4）执行post-loop-expression代码。

（5）返回第（2）步操作。

for语句最常用的形式是for(let i=0;i<n;i++){statement}，它表示循环一共执行n次，非常适用于已知循环次数的运算。上一个例子11-6.html中，iTotal的计算通常会用for语句来实现，将其中的do…while语句改为for语句，代码如下，实例文件请参考本书配套资源“第11章\11-7.html”。

```
1   <html>
2   <head>
3   <title>for语句</title>
4   </head>
5
6   <body>
7   <script>
8   let aNumbers = new Array();
9   let sMessage = "你输入了:\n";
10  let iTotal = 0;
11  let vUserInput;
12  let iArrayIndex = 0;
13  do{
14      vUserInput = prompt("输入一个数字，或者'0'退出","0");
15      aNumbers[iArrayIndex] = vUserInput;
16      iArrayIndex++;
17  }while(vUserInput != 0)          //当输入为0（默认值）时退出循环体
18  //for循环遍历数组的常用方法：
19  for(let i=0;i<aNumbers.length;i++){
20      iTotal += Number(aNumbers[i]);
21      sMessage += aNumbers[i] + "\n";
22  }
23  sMessage += "总数:" + iTotal;
24  alert(sMessage);
25  </script>
```

```
26  </body>
27  </html>
```

以上代码的运行结果如图11.7所示，整个过程与11-6.html完全相同，但具体实现时将求和以及输出结果的运算都用for语句来完成，而do…while语句则只负责用户的输入，结构更加清晰合理。

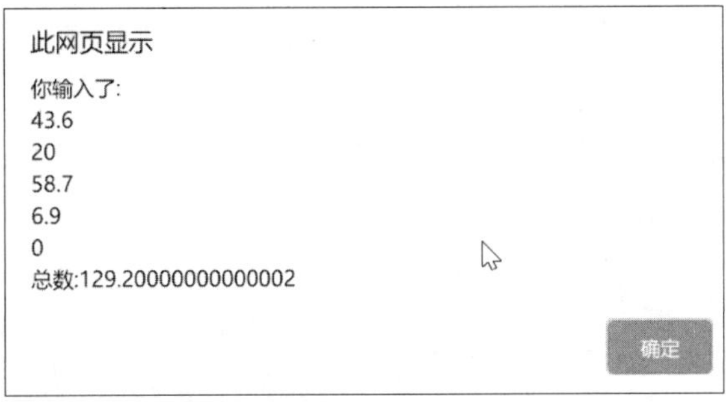

图 11.7　采用 for 循环时的求和结果

11.3.4 break和continue语句

break和continue语句对循环中的代码执行提供了更为严格的流程控制。break语句可以立即退出循环，阻止再次执行循环体中的任何代码。continue语句只是退出当前这一次循环，根据控制表达式还允许进行下一次循环。

11.3.3小节的例子中并没有对用户的输入做容错判断，下面用break和continue语句分别对其进行优化，以适应不同的需求。首先运用break语句，在用户输入非法字符时跳出，代码如下，实例文件请参考本书配套资源“第11章\11-8.html”。

```
1   <html>
2   <head>
3   <title>break语句</title>
4   </head>
5
6   <body>
7   <script>
8   let aNumbers = new Array();
9   let sMessage = "你输入了: \n";
10  let iTotal = 0;
11  let vUserInput;
12  let iArrayIndex = 0;
13  do{
14      vUserInput = Number(prompt("输入一个数字，或者'0'退出","0"));
15      if(isNaN(vUserInput)){
16          sMessage += "输入错误，请输入数字，'0'退出 \n";
17          break;                              //输入错误时直接退出整个do循环体
18      }
19      aNumbers[iArrayIndex] = vUserInput;
20      iArrayIndex++;
21  }while(vUserInput != 0)                     //当输入为0（默认值）时退出循环体
22  //for语句遍历数组的常用方法:
```

```
23  for(let i=0;i<aNumbers.length;i++){
24      iTotal += Number(aNumbers[i]);
25      sMessage += aNumbers[i] + "\n";
26  }
27  sMessage += "总数:" + iTotal;
28  alert(sMessage);
29  </script>
30  </body>
31  </html>
```

以上代码对用户输入进行了判断，如果用户输入为非数字，如图11.8所示，则用break语句强行退出整个循环体，并提示用户出错，如图11.9所示。

图 11.8　输入非数字

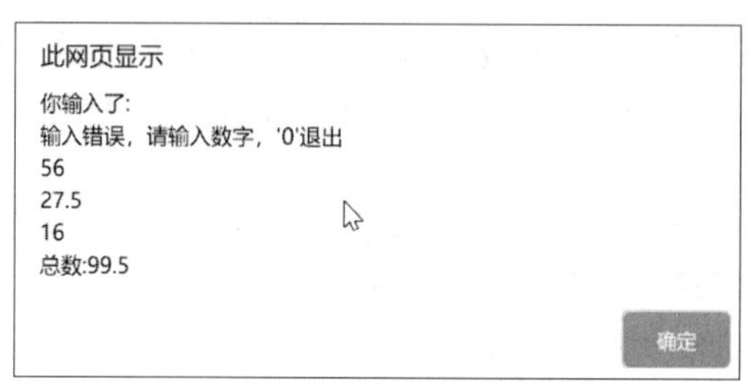

图 11.9　提示输入错误

有时用户可能只是不小心按错了键盘上的某个键，导致输入错误，此时用户可能并不想退出，而是希望继续输入。针对这一情况，则可以用continue语句来退出当次循环，而继续后面的操作。改为使用continue语句，代码如下，实例文件请参考本书配套资源“第11章\11-9.html”。

```
1   <html>
2   <head>
3   <title>continue语句</title>
4   </head>
5   <body>
6   <script>
7   let aNumbers = new Array();
8   let sMessage = "你输入了：\n";
9   let iTotal = 0;
10  let vUserInput;
11  let iArrayIndex = 0;
12  do{
13      vUserInput = Number(prompt("输入一个数字，或者'0'退出","0"));
14      if(isNaN(vUserInput)){
15          alert("输入错误，请输入数字，'0'退出");
16          continue;                    //输入错误则退出当前循环，继续下一次循环
17      }
18      aNumbers[iArrayIndex] = vUserInput;
```

```
19         iArrayIndex++;
20     }while(vUserInput != 0)              //当输入为0（默认值）时退出循环体
21     //for语句遍历数组的常用方法：
22     for(let i=0;i<aNumbers.length;i++){
23         iTotal += Number(aNumbers[i]);
24         sMessage += aNumbers[i] + "\n";
25     }
26     sMessage += "总数:" + iTotal;
27     alert(sMessage);
28     </script>
29     </body>
30     </html>
```

将循环体中的容错判断代码改为continue后，当用户输入非数字时会弹出对话框提示，如图11.10所示，而并不跳出整个循环体，而是只跳出当前循环。用户可以继续输入直到输入“0”为止。

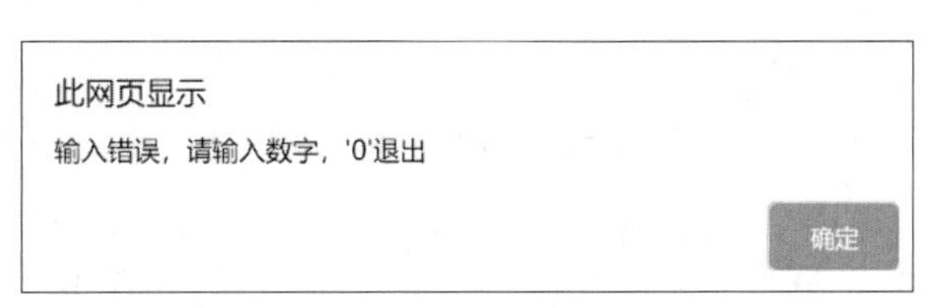

图 11.10　采用 continue 语句后的对话框提示

在实际运用中，break和continue都是十分重要的流程控制语句，读者应该根据不同的需要合理运用。

11.3.5 实例：九九乘法表

九九乘法表是每一位小学生都要求背诵的。我们如果将其实现到网页上，则可以利用循环进行计算；再配合表格的显示，即可实现最终的效果，如图11.11所示。

九九乘法表
C:/Artech/SourceCode/JavaScript+jQuery/第2章/2...

1*1=1								
2*1=2	2*2=4							
3*1=3	3*2=6	3*3=9						
4*1=4	4*2=8	4*3=12	4*4=16					
5*1=5	5*2=10	5*3=15	5*4=20	5*5=25				
6*1=6	6*2=12	6*3=18	6*4=24	6*5=30	6*6=36			
7*1=7	7*2=14	7*3=21	7*4=28	7*5=35	7*6=42	7*7=49		
8*1=8	8*2=16	8*3=24	8*4=32	8*5=40	8*6=48	8*7=56	8*8=64	
9*1=9	9*2=18	9*3=27	9*4=36	9*5=45	9*6=54	9*7=63	9*8=72	9*9=81

图 11.11　九九乘法表

首先分析九九乘法表的结构。九九乘法表一共9行，每行的单元格个数会随着行数的增加而增加。在Web中没有这样的梯形表格，<table>永远是矩形形状，但依然可以通过“障眼法”来实现梯形表格，即令有内容的单元格<td>加上边框：

```
<td style='border:2px solid #004B8A; background:#FFFFFF;'>具体内容</td>
```

而没有内容的单元格则隐藏边框：

```
<td style='border:none;'></td>
```

这样只需要两个for语句嵌套，外层循环为每行的内容，而内层循环则为一行内的各个单元格，并且在内层循环中用if语句做判断即可，完整代码如下，实例文件请参考本书配套资源“第11章\11-10.html”。

```
1    <!DOCTYPE html>
2    <html>
3    <head>
4    <title>九九乘法表</title>
5    </head>
6
7    <body bgcolor="#e0f1ff">
8    <table cellpadding="6" cellspacing="0" style="border-collapse:collapse;
     border:none;">
9    <script>
10   for(let i=1;i<10;i++){                          //九九乘法表一共9行
11     document.write("<tr>");                       //每行是table的一行
12       for(j=1;j<10;j++)                           //每行都有9个单元格
13       if(j<=i)                                    //有内容的单元格
14         document.write("<td style='border:2px solid #004B8A; background:
           #FFFFFF;'>"+i+"*"+j+"="+(i*j)+"</td>");
15       else                                        //没有内容的单元格
16         document.write("<td style='border:none;'></td>");
17       document.write("</tr>");
18   }
19   </script>
20   </table>
21   </body>
22   </html>
```

以上代码将<script>放在了<table>与</table>之间，这样便可通过循环来产生表格的每行以及每个单元格。具体每行代码的含义在注释中都有分析，这里不再重复讲解。以上代码的执行结果在Firefox浏览器中的显示效果如图11.12所示，可以看到代码的兼容性很好。

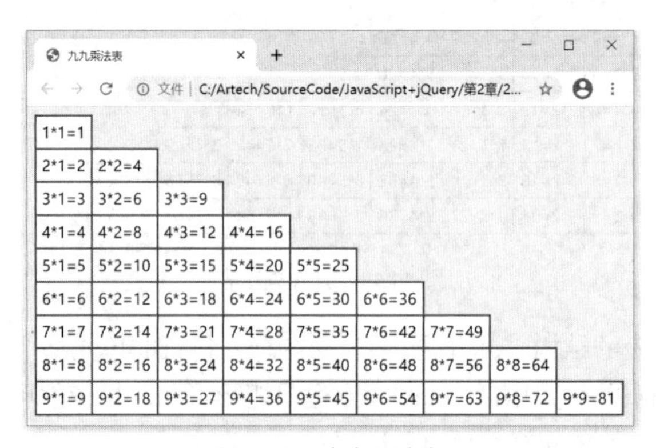

图 11.12　九九乘法表

11.3.6 for…of语句

在ES6中引入了一个新的概念，即“迭代器”，数组或其他集合类的对象内部都实现了“迭代器”，这样可以便利其中元素的相关操作。在实际开发中，大多数需要对数组元素进行循环处理的场景中，使用for…of语句都会比使用传统的for语句更方便。

举个简单的例子，假设在一个数组中记录了所有团队成员的名字：

```
let team = [ "Tom", "Mike", "Jane"];
```

现在需要将所有成员两两配对，组成二人小组：一个组长及一个组员。那么如何求出所有可能的二人小组呢？请先看下面传统的for语句是如何实现的。

```
1    let pairs = [];   //用于保存最终结果
2
3    for(let i=0; i< team.length; i++)
4    for(let j=0; j< team.length; j++){
5        if(team[i] !== team[j])
6            pairs.push([team[i],team[j]]);
7    }
```

可以看到，这是一个二重循环，其分别将从“0”到“长度-1”的整数作为索引，每次循环中都会比较两个元素，如果不同就把这两个元素组成一个数组，再加入最终的结果数组中。这是常规的做法，但是用新的for…of语句又应该如何实现呢？

```
1    let pairs = [];   //用于保存最终结果
2    for(let a of team)
3    for(let b of team) {
4        if(a !== b)
5            pairs.push([a,b);
6    }
```

可以看到，代码的逻辑没有变化，但是编写的代码少了，而且更加清晰易读。其中关键的是“for(let a of team)”，这句话的意思就是在每次循环前把team中当前的那个元素赋给变量a。这种方式受到了广大程序开发员的欢迎，因此近年来各种主流的程序设计语言都增加了“迭代器”，以实现类似的功能。

11.3.7 for…in语句

除for…of语句之外，还有一个看起来很相似但是相差很大的循环语句：for…in语句。它通常用来枚举对象的属性，但是到目前为止本书还没有真正讲解对象和属性的知识，所以只对其做简单的介绍。前面提到过JavaScript是面向对象的语言，因此其会遇到大量的对象，例如浏览器中会遇到document、window等对象。for…in语句的作用是遍历一个对象的所有“属性”，语法如下：

```
for(property in expression) statement
```

它将遍历expression对象中的所有属性，并且针对每一个属性都执行一次statement循环体，如下为遍历window对象（即浏览器窗口）的代码：

```
1    for(let i in window)
2        document.write(i+"="+window[i]+"<br>");
```

尽管并不知道window对象到底有多少属性，以及每个属性相对应的名称，但通过for…in语句便可以很轻松地获得各种参数，运行结果如图11.13所示。

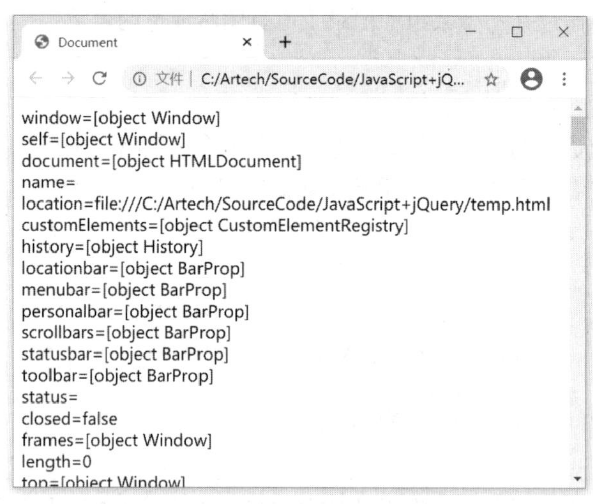

图 11.13　for…in 语句的运行结果

11.4 函数

函数是一组可以随时随地运行的语句，简单来说，函数是完成某个功能的一组语句，或者说是一组语句的封装。它可以接受0个或者多个参数，然后执行函数体来完成某些功能，最后根据需要返回处理结果或者不返回。本节主要讲解JavaScript中函数的运用，为后续章节打下基础。

同时函数也是控制程序执行流的一种方式，因此将“函数”放在本章中进行讲解。

11.4.1 定义函数的基本方法

最基本的定义函数的语法有两种，即：

```
1    function functionName([arg0, arg1, …, argN]){
2        statements
3        [return [expression]]
4    }
```

以及：

```
1    functionName = function([arg0, arg1, …, argN]){
2        statements
3        [return [expression]]
4    }
```

其中function为定义函数的关键字，functionName为函数的名称，arg表示传递给函数的参数列表，各个参数之间用逗号隔开，参数可以为空。statements为函数体本身，可以是各种合法的代码块。expression为函数的返回值，其同样为可选项。

可以看到两种方式的区别是，我们既可以把函数的名称写在function关键字与它后面的左括号之间，也可以把function关键字和它后面的左括号放在一起，然后构成一个“函数表达式”，并将其赋值给函数名。

第一种方式就是定义了一个函数；第二种方式则是先定义了一个函数表达式，然后将这个表达式再赋值给其他变量。

简单示例如下所示，两种方式定义的greeting函数功能一样，接受一个参数name，没有设定返回值，而是直接用提示框来显示相关的文字。

```
1    function greeting(name){
2        console.log(`Hello ${name}.`);
3    }
4    let greeting = function(name){
5        console.log(`Hello ${name}.`);
6    }
```

无论用上面的哪种方式定义这个函数，调用它的代码都是一样的，如下：

```
greeting ("Tom");
```

代码执行的结果如下，控制台显示“Hello”和输入的参数值“Tom”。

```
Hello Tom.
```

函数greeting()没有声明返回值，即使有返回值JavaScript也不需要单独声明，只需要用return关键字返回它即可，如下：

```
1    function sum(num1, num2){
2        return num1 + num2;
3    }
```

以下代码将sum函数返回的值赋给了一个变量result，并弹出该变量的值：

```
1    let result = sum(34, 23);
2    console.log(result);
```

另外，与其他程序设计语言一样，函数在执行过程中只要执行过return语句便会停止继续执行函数体中的任何代码，因此return语句后的代码都不会被执行。例如下面函数中的console.log()语句将永远都不会被执行：

```
1    function sum(num1, num2){
2        return num1 + num2;
3        console.log(num1 + num2);        //永远都不会被执行
4    }
```

一个函数中有时可以包含多个return语句，如下：

```
1    function abs(num1, num2){
2        if(num1 >= num2)
3            return num1 - num2;
4    else
5            return num2 - num1;
6    }
```

由于需要返回两个数字的差的绝对值，因此必须先判断哪个数字大，用较大的数字减去较小的数字，然后利用if语句便可实现在不同情况下（即比较结果不同时）调用不同的return语句。

如果函数本身没有返回值，但又希望在某些时候退出函数体，则可以调用没有参数的return语句来随时退出函数体，例如：

```
1    function sayName(sName){
2        if(sName == "bye")
3            return;
4        console.log("Hello "+sName);
5    }
```

以上代码中如果函数的参数为“bye”，则直接退出函数体，而不再执行后面的语句。

当然，一个函数也可以没有参数，但是要注意的是，在调用无参函数的时候，不能省略函数名称后面的括号。

11.4.2 arguments对象

JavaScript的函数代码中有个特殊的对象，即arguments，它主要用来访问函数的参数。通过arguments对象，开发者无须明确指出参数的名称就能直接访问它们。例如用arguments[0]便可访问第一个参数的值。刚才的sayName函数可以重写如下：

```
1    function sayName(){
2        if(arguments[0] == "bye")
3            return;
4        console.log("Hello "+arguments[0]);
5    }
```

执行效果与前面的例子完全相同，读者可以自己试验。另外还可以通过arguments.length来检测传递给函数的参数个数，代码如下，相关文件请参考本书配套资源“第11章\11-11.html”。

```
1    <script>
2    function ArgsNum(){
3        return arguments.length;
4    }
5    console.log(ArgsNum("Mike",25));
6    console.log(ArgsNum());
7    console.log(ArgsNum(3));
8    </script>
```

以上代码中的函数ArgsNum()用来判断调用函数时传给它的参数个数，然后输出，显示结果如下：

```
1    2
2    0
3    1
```

注意

与其他程序设计语言不同，ECMAScript不会验证传递给函数的参数个数是否等于函数定义的参数个数，任何自定义的函数都可以接受任意个数的参数，而不会引发错误。任何遗漏的参数都会以undefined的形式传给函数，而多余的参数则会被自动忽略。

在很多强类型的语言（如Java）中的函数中都有“重载”的概念，即对于一个函数名，根据参数的数量和类型的区别可以定义出不同版本的函数。而JavaScript则通过arguments对象，可以根据参数个数的不同而分别执行不同的命令，这样就可以实现函数重载的功能。下面使用arguments对象模拟函数重载，相关文件请参考本书配套资源“第11章\11-12.html”。

```
1    <html>
2    <head>
3    <title>arguments</title>
4    <script>
5    function fnAdd(){
6        if(arguments.length == 0)
7            return;
8        else if(arguments.length == 1)
9            return arguments[0] + 5;
10       else{
11           let iSum = 0;
12           for(let i=0;i<arguments.length;i++)
13               iSum += arguments[i];
14           return iSum;
15       }
16   }
17   console.log(fnAdd(45));
18   console.log(fnAdd(45,50));
19   console.log(fnAdd(45,50,55,60));
20   </script>
21   </head>
22
23   <body>
24   </body>
25   </html>
```

以上代码中的函数fnAdd()会根据传递参数个数的不同分别进行判断，如果参数个数为0则直接返回，如果参数个数为1则返回参数值加5，如果参数个数大于1则将参数值的和返回，其运行结果如下。

```
1    50
2    95
3    210
```

11.4.3 实例：杨辉三角形

提到著名的杨辉三角形，相信读者一定不会陌生，它是中学数学中必不可少的工具，是由数字排列而成的三角形数表，一般形式如图11.14所示。

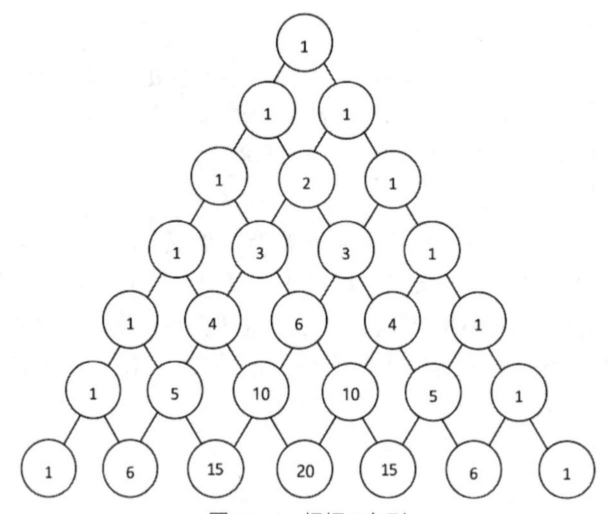

图 11.14　杨辉三角形

杨辉三角形的第n行是二项式$(x+y)^{n-1}$展开所对应的系数，例如第4行即$(x+y)^{4-1}=x^3+3x^2y+3xy^2+1$所对应的系数，第6行即$(x+y)^{6-1}=x^5+5x^4y+10x^3y^2+10x^2y^3+5xy^4+1$所对应的系数，以此类推。

杨辉三角形的另外一个重要特性就是每一行首尾两个数字都是1，中间的数字等于上一行相邻两个数字的和。从图11.14中也能清楚地看到这一点，即排列组合中通常所运用的：

```
C(m,n)=C(m-1,n-1)+C(m-1,n)
```

根据以上性质，可以利用函数很轻松地将杨辉三角形运算出来。函数接收一个参数，即希望得到的杨辉三角形的行数：

```
1    function Pascal(n){              //杨辉三角形，n为行数
2        //
3    }
```

在这个函数中同样用两个for语句嵌套，外层循环为行数，内层循环为每行内的每一项，如下所示：

```
1    for(let i=0;i<n;i++){            //一共n行
2        for(let j=0;j<=i;j++){       //每行数字的个数即行号，例如第一行1个数，第二行2个数
3
4        }
5        document.write("<br>");
6    }
```

而在每行中每一个数字均为组合数C(m,n)，其中m为行号（从0算起），n为在其在该行中的序号（同样从0算起），即：

```
document.write(Combination(i,j)+"  ");
```

其中Combination(i,j)为计算组合数的函数，这个函数单独写一个function，这样便可以反复调用。这个函数采用了组合数的特性C(m,n)=C(m-1,n-1)+C(m-1,n)。对于这样的特性，最有效的计算方法就是递归：

```
1    function Combination(m,n){
2        if(n==0) return 1;                //每行第一个数为1
3        else if(m==n) return 1;           //每行最后一个数为1
4                                          //其余都是上一行相邻两个元素相加之和
5        else return Combination(m-1,n-1)+Combination(m-1,n);
6    }
```

注意

以上函数在函数体中又调用了函数本身，这被称为函数的递归。这在解决某些具有递归关系的问题时十分有效。

特别要指出的是，递归是程序设计中的重要概念和组成部分，但由于篇幅有限，本书不针对递归展开讲解，仅用本案例做一个演示，有兴趣的读者可以进一步拓展学习，因为搞懂递归是非常重要的。

实现杨辉三角形的完整代码如下，相关文件请参考本书配套资源“第11章\11-13.html”。

```
1    <!DOCTYPE html>
2    <html>
3    <head>
4    <title>杨辉三角形</title>
5    <script>
6    function Combination(m,n){
7        if(n==0) return 1;                //每行第一个数为1
8        else if(m==n) return 1;           //每行最后一个数为1
9                                          //其余都是上一行相邻两个元素相加之和
10       else return Combination(m-1,n-1)+Combination(m-1,n);
11   }
12   function Pascal(n){                   //杨辉三角形，n为行数
13       for(let i=0;i<n;i++){             //一共n行
14           for(let j=0;j<=i;j++)         //每行数字的个数即行号，例如第一行1个数，
                                           //第二行2个数
15               document.write(Combination(i,j)+"  ");
16           document.write("<br>");
17       }
18   }
19   Pascal(10);                           //直接传入希望得到的杨辉三角形的行数
20   </script>
21   </head>
22
23   <body>
24   </body>
25   </html>
```

直接调用Pascal()函数可得到指定行数的杨辉三角形，而不再需要一行行单独计算了。以10为例，运行结果如图11.15所示。

杨辉三角

文件 | C:/Artech/SourceCode/Java...

```
1
1 1
1 2 1
1 3 3 1
1 4 6 4 1
1 5 10 10 5 1
1 6 15 20 15 6 1
1 7 21 35 35 21 7 1
1 8 28 56 70 56 28 8 1
1 9 36 84 126 126 84 36 9 1
```

图 11.15　行数为 10 的杨辉三角形

11.4.4 变量的作用域

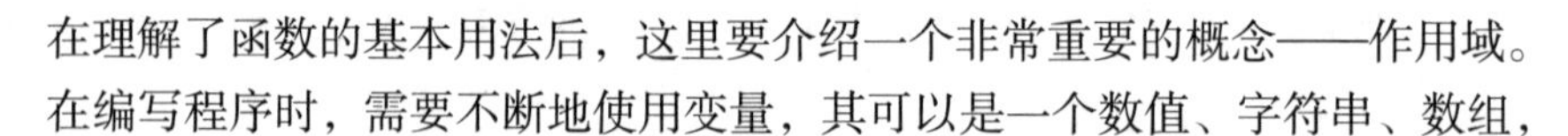

在理解了函数的基本用法后，这里要介绍一个非常重要的概念——作用域。

在编写程序时，需要不断地使用变量，其可以是一个数值、字符串、数组，也可以是一个函数等。因此必须考虑一个问题，如果重名了怎么办？特别是如果要开发一个大型的软件项目，里面的各种业务的概念和逻辑都非常复杂，如果有的变量不允许重名，则会产生严重的问题。就像每个人的名字一样，如果国家要求每个新生儿在登记户口时都不能和十几亿人重名，那将会是一个“灾难”。

思考一下该如何解决这个问题？

首先，实际上每个人有两个关键信息，一个是身份证号，另一个是姓名。身份证号是每个人唯一的，而姓名则是可以重复的。

其次，当我们需要做一些严格的事情而绝对不能混淆时，如参加高考、买机票等，则必须使用身份证号来作为唯一性标识。但在日常生活中，通常使用姓名来标识一个人。

那么日常生活中为什么使用可能重复的姓名却没有引起太多的问题呢？这里的关键就是“作用域”，也可以将其理解为“上下文”。例如你在生活中认识两个叫“张伟”的人，但是你并不会把他们弄混，这是因为一个可能是你的同事，而另一个可能是你的亲戚，他们出现的领域不同，从而不会产生混淆。即使你有两个同事都叫“张伟”，他们可能一个在销售部，另一个在技术部，同样可以看到这里实际上就使用了“作用域”的概念。相同的名字在不同的“作用域”会代表不同的变量，因此才不会引起混乱。

“作用域”是所有高级语言都必不可少的概念，不同的语言有不同的处理方法。早期的JavaScript在“作用域”这个问题上比较简陋，导致出现了很多问题。ES6引入了“let关键字”和“块级作用域”后解决了这些问题。

在ES6中，之所以允许不经let声明就可以使用变量，完全是为了兼容旧的程序。从ES6的角度来说，所有的变量都应该由let关键词声明。

此外，ES6引入了“块级作用域”这一概念，即每个变量的作用域包含声明它的let语句的最内层的一对大括号。

例如下面这段代码定义了一个用于交换两个变量值的函数。

```
1  let a=10;
```

```
2   let b=20;
3   function swap(){
4       let temp = a;
5       a = b;
6       b = temp;
7   }
```

可以看到，声明a和b两个变量的let语句外面没有大括号，因此它们都是全局变量；而在函数内部，这两个变量都被用到了，即全局变量在所有地方都可以被使用。再看函数内部声明的temp变量，它外面有一组大括号，因此它的作用域就是在这对大括号之间，即在这个函数范围内，而在函数外就无法使用这个变量了。

再看一个例子：

```
1   let result;
2   function max(a, b){
3       let result;
4       if(a >= b){
5           result = a;
6       } else {
7           result = b;
8       }
9       return result;
10  }
11  result = max(a, b)
```

可以看到在函数的外面定义了一个result变量；进入函数后，又定义了result变量。在这种情况下，函数内部的result变量会隐藏外面的同名变量，即在函数内部，用到的result变量都是内部声明的那个result，而非外面的那个同名的result。

最后再看一个例子：

```
1   let pairs = [];  //用于保存最终结果
2   for(let a of team){
3       for(let b of team) {
4           if(a !== b)
5               pairs.push([a,b);
6       }
7   }
```

最外层声明的pairs变量在循环中是有效的，而对于循环变量来说，虽然其并不在对应的大括号范围内，但是其作用域就是循环的范围。

接下来考虑在11.4.1小节中定义一个函数的两种方法。一种是直接定义一个函数，另一种是使用“函数表达式”定义函数。从11.4.1小节中看，二者的结果似乎是完全相同的，但现在有了作用域的概念，我们就可以看出二者的区别了。

在第10章中，我们提到JavaScript中声明一个变量要用let关键字，如果不声明而直接使用这个变量，它会被自动地声明为一个全局变量（相当于在程序的最开头声明了这个变量，这被称为“变量提升”）。

在函数的声明中也有类似的情况。我们反复提到JavaScript是一种面向对象的语言，因此JavaScript中的函数也是一个对象。每定义一个函数，实际上都是创建了一个对象，因此这个对象就应该用let声明。如果没有经过let声明，它就会自动地成为一个全局变量。

再来复习一下下面的代码：

```
1    function greeting(name){
2        console.log(`Hello ${name}.`);
3    }
```

上面这段代码直接定义了一个函数，这个函数实际上也是一个对象，而这个对象就被自动地设置成了全局变量。而下面的代码则不同：

```
1    let greeting = function(name){
2        console.log(`Hello ${name}.`);
3    }
```

这段代码里等号后面定义的是一个“函数表达式”，其被赋值给了greeting变量，这个变量是经由let关键字声明过的，它就是一个局部变量。当然，如果仅仅是把这样的两个函数写在程序里，也没有区别；但是如果某个函数是被定义在一个局部的作用域之内，它们就有区别了。

11.4.5 函数作为函数的参数

JavaScript是一种非常灵活且强大的语言，其中很重要的一点体现在函数的重要地位上。例如，在JavaScript中，函数可以作为函数的参数而被传递，这非常有用。

例如，考虑要写一个“扑克牌”的程序，往往须对若干张牌进行排序，要排序就必须先比较两张牌的大小。而不同的游戏所对应的排序方式也不一样，比如有的扑克游戏中会先比较花色，如果花色相同则再比较大小，而有的扑克游戏中则会先比较数值大小，在数值相同的情况下才会比较花色，甚至还有其他的比较方式。因此，我们希望有一个通用的排序方法，以使各种扑克游戏都可以调用。

最佳方案就是将排序的函数和比较大小的函数分离开，因为排序算法是固定的，写一次就行，每次调用排序函数时把比较函数作为参数传入，这样无论怎么比较两张牌的大小，都可以统一调用同一个排序函数。这个例子很好地说明了为什么“函数能够作为函数的参数”是一个很有意义的特性。

下面举例演示一下JavaScript为数组提供的排序方法。

```
1    let numbers = [4, 2, 5, 1, 3];
2    numbers.sort();
3    console.log(numbers);
```

说明

从现在开始，我们不再加入console.log来显示结果，因为使用浏览器就可以非常方便地实现运行结果的显示。

执行上面的代码，得到的结果是：

```
> Array [1, 2, 3, 4, 5]
```

可以看到，一个乱序的数组，通过使用sort方法，就变成了一个从小到大排列的数组。但是如果希望从大到小排列呢？固然是可以先得到从小到大排列的数组，再调用逆序方法而实现。但是JavaScript提供了一个更直接的方法——在调用sort函数时，可以带一个“函数参数”，将上面的代码做如下修改。

```
1   function compare(a, b){
2      return a-b;
3   }
4   let numbers = [4, 2, 5, 1, 3];
5   numbers.sort(compare);
6   console.log(numbers);
```

可以看到定义了一个函数compare，它的作用是返回两个数的差，然后将差作为参数传入sort函数中，返回的结果不变。现在将return a-b改为 return b-a。

```
1   function compare(a, b){
2      return b-a;
3   }
4   let numbers = [4, 2, 5, 1, 3];
5   numbers.sort(compare);
6   console.log(numbers);
```

这时结果就变成从大到小排列了，这就是函数作为参数的作用。在sort函数中，每次要比较两个数的大小时，就会调用传入的函数，如果得到的结果是正数就认为前面的数大；如果等于0，就认为二者一样大；如果是负数，则认为第二个数大。因此实际上sort函数并不真正关心两个数哪个大，这个比较大小的任务被交给了传递进来的函数。

现在回到本小节开头的扑克牌例子，排序的方法不用关心两张牌的大小是如何计算的，只要交给传进来负责比较的函数就可以了。

具体把函数作为函数参数时，也可以直接使用函数表达式，例如把上面的代码再次改写如下，我们可以不用占用一个变量而直接将函数的表达式作为参数传入，这样写代码就方便多了。当然如果这个函数还会被很多其他地方使用，则不妨把它保存到一个变量中。

```
1   let numbers = [4, 2, 5, 1, 3];
2   numbers.sort(function(a, b) {
3      return b - a ;
4   });
5   console.log(numbers); // [5, 4, 3, 2, 1]
```

11.4.6 箭头函数

前面介绍了定义函数的两种方式：直接定义与函数表达式定义。在ES6中，又新增加了一种定义方式，即“箭头函数”定义。

最基本的语法就是将函数表达式中的function改为箭头符号“=>”，并移动到参数表的小括号后面。“=>”这个符号读作“得到”（goes to）。例如上面刚刚用到的compare函数，稍做改写就变成了箭头函数。

```
let compare = (a, b) => { return a-b; }
```

上面这行代码读作："输入a和b，得到a-b的差"。这是一个表达式，因此其可以被赋值给compare函数。

有以下几点需要注意。

（1）如果在函数体中只有一个语句，其也是返回一个值的语句，则可以省略大括号，例如：

```
let compare = (a, b) => a-b;
```

（2）如果某个箭头函数只有一个参数，则可以省略参数前后的小括号，例如：

```
let abs = a => a > 0 ? a : -a;
```

（3）但是如果一个箭头函数没有参数，则不能省略小括号，例如：

```
1  let randomString = () => Math.random().toString().substr(2, 8);
2  let a = randomString();
3  console.log(a);
```

上面的代码中利用Math的随机数生成函数生了一个随机小数，然后将其变成字符串后取小数点后的8位。

（4）也可以把一个箭头函数直接作为参数传递给其他函数，例如：

```
1  let numbers = [4, 2, 5, 1, 3];
2  numbers.sort((a, b)=>a-b);
3  console.log(numbers);
```

可以看到用这种方式书写代码，代码会非常简洁易读。

要特别注意区分清楚"把一个函数"作为参数传入一个函数与"把一个函数的计算结果"作为参数传入一个函数的区别。

当把一个函数作为参数传入另一个函数时，传入的要么是函数表达式，要么是函数的名字，两种情况下都不会真正调用这个函数，也就是后面不会有()以及实际参数，例如：

```
aFunction(fooFunction);
```

而当把一个函数的结果作为参数传入另一个函数时，则会真正调用这个函数，例如：

```
bFunction(barFunction(/*实际参数*/));
```

至此，我们已经介绍了在JavaScript中定义函数的3种方式。现在看来它们除了形式上的区别，并没有实质的区别。本书在后面的章节中还会继续深入探究它们之间的不同。

11.5 异常处理

知识点讲解

上面介绍了3种基本的流程结构，以及函数的定义与调用。它们都是实现正常运行条件下的流程结构，但是在实际运行程序时，还会遇到一种特殊的流程结构，其被称为"异常处理"，即遇到一些错误时，需要用一定的语法结构进行处理。

参考如下代码，它实现了一个函数changeNumberBase()，它的功能是输入两个参数，例如changeNumberBase(256,16)，就是把256换成用十六进制表示的结果，即100。

```
1   <script>
2       function changeNumberBase(num, base){
3           let result = num.toString(base);
4           return result;
5       }
6       console.log(changeNumberBase(256, 16));
7       console.log(changeNumberBase(16, 37));
8       console.log(changeNumberBase(16, 2));
9   </script>
```

执行上面的代码，在控制台得到的结果如图11.16所示。

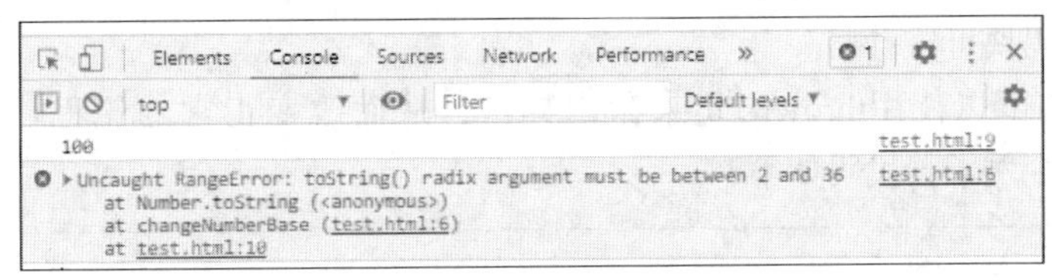

图 11.16 异常处理结果

可以看到，程序中3次调用changeNumberBase()函数，第1次调用得到100这个正确的结果。第2次调用时没有得到正确的结果，而是得到了红色的报错信息。它的意思是，调用的toString()函数的参数必须大于或等于2并且小于或等于36，而我们调用的参数是37，所以就报错了。而且一旦报错，后面的语句就不再执行，因此第3次调用没有被执行。

因此，我们可以使用JavaScript语言中的try…catch结构来改变原有的流程，代码如下：

```
1   <script>
2       function changeNumberBase(num, base){
3           try{
4               let result = num.toString(base)
5               return result;
6           }
7           catch(err){
8               console.log(err);
9               return -1;
10          }
11      }
12      console.log(changeNumberBase(256, 16));
13      console.log(changeNumberBase(16, 37));
14      console.log(changeNumberBase(16, 2));
15  </script>
```

这时再次运行，可以看到结果如图11.17所示。在第2次调用中，把代码放在了由try定义的一个代码块中，然后增加了catch代码块。这就意味着在try代码块中发生任何错误，程序都会跳到catch代码块继续执行，将错误信息输出到控制台，然后返回-1。这样做不会中断程序的运行，而会继续计算第3次调用，所以在图中可以看到最后一行的10 000，这是第3次调用，即16的二进制形式。

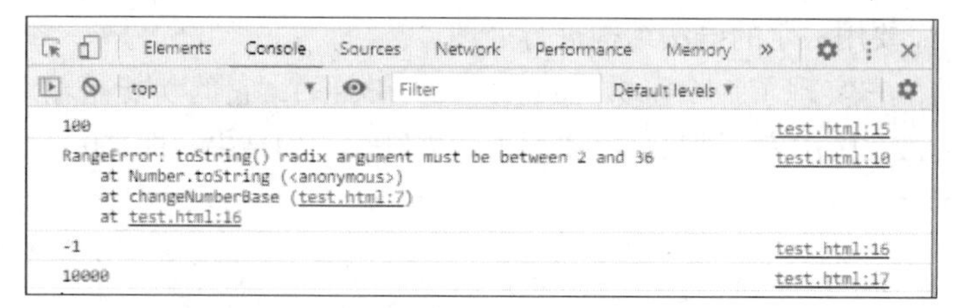

图 11.17 使用 try…catch 结构处理异常的结果

完整的异常处理结构是 try…catch…finally，即在catch后面还可以添加一个finally代码块，其中可以放置无论try代码块中是否发生异常都需要执行的代码。

（1）如果try代码块中没有发生异常，则catch代码块不会被程序执行，其会直接执行finally代码块中的语句。

（2）如果try代码块中执行到某个语句时发生了异常，则程序会立即跳入catch代码块执行，然后再执行finally代码块中的语句。

（3）finally代码块可以省略。

JavaScript中还可以使用throw语句来抛出异常，从而改变正常的流程。结合throw语句和finally代码块举一个例子，代码如下：

```
1   <script>
2       function changeNumberBase(num, base){
3           try{
4               if(num <0)
5                   throw new Error("num不能小于0");
6               let result = num.toString(base)
7               return result;
8           }
9           catch(err){
10              console.log(err);
11              return -1;
12          }
13          finally{
14              console.log("如果结果是-1则表示出错”);
15          }
16      }
17      console.log(changeNumberBase(256, 16));
18      console.log('--------------------');
19      console.log(changeNumberBase(-16, 37));
20      console.log('--------------------');
21      console.log(changeNumberBase(16, 2));
22  </script>
```

在try代码块中，先对num参数进行检查，如果小于0则抛出一个异常，然后在catch代码块的后面增加一个finally代码块，里面的代码无论是否抛出异常都会被执行。上述例子的运行结果如下。请读者自己分析一下输出的各行信息的内容及顺序，这是考核是否理解本章知识的一个小测验。

```
1   如果结果是-1则表示出错
2   100
3   --------------------
4   Error: num不能小于0
```

```
5        at changeNumberBase (test.html:8)
6        at test.html:21
7    如果结果是-1则表示出错
8    -1
9    --------------------
10   如果结果是-1则表示出错
11   10000
```

本章小结

本章首先讲解了程序流控制的3种基本结构：顺序结构、分支结构和循环结构，以及相应的一些语法特点。这3种结构与其他高级程序设计语言比较接近。然后讲解了函数的相关知识。在JavaScript中，函数是一种特别重要的语法元素，本书在后面的章节中还会不断加强对函数的介绍。变量的作用域和箭头函数是两个需要读者深入理解的重点知识。最后简单介绍了一种特殊的流程结构——异常处理。

习题 11

一、关键词解释

顺序结构　分支结构　循环结构　函数　arguments对象　块级作用域　异常处理

二、描述题

1. 请简单描述一下从本质上来说，程序流有几种结构，分别是什么。
2. 请简单描述一下逻辑运算符主要包括哪几个，它们的含义是什么。
3. 请简单描述一下运算符===和==的区别。
4. 请简单描述一下循环语句中while和do…while的联系和区别。
5. 请简单描述一下循环语句中break和continue的区别。
6. 请简单描述一下for…of和for…in的区别。
7. 请简单描述一下定义函数的方式有几种，分别是什么。

三、实操题

1. 给定一个正整数n，输出斐波那契数列的第n项。斐波那契数列指的是这样一个数列：0、1、1、2、3、5、8、13、21、34…在数学上，斐波那契数列以如下的递推方法而被定义：$F(0)=0, F(1)=1, F(n)=F(n-1)+F(n-2)$（$n \geqslant 2$，$n \in \mathbf{N}^*$）。

2. 删除数组中的重复项，例如数组['apple', 'orange', 'apple', 'banana', 'pear', 'banana']去重后应为['apple', 'orange', 'banana', 'pear']。

第12章 JavaScript中的对象

第10章和第11章介绍了JavaScript的一些基本概念，但仅从前面的讲解看不出JavaScript特有的很多语法结构和现象。从本章开始，我们就要慢慢深入JavaScript的内部，真正去理解它了。

对象是JavaScript比较特殊的特性之一，严格来说前面章节中介绍的一切（包括函数）都是对象。本章将围绕对象进行讲解。看看JavaScript和其他语言有哪些类似的地方，以及有哪些不同之处。本章思维导图如下。

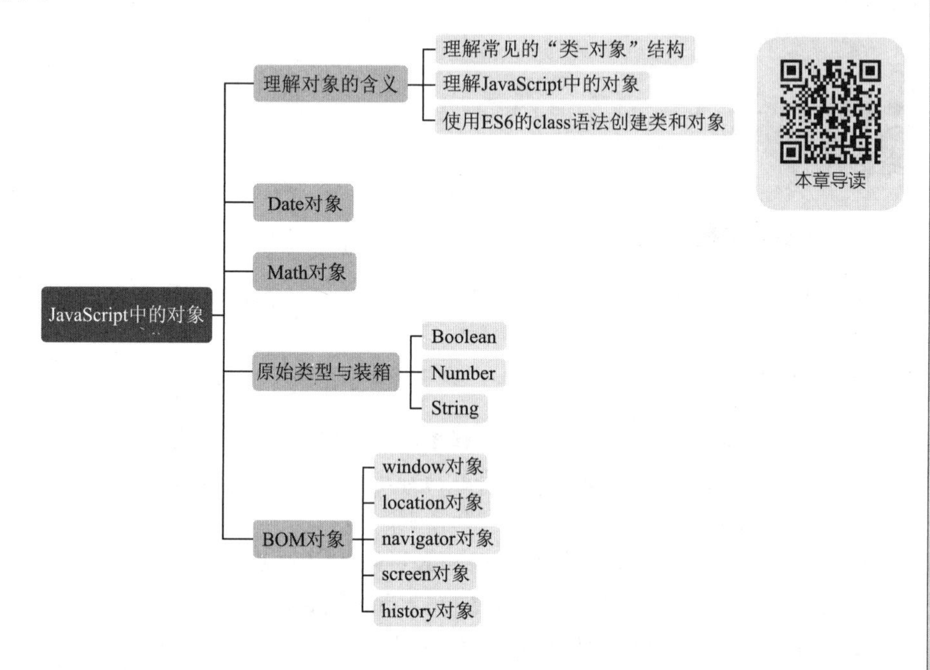

12.1 理解对象的含义

JavaScript中与对象相关的概念比较复杂和特殊，与大多数面向对象的语言有所不同。我们不妨先看一下其他大多数面向对象的语言是如何构造和实现对象的，然后再看JavaScript有何不同。

12.1.1 理解常见的"类–对象"结构

"类"和"对象"是大多数"面向对象语言"中最基本的概念，例如在Java、C++、C#、Python中都是如此。而实际上，其中的思想我国已经使用了上千年。如图12.1所示，其是一个用于制作月饼的模具。从图中可以看到在一块木头上雕刻了3个凹陷的、有花纹的凹槽，在制作月饼时，我们把材料填入凹槽，压实，然后扣出来，就可以快速做出3个月饼。这个木板上有3个不同形状的凹槽，因此可以制作3种不同的月饼。

如果从面向对象程序设计的角度看，这就是一个典型的"类和对象"的关系。这个"月饼模具"相当于一个程序，共定义了3个不同的"月饼类"；用这个模具，每扣一次，就可以产生出一个、两个或者三个"月饼对象"。其最重要的特点是，从一个"月饼类"制作出来的"月饼对象"是一样的。

图 12.1　月饼模具

从这个例子可以看出，"类"的本质就是一个"模板"，利用这个模板可以产生无限量的对象实体。一个"对象"也可以被称为一个"实例"，这两个术语是可以通用的。从"类"产生出"对象"的过程通常被称为"创建"。

当然，在实际编程中，从同一个"类"中创建出来的"对象"并不一定完全一样。就像图章，一般来说是固定的，但是也有一种专门用来盖日期的图章，如图12.2所示。图12.2（a）是"月份章"，图12.2（b）是"日期章"，箭头可以通过旋转来指向不同的数字，这样就可以盖出不同的日期。

（a）月份章

（b）日期章

图 12.2　日期图章

基于上面的直观观察，可以给出稍微严谨一些的如下说法。

（1）"类"就是具有相同属性和功能的"对象"的抽象。

（2）"对象"就是一个从"类"创建的实体。

当然，上述说法不能算是严谨的定义，至少有"循环定义"的嫌疑。不过这里并不需要追求严谨的定义，只要读者能够从上面的实例中充分理解“类”和“对象”的关系就可以了。因为如果没有充分实践经验的基础，真正严谨的定义是难以被理解的。

大多数面向对象语言编写的程序，本质上就是一组类的声明。就像我们必须先制作好一套“月饼模具”，然后才能用它来制作月饼。制作月饼模具的过程被称为“声明”一个类，也称为“定义”一个类。

仍然使用“月饼模具”作为例子，用Java语言的语法来实际声明一个类，代码如下。

```
1   class MoonCake {
2       int radius=10;
3       int height=3;
4   }
```

class 是在Java中声明（定义）一个类的关键字。MoonCake类中还包含两个“成员”，分别代表月饼的“半径”和“高度”。声明了这个MoonCake类后，当然就可以实际“生产”（创建）月饼了，代码如下。

```
1   MoonCake mc1 = new MoonCake();
2   MoonCake mc2 = new MoonCake();
```

从上面的代码可以看到，读者定义的MoonCake类就像是预定义的int、string等类型一样被当作一个普通的类型来使用。上面声明了两个MoonCake类的变量mc1和mc2，并且自定义类型的变量不能直接使用，而必须经过“实例化”步骤后才可以被使用。“实例化”也被称为“创建”，使用的是new运算符。

12.1.2 理解JavaScript中的对象

从12.1.1小节中可以看到，在Java等语言中，“对象”是通过“类”产生的，如果没有类，就不可能产生“对象”。而JavaScript则非常有趣而特殊，它有“对象”和“实例”两个概念，但是没有“类”这个概念。对于熟悉了Java等语言的开发者，他们很难想象这是如何做到的。

在JavaScript中，对象是一种非常重要的数据类型，可以把它简单地理解为一个集合。包含在对象中的成员可以通过两种形式而被访问，即对象的属性（property）和方法（method）。属性是隶属于某个特定对象的变量，方法则是某个特定对象才能调用的函数。

对象是由一些彼此相关的属性和方法集合在一起而构成的一个数据实体。在JavaScript脚本中，属性和方法都需要使用如下所示的“点”语法来访问。

```
1   object.property
2   object.method()
```

假设汽车这个对象为car，它拥有品牌（brand）、颜色（color）等属性，那么就必须通过如下方法来访问这些属性。

```
1   car.brand
2   car.color
```

再假设car关联着一些诸如move()、stop()、addOil()之类的函数，这些函数就是car这个对象的方法。我们可以使用如下语句来调用它们。

```
1    car.move()
2    car.stop()
3    car.addOil()
```

把这些属性和方法全部集合在一起，就得到了一个car对象。换句话说，可以把car对象看作所有这些属性和方法的统称。

为了使car对象能够描述一辆特定的汽车，需要创建一个car对象的实例（instance）。实例是对象的具体表现。对象是统称，而实例是个体。例如宝马、奔驰等都是汽车，都可以用car来描述。但一辆宝马和一辆奔驰是不同的个体，有着不同的属性，因此它们虽然都是car对象，但却是不同的实例。

下面使用ES6的class语法来创建类和对象。

12.1.3 使用ES6的class语法创建类和对象

1．类的声明与定义

类可以被看作数据或信息结构的模板。当需要描述某个结构化的数据或信息时，通常要描述以下3个与其相关的东西：

（1）这种信息叫什么名称？

（2）它包含哪些属性？

（3）它包含哪些行为？

例如，要描述一个汽车对象，它有品牌和颜色等属性，此外还可以定义它的行为，例如“移动”等。那么使用ES6的语法可以定义如下类。

```
1    class Car {
2        constructor(brand, color) {
3            this.brand = brand;
4            this.color = color;
5        }
6        move() {
7            console.log('the car is moving.');
8        }
9    }
```

（1）class是一个关键字，用来定义一个类。

（2）class后面跟着这个类的名字，这里就是Car。

（3）在大括号中定义了一个看起来像是函数的结构，它的名字是 constructor，被称为“构造函数”。constructor这个名字不能更改，每个类都需要一个构造函数。如果一个类没有定义构造函数，JavaScript引擎也会自动创建一个默认的构造函数。构造函数中定义了两个参数，分别是品牌和颜色，在实际创建对象时这两个参数可以使用不同的参数值。

（4）在构造函数内部定义了两个属性，分别是它的品牌brand和颜色color。注意它们前面都有个“this.”，这里的this是一个关键字，它代表将来由这个类创建出的“对象”。因此this.brand和this.color正是一个对象的两个属性，它们分别接收构造函数传入的参数。

（5）定义一个函数move()。这里需要注意两点：constructor和其他方法都不要加function关键字；方法之间不要加分号或逗号。

2．通过类创建对象

当一个类定义好后，可以使用new运算符创建对象，一个类可以产生任意多个对象（实例），代码如下，相关文件请参考本书配套资源“第12章\12-1.html”。

```
1   let car1 = new Car('BMW', 'white');
2   console.log(car1.brand);
3   console.log(car1.color);
4   car1.move();
5   let car2 = new Car('TESLA', 'black');
6   console.log(car2.brand);
7   console.log(car2.color);
```

上面的代码使用Car类创建了两个不同的对象，成功执行上述代码后，将显示以下输出结果。

```
1   BMW
2   white
3   the car is moving.
4   TESLA
5   black
```

此外还可以通过对象初始化器创建对象，这是一种最简单的创建对象的方法。以下是定义对象的语法示例（本书配套资源“第12章\12-2.html”）。

```
1   let car = {
2     brand: 'BMW',
3     color: 'white',
4     move: function () {
5       console.log('the car is moving.')
6     }
7   }
8   console.log(car.brand)
9   console.log(car.color)
10  car.move()
```

上面的示例代码定义了一个汽车对象，并对它进行了初始化，然后赋值给一个变量car。在初始化这个对象时，一共定义了3个成员，两个数据成员（属性）分别是品牌和颜色，以及一个函数成员（方法）“移动”。运行结果如下：

```
1   BMW
2   white
3   the car is moving.
```

3．比较两个对象

在JavaScript中，所有类型分为两种：基本类型和对象类型。基本类型，例如一个数字的类型，是“值类型”，而对象类型是“引用类型”。

如果某个变量是“值类型”，那么这个值就会直接在内存的“栈”中分配空间，而如果某个变量的类型是对象，那么这个变量本身同样处于栈中，但是它存储的仅仅是一个地址。这个地址指向的是一块在“堆”中的内存空间，真正的对象就存在于这个空间中。我们也可以把这个对象的地址称为它的“引用”，从而把对象称为“引用类型”。

这正是初始化器和new操作符的作用，当声明了一个变量时，仅仅在栈上分配了一个空间，只有当初始化操作完成，或者使用new操作符调用了一个构造函数而真正创建了对象后，这个变量才真正可以被访问。

因此，即使两个对象具有完全相同的属性和相同的属性值，这两个对象也永远不会相等。这是因为它们指向不同的内存地址。而如果两个变量指向（或者叫作引用）同一个对象，那么这两个变量就是相同的。参考如下代码（本书配套资源“第12章\12-8.html”）：

```
1    let obj1 = {name: "Tom"};
2    let obj2 = {name: "Tom"};
3    let obj3 = obj1
4    console.log(obj1 == obj2)     // return false
5    console.log(obj1 === obj2)    // return false
6    console.log(obj1 == obj3)     // return true
7    console.log(obj1 === obj3)    // return true
```

在上面的示例中，obj1和obj2是两个不同的对象，它们指向两个不同的内存地址。因此，在进行相等性比较时，尽管看起来它们的内容相同，但是运算符返回的仍是false。

而obj3这个变量被赋值为obj1，因此它们指向的内存地址相同，即在做相等性比较时，我们认为它们是相同的。

注意

在JavaScript中，==与===这两个运算符的区别是：===表示严格相等，即两个操作数类型相同，并且值也相同；而==表示两个被比较的操作数如果类型不同，经过隐式（自动）的类型转换之后它们的值相同，则也认为它们相同。

在程序设计中，大多数最佳实现的指导原则中都规定不能使用==运算符，而只能使用===运算符，以免在程序中引入错误。

12.2 时间日期：Date对象

案例讲解

在JavaScript中，有专门的Date对象来处理时间、日期。ECMAScript把日期存储为距离UTC时间1970年1月1日0点的毫秒数。

说明

UTC（Coordinated Universal Time，协调世界时间）是所有时区的基准标准时间。最早被采用的是GMT（Greenwich Mean Time，格林尼治标准时间），其是指英国伦敦郊区的皇家格林尼治天文台的标准时间，因为本初子午线被定义为通过那里的经线。现在采用的UTC由原子钟提供。

用以下代码可以创建一个新的Date对象：

```
let myDate = new Date();
```

这行代码创建出的Date对象是运行这行代码时瞬间的系统时间，通常可以利用这一点来计算程序执行的速度，示例如下（本书配套资源“第12章\12-10.html”）：

```
1    <html>
2    <head>
3    <title>Date对象</title>
4    <script>
5    let myDate1 = new Date();      //运行代码前的时间
6    let sum=0;
7    for(let i=0;i<3000000;i++) { sum += i; }
8    let myDate2 = new Date();      //运行代码后的时间
9    console.log(myDate2-myDate1);
10   </script>
11   </head>
12
13   <body>
14   </body>
15   </html>
```

以上代码在执行前建立了一个Date对象，执行完后又建立了一个Date对象，二者相减便可得到代码运行所花费的毫秒数，输出结果是47。注意，不同计算机的计算速度有差异，输出结果会不同。

另外还可以利用参数来初始化一个时间对象，常用的有以下几种：

```
1    new Date("month dd,yyyy hh:mm:ss");
2    new Date("month dd,yyyy");
3    new Date(yyyy,mth,dd,hh,mm,ss);
4    new Date(yyyy,mth,dd);
5    new Date(ms);
```

前面4种方式都是直接输入年、月、日等参数，最后一种方法的参数表示创建时间与GMT时间（1970年1月1日0点）相差的毫秒数。各个参数的含义如下。

（1）yyyy：4位数表示的年份。

（2）month：用英文表示的月份名称，从January到December。

（3）mth：用整数表示的月份，从0（1月）到11（12月）。

（4）dd：表示一个月中的第几天，从1到31。

（5）hh：小时数，从0到23的整数（24小时制）。

（6）mm：分钟数，从0到59的整数。

（7）ss：秒数，从0到59的整数。

（8）ms：毫秒数，从0到999的整数。

下面是使用上述参数创建Date对象的一些示例：

```
1    new Date("August 7,2008 20:08:00");
2    new Date("August 7,2008");
3    new Date(2008,7,8,20,08,00);
4    new Date(2008,7,8);
5    new Date(1218197280000);
```

以上代码中的各种形式都创建了一个Date对象，都表示2008年8月8日这一天，其中1、3、5这3种方式还指定了当天的20点08分00秒，其余的都表示0点0分0秒。

JavaScript还提供了很多获取时间细节的方法，常用的如表12.1所示。

表12.1　获取时间细节的方法

方法	描述
oDate.getFullYear()	返回4位数的年份（如2008、2010等）
oDate.getYear()	根据浏览器的不同，返回2位数或者4位数的年份，不推荐使用
oDate.getMonth()	返回用整数表示的月份，从0（1月）到11（12月）
oDate.getDate()	返回日期，从1到31
oDate.getDay()	返回星期几，从0（星期日）到6（星期六）
oDate.getHours()	返回小时数，从0到23（24小时制）
oDate.getMinutes()	返回分钟数，从0到59
oDate.getSeconds()	返回秒数，从0到59
oDate.getMilliseconds()	返回毫秒数，从0到999
oDate.getTime()	返回从GMT（1970年1月1日0点0分0秒）起所经过的毫秒数

通过Date对象的这些方法，便可以很轻松地获得一个时间的详细信息，并可以进行任意组合使用，示例如下（本书配套资源“第12章\12-11.html”）：

```
1   let oMyDate = new Date();
2   let iYear = oMyDate.getFullYear();
3   let iMonth = oMyDate.getMonth() + 1;      //月份是从0开始的
4   let iDate = oMyDate.getDate();
5   let iDay = oMyDate.getDay();
6   switch(iDay){
7       case 0:
8           iDay = "星期日";
9           break;
10      case 1:
11          iDay = "星期一";
12          break;
13      case 2:
14          iDay = "星期二";
15          break;
16      case 3:
17          iDay = "星期三";
18          break;
19      case 4:
20          iDay = "星期四";
21          break;
22      case 5:
23          iDay = "星期五";
24          break;
```

```
25      case 6:
26          iDay = "星期六";
27          break;
28      default:
29          iDay = "error";
30  }
31  console.log("今天是" + iYear + "年" + iMonth +"月" + iDate + "日," + iDay);
```

以上代码的输出结果如下：

```
今天是2021年3月23日,星期二
```

除了获取时间，很多时候还需要对时间进行设置。Date对象为此同样提供了很多实用的方法，基本上与获取时间的方法一一对应，如表12.2所示。

表12.2　时间设置方法

方法	描述
oDate.setFullYear(yyyy)	设置日期为某一年
oDate.setYear(yy)	设置日期为某一年，可以接受2位或者4位参数，如果为2位，则表示1900 ~ 1999之间的年份，不推荐使用
oDate.setMonth(mth)	设置月份，从0（1月）到11（12月）
oDate.setDate(dd)	设置日期，从1到31
oDate.setHours(hh)	设置小时数，从0到23（24小时制）
oDate.setMinutes(mm)	设置分钟数，从0到59
oDate.setSeconds(ss)	设置秒数，从0到59
oDate.setMilliseconds(ms)	设置毫秒数，从0到999
oDate.setTime(ms)	设置从GMT（1970年1月1日0点0分0秒）起经过毫秒数后的时间，可以为负数

通过这些方法可以很方便地设置某个Date对象的细节，读者可以自己试验，这里不再一一演示。通常计算时间最常用的是获得距离某个特殊时间为指定天数的日期，代码如下（本书配套资源“第12章\12-12.html”）：

```
1   function disDate(oDate, iDate){
2       let ms = oDate.getTime();                    //换成毫秒数
3       ms -= iDate*24*60*60*1000;                   //计算相差的毫秒数
4       return new Date(ms);                         //返回新的Date对象
5   }
6   let oBeijing = new Date(2021,0,1);
7   let iNum = 100;                                  //前100天
8   let oMyDate = disDate(oBeijing, iNum);
9   console.log(oMyDate.getFullYear()+"年"
10      +(oMyDate.getMonth()+1)+"月"
11      +oMyDate.getDate()+"日"
12      +"距离"+oBeijing.getFullYear()+"年"
13      +(oBeijing.getMonth()+1)+"月"
```

```
14      +oBeijing.getDate()+"日为"
15      +iNum+"天");
```

以上代码的运行结果如下，通过将时间转化为毫秒数并赋给新的Date对象，便获得了想要的时间。

```
2020年9月23日距离2021年1月1日为100天
```

12.3 数学计算：Math对象

除了简单的加减乘除运算，在某些场合开发者需要更为复杂的数学运算。JavaScript的Math对象提供了一系列属性和方法，能够满足大多数场合下开发者的需求。

Math对象是JavaScript的一个全局对象，不需要由函数进行创建，而且只有一个。表12.3列出了Math对象的一些常用属性，主要是数学界的专用值。

表12.3 Math对象的常用属性

属性	说明
Math.E	值e，自然对数的底
Math.LN10	10的自然对数
Math.LN2	2的自然对数
Math.LOG2E	以2为底e的对数
Math.LOG10E	以10为底e的对数
Math.PI	圆周率π
Math.SQRT1_2	1/2的平方根
Math.SQRT2	2的平方根

Math对象还包括许多专门用于执行数学计算的方法，如min()和max()。这两个方法用来返回一组数中的最小值和最大值，且它们均可接受任意多个参数，如下所示（本书配套资源“第12章\12-13.html”）：

```
1  let iMax = Math.max(18,78,65,14,54);
2  console.log(iMax); //最大值为78
3  let iMin = Math.min(18,78,65,14,54);
4  console.log(iMin); //最小值为14
```

小数转化为整数是数学计算中很常见的运算。Math对象提供了3种方法来做相关的处理，分别是ceil()、floor()、round()。其中ceil()表示向上舍入，它把数字向上舍入到最接近的整数。floor()则正好相反，为向下舍入。而round()则是通常所说的四舍五入，简单示例如下（本书配套资源“第12章\12-14.html”）：

```
1   //向上舍入
2   console.log("ceil: " + Math.ceil(-25.6) + " " + Math.ceil(25.6));
3   //向下舍入
4   console.log("floor: " + Math.floor(-25.6) + " " + Math.floor(25.6));
5   //四舍五入
6   console.log("round: " + Math.round(-25.6) + " " + Math.round(25.6));
```

以上代码对3种方法分别用一个正数25.6和一个负数-25.6进行了测试，运行结果如下，从中能够很明显地看出各种方法的处理结果。读者可根据实际情况对它们进行选用。

```
1   ceil: -25 26
2   floor: -26 25
3   round: -26 26
```

Math对象另外一个非常实用的方法便是生成随机数的random()方法。该方法返回一个0到1的随机数，不包括0和1。这是在页面上随机显示新闻等的常用工具。可用下面的形式调用random()方法以获得某个范围内的随机数：

```
Math.floor(Math.random() * total_number_of_choices + first_possible_value)
```

这里使用的是前面介绍的方法floor()，因为random()返回的都是小数，所以如果想选择一个1到100的整数（包括1和100），代码如下：

```
let iNum = Math.floor(Math.random()*100 + 1);
```

如果想选择一个2到99的整数，即只有98个数字，且第一个值为2，代码如下：

```
let iNum = Math.floor(Math.random()*98 + 2);
```

通常将随机选择打包成一个函数，以供随时调用。例如随机选取数组中的某一项也是同样的方法，代码如下（本书配套资源“第12章\12-15.html”）：

```
1   function selectFrom(iFirstValue, iLastValue){
2       let iChoices = iLastValue - iFirstValue + 1;         //计算项数
3       return Math.floor(Math.random()*iChoices+iFirstValue);
4   }
5   let iNum = selectFrom(2,99);                             //随机选择数字
6   let aFruits = ["apple","pear","peach","orange","watermelon","banana"];
7                                                            //随机选择数组元素
8   let sFruit = aFruits[selectFrom(0,aFruits.length-1)];
9   console.log(iNum + " " + sFruit);
```

以上代码将随机选择一个范围内的整数封装在函数selectFrom()中。若想随机选择数字或者随机选择数组元素，则均可调用同一个函数，十分方便。输出结果如下，注意每次输出结果可能不同。

```
21 watermelon
```

除了以上介绍的方法外，Math对象还有很多方法，如表12.4所示，这里不再一一介绍，读者可以逐一试验。

表12.4 Math对象方法

方法	说明
Math.abs(x)	返回x的绝对值
Math.acos(x)	返回x的反余弦值，其中x∈[-1,1]，返回值∈[0, π]
Math.asin(x)	返回x的反正弦值，其中x∈[-1,1]，返回值∈[-π/2, π/2]
Math.atan(x)	返回x的反正切值，返回值∈(-π/2, π/2)
Math.atan2(y,x)	返回原点和坐标(x,y)的连线与x正轴的夹角，范围∈(-π, π]
Math.cos(x)	返回x的余弦值
Math.exp(x)	返回e的x次幂
Math.log(x)	返回x的自然对数
Math.pow(x,y)	返回x的y次方
Math.sin(x)	返回x的正弦值
Math.sqrt(x)	返回x的平方根，x必须大于或等于0
Math.tan(x)	返回x的正切值

12.4 原始类型与装箱

为了方便操作原始值，JavaScript提供了 3 种特殊的引用类型：Boolean、Number和String。这几个类型具有与引用类型一样的性质，但也具有与各自原始类型所对应的特殊行为。

原始类型，如数值类型、布尔型等，使用频繁，因此对性能要求会很高，而且通常占用的内存结构比较简单，如果都像对象那样在堆中分配空间，然后对其进行引用会大大降低性能。因此，原始类型都是直接分配在栈上的，不需要使用堆空间。但是这样也会产生一个问题。当需要对原始类型的值调用一些操作时，该如何处理呢？

观察下面的例子：

```
1   let num = 10;
2   let s = num.toExponential(1)
3   console.log(num);   // "1.0e+1"
```

这里，num是一个数值类型的原始值，这时它就存储在栈空间里。然后第2行在mun上调用了toExponential()方法，并把结果保存到了变量s中。原始值本身不是对象，也就没有方法，那么这个toExponential()方法是如何实现的呢？

这是因为JavaScript引擎进行了处理操作，这个操作被称为“装箱”（boxing）。也就是创建了一个Number类型的对象，使原始值具有了对象的行为；经过装箱操作后，原始值就临时成为了一个对象；但是访问结束后，程序又会立即销毁这个对象。

引用类型与原始值包装类型的主要区别在于对象的生命周期。在通过new实例化引用类型后，得到的实例会在离开作用域时被销毁，而自动创建的原始值包装对象则只存在于访问它的那行代码的执行期间。这意味着不能在运行时给原始值经装箱后的对象添加属性和方法。必要时，也可以显式地使用Boolean、Number和String构造函数创建原始值包装对象，不过建议在确实必要时再这么做。

另外，在创建对象时，也可以使用Object类型的构造函数，这样可以根据传入值的类型返回相应原始值包装类型的实例。比如：

```
1    let obj = new Object("some text");
2    console.log(obj instanceof String);  // true
```

如果传给Object构造函数的是字符串，则会创建一个String的实例；如果是数值，则会创建Number的实例。如果是布尔值，则会创建Boolean的实例。

注意，使用new调用原始值包装类型的构造函数，与调用同名的强制类型转换函数并不一样。例如下面的代码：

```
1    let value = "25";
2    let number = Number(value);          // 转换函数
3    console.log(typeof number);          // "number"
4    let obj = new Number(value);         // 构造函数
5    console.log(typeof obj);             // "object"
```

可以看到在Number前面是否有new运算符，会对结果产生本质的影响。变量 number 中得到的是一个值为 25 的原始值，它是由字符串“25”通过类型转换而得来的。而变量 obj 中得到的是一个Number类型的对象。注意这二者是有区别的。

12.4.1 Boolean

Boolean是对应布尔值的装箱引用类型。要创建一个Boolean对象，就需要使用Boolean构造函数并传入true或false，如下所示：

```
let booleanObject = new Boolean(true);
```

Boolean对象在实际开发中用得很少。不仅如此，它们还容易引起误会，尤其是在布尔表达式中使用Boolean对象时，比如：

```
1    let falseValue = false
2    result = falseValue && true
3    console.log(result); // false
4
5    let falseObject = new Boolean(false)
6    let result = falseObject && true
7    console.log(result); // true
```

在这段代码中，前半部分是常规的代码，false与true进行“与”操作，结果是false，这是正确且符合直觉的。

而后面创建了一个值为false的Boolean对象，这时，在一个布尔表达式中将这个对象与一个原始值true进行“与”操作，得到的结果是true。这个结果初看起来是违背直觉的，原因在于一个不等于null的对象在进行逻辑运算时都会自动转为true，因此falseObject在这个布尔表达式里实际上表示一个true值，那么 true && true当然是true。

因此，这里也可以看出，JavaScript这样的弱类型语言，虽然提供了很多自动转换的便利性，但是也容易在不经意时带来一些容易出错的地方，需要开发者时刻保持注意。

12.4.2 Number

与上面介绍的Boolean类型类似，Number是数值装箱后的引用类型。要创建一个Number对象，就需要使用Number构造函数并传入一个数值，如下所示：

```
let numberObject = new Number(10);
```

Number类型还提供了几个用于将数值格式化为字符串的方法。

toFixed()方法返回包含指定小数点位数的数值字符串，如：

```
1    let num = 10;
2    console.log(num.toFixed(2)); // "10.00"
```

这里的toFixed()方法接收了参数2，表示返回的数值字符串要包含两位小数。结果（返回值）为 "10.00"，小数位填充了0。如果数值本身的小数位数超过了参数指定的位数，则会四舍五入到最接近的小数位。

```
1    let num = 10.005;
2    console.log(num.toFixed(2)); // "10.01"
```

toFixed()自动舍入的特点可以用于处理货币。不过要注意的是，多个浮点数值的数学计算不一定能得到精确的结果。比如，0.1 + 0.2 = 0.300 000 000 000 000 04。注意：toFixed()方法可以表示有0 ~ 20个小数位的数值。某些浏览器可能支持更大的范围，但0 ~ 20是通常被支持的范围。

另一个用于格式化数值的方法是toExponential()，其会返回以科学记数法（也称指数记数法）表示的数值字符串。与toFixed()一样，toExponential()也接受一个参数，表示结果中小数的位数。来看下面的例子：

```
1    let num = 10;
2    console.log(num.toExponential(1));   // "1.0e+1"
```

这段代码的输出为"1.0e+1"。一般来说，这么小的数不用表示为科学记数法形式。如果想得到数值最适当的形式，那么可以使用toPrecision()。toPrecision()方法会根据情况返回最合理的输出结果，可能是固定长度，也可能是科学记数法形式。这个方法接受一个参数，表示结果中数字的总位数（不包含指数）。来看几个例子：

```
1    let num = 99;
2    console.log(num.toPrecision(1)); // "1e+2"
3    console.log(num.toPrecision(2)); // "99"
4    console.log(num.toPrecision(3)); // "99.0"
```

在这些例子中，首先用1位数字表示数值99，得到"1e+2"，也就是100。因为99不能只用1位数字来精确表示，所以这个方法就将它舍入为100，这样就可以只用1位数字（及其科学记数法形式）来表示了。用2位数字表示99得到"99"，用3位数字则可得到"99.0"。本质上，toPrecision()方法会根据数值和精度来决定调用toFixed()还是toExponential()。为了以正确的小数位精确表示数值，这3种方法都会向上或向下舍入。

注意toPrecision()方法可以表示带1～21个小数位的数值。某些浏览器可能支持更大的范围，但这是通常被支持的范围。

与Boolean对象类似，Number对象也为数值提供了重要能力。但是，考虑到两者存在同样的潜在问题，因此并不建议直接实例化Number对象。ES6 新增了Number.isInteger()方法，用于辨别一个数值是否被保存成了整数。有时，小数位的 0 可能会让人误以为数值是一个浮点值，如下：

```
1  console.log(Number.isInteger(1));    // true
2  console.log(Number.isInteger(1.00)); // true
3  console.log(Number.isInteger(1.01)); // false
```

12.4.3 String

与Boolean和Number类型一样，在JavaScript中，字符串本身也是原始类型，而并不是引用类型，为了给字符串添加各种辅助方法以及属性，产生了对应的引用类型——String类型。

例如定义了length属性，用于返回字符串的长度，但是要注意对于中文这样的双字节语言，这个返回值可能是不可靠的。

此外还定义了若干方法，如下所示。这些方法的具体使用方法非常简单。读者如果需要详细的说明，则可以在网络上搜索获取。这里只给出简单说明，使读者能够了解它们已经实现了哪些功能。

（1）charAt()：返回指定索引处的字符。

（2）charCodeAt()：返回一个数字，指示给定索引处字符的Unicode值。

（3）concat()：合并两个字符串的文本并返回一个新字符串。

（4）indexOf()：返回调用String对象中指定值第一次出现时的索引，如果没有找到，则返回-1。

（5）lastIndexOf()：返回调用String对象中指定值最后一次出现时的索引，如果没有找到，则返回-1。

（6）localeCompare()：返回一个数字，该数字指示引用字符串是位于给定字符串之前还是之后，还是与给定字符串的排序相同。

（7）match()：用于将正则表达式与字符串匹配。

（8）replace()：用于查找正则表达式和字符串之间的匹配关系，并用新的子字符串来替换匹配的子字符串。

（9）search()：执行正则表达式与指定字符串所匹配的搜索。

（10）slice()：提取字符串的一部分并返回一个新字符串。

（11）split()：通过将字符串分隔为子字符串来实现将String对象拆分为字符串数组。

（12）substr()：通过指定的字符数返回从指定位置开始的字符串中的字符。

（13）substring()：将字符串中两个索引之间的字符返回到字符串中。

（14）toLocaleLowerCase()：字符串中的字符在考虑当前区域设置的同时转换为小写。

（15）toLocaleUpperCase()：字符串中的字符在考虑当前区域设置的同时转换为大写。
（16）toLowerCase()：返回转换为小写的调用字符串值。
（17）toString()：返回表示指定对象的字符串。
（18）toUpperCase()：返回转换为大写的调用字符串值。
（19）valueOf()：返回指定对象的原始值。
（20）startsWith()：返回是否以某字符串开头。
（21）endsWith()：返回是否以某字符串结尾。
（22）includes：返回是否包含某字符串。
（23）repeat()：返回将字符串重复指定次数以后的字符串。

12.5 BOM对象

JavaScript是运行在浏览器中的，因此其同样也提供了一系列对象用于与浏览器窗口进行交互。这些对象主要包括window、document、location、navigator、screen等，它们通常统称为BOM（brower object model）。本节仅对其做简单介绍，读者在实际开发时还可以查找相应的详细资料进行学习。

12.5.1 window对象

window对象表示整个浏览器窗口，其对操作浏览器窗口非常有用。对于窗口本身而言，有4种方法最常用。

（1）moveBy(dx,dy)。该方法会把浏览器窗口相对于当前位置水平向右移动dx个像素，垂直向下移动dy个像素。当dx和dy为负数时则向相反的方向移动。

（2）moveTo(x,y)。该方法会把浏览器窗口移动到用户屏幕的(x,y)处，其同样可以使用负数，只不过这样会把窗口移出屏幕。

（3）resizeBy(dw,dh)。该方法会相对于浏览器窗口的当前大小，把其宽度增加dw个像素，高度增加dh个像素。两个参数同样都可以使用负数以缩小浏览器窗口。

（4）resizeTo(w,h)。该方法会把窗口宽度调整为w像素，高度调整为h像素，不能使用负数。

对于这几种方法，屏幕的坐标原点都是左上角，x轴的正方向为从左到右，y轴的正方向为从上到下，如图12.3所示。

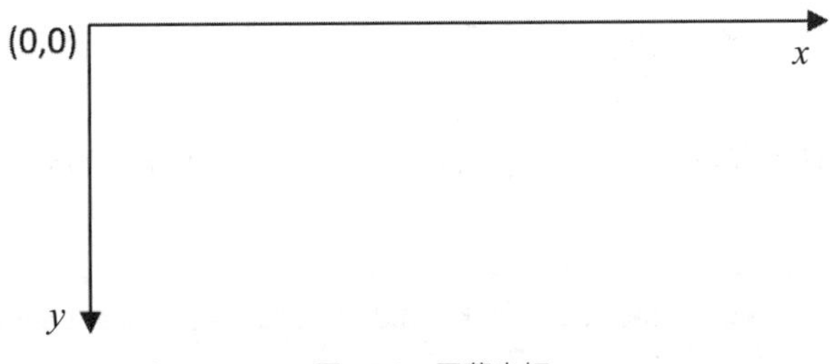

图 12.3　屏幕坐标

以上方法的简单示例如下，读者可以自行检验：

```
1    window.moveBy(20,15);
2    window.resizeTo(240,360);
3    window.resizeBy(-50,0);
4    window.moveTo(100,100);
```

window对象另外一个常用的方法就是open()，它主要用来打开新的窗口。该方法接受4个参数，分别为新窗口的url、新窗口的名称、特性字符串说明以及新窗口是否替换当前载入页面的布尔值。通常只使用其前两个或前三个参数，最简单的示例如下：

```
window.open("http://www.artech.cn","_blank");
```

这行代码就像用户单击了一个超链接，地址为http://www.artech.cn，而打开的位置为一个新的窗口。当然也可以设置打开的位置为_self、_parent、_top或者框架的名称，这些都与HTML语言中<a>标记的target属性相同。

以上代码只用了两个参数，如果使用第三个参数，则可以设置被打开窗口的一些特性。该参数的各种设置如表12.5所示。

表12.5　第三个参数的设置

设置	值	说明
left	Number	新窗口的左坐标
top	Number	新窗口的上坐标
height	Number	新窗口的高度
width	Number	新窗口的宽度
resizable	yes, no	是否能通过拖动来调整新窗口的大小，默认为no
scrollable	yes, no	新窗口是否允许使用滚动条，默认为no
toolbar	yes, no	新窗口是否显示工具栏，默认为no
status	yes, no	新窗口是否显示状态栏，默认为no
location	yes, no	新窗口是否显示Web地址栏，默认为no

这些特性字符是用逗号分割的，在逗号或者等号前后不能有空格，例如下面语句的字符串是无效的：

```
window.open("http://www.artech.cn","_blank","height=300, width= 400, top =30,
left=40, resizable= yes");
```

由于逗号以及等号前后有空格，所以该字符串无效，只有删除空格后其才能正常运行，正确代码如下：

```
window.open("http://www.artech.cn","_blank","height=300,width=400,top=30, left=40,
resizable=yes");
```

window.open()方法返回新建窗口的window对象，利用这个对象就能轻松操作新打开的窗口，如下：

```
1    let oWin = window.open("http://www.artech.cn","_blank",
2                              "height=300,width=400,top=30,left=40,resizable=yes");
3    oWin.resizeTo(400,300);
4    oWin.moveTo(100,100);
```

另外还可以通过调用close()方法来关闭新建的窗口：

```
oWin.close();
```

如果新建的窗口中有代码段，则还可以在代码段中加入如下语句以关闭其自身：

```
window.close();
```

新窗口对打开它的窗口同样可以执行操作，利用window的opener属性就可以访问打开它的原窗口，即：

```
oWin.opener
```

注意

有些情况下打开新窗口对网页有利，但通常应当尽量避免打开新（弹出）窗口，因为大量的垃圾网站都是通过弹出窗口来显示小广告的，而很多用户对此十分反感，甚至会直接在浏览器设置中屏蔽弹出窗口。

除了弹出窗口外，还可以通过其他方式向用户弹出信息，即利用window对象的alert()、confirm()和prompt()方法。

alert()方法前面已经反复使用，它只接受一个参数，即弹出对话框要显示的内容。调用alert()方法后浏览器会创建一个单按钮的消息框，如下所示（本书配套资源“第12章\12-16.html”）：

```
alert("Hello World");
```

显示效果如图12.4所示。

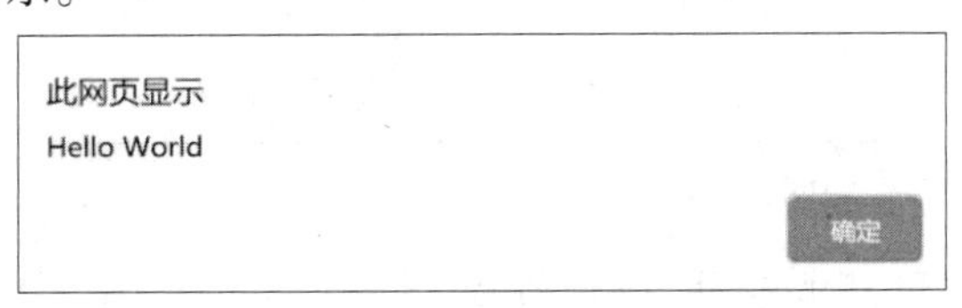

图 12.4 调用 alert() 方法后的显示效果

通常在用户表单输入无效数据时会采用alert()方法进行提示，因为它是单向的，不与用户产生交互。另外一个常用的对话框是confirm()方法，它弹出的对话框除了“确认”按钮外还有“取消”按钮，并且该方法会返回一个布尔值，当用户选择“确定”时值为true，选择“取消”时则值为false，如下（本书配套资源：第12章\12-17.html）：

```
1    if(confirm(“确实要删掉整个表格吗?”))
2        alert(“表格删除中…”);
3    else
4        alert(“没有删除”);
```

以上代码运行时首先会弹出对话框，如图12.5所示，如果单击“确定”按钮，则显示“表格删除中…”，如果单击“取消”按钮，则显示“没有删除”。

图 12.5　confirm() 方法

prompt()方法在前面的示例中也已经出现过，它能够让用户输入参数，从而实现进一步交互。该方法接受两个参数，第一个参数为显示给用户的文本，第二个参数为文本框中的默认值（可以为空）。整个方法会返回字符串，字符串即用户的输入，如下（本书配套资源：第12章\12-18.html）：

```
1   let sInput = prompt("输入您的姓名","张三");
2   if(sInput != null)
3       alert("Hello " + sInput);
```

以上代码运行时会弹出对话框，如图12.6所示。对话框中已经有默认值显示，提示用户进行输入。当用户输入后，程序会将其返回给sInput变量。

图 12.6　采用 prompt() 方法时弹出的对话框

12.5.2　location对象

location对象的主要作用是分析和设置页面的URL，它是window对象和document对象的属性（历史遗留下的一些混乱）。location对象表示载入窗口的URL，它的一些属性如表12.6所示。

表12.6　location对象的属性

属性	说明	示例
hash	如果URL包含书签#，则返回该符号后的内容	#section1
host	服务器的名称	learning.artech.cn
href	当前载入的完整URL	https://learning.artech.cn/post.html?id=628
pathname	URL中主机名后的部分	/post.html
port	URL中请求的端口号	80
protocol	URL使用的协议	https:
search	执行GET请求的URL中问号（?）后的部分	?id=628

其中href是最常用的属性，常被用于获得或设置窗口的URL，类似于document的URL属性。改变该属性的值就可以导航到新的页面：

```
location.href = "http://www.artech.cn";
```

而且通过测试发现，location.href 对各个浏览器的兼容性均很好，但程序依然会执行该语句之后的其他代码。采用这种方式导航，新地址会被加入浏览器的历史栈中，并放在前一个页面之后，这意味着用户可以通过浏览器的“后退”按钮返回原来的页面。

如果不希望用户通过“后退”按钮返回原来的页面，例如安全级别较高的银行系统等，则可以利用replace()方法，如下：

```
location.replace("http://www.artech.cn");
```

location还有一个十分有用的方法，即reload()，用来重新加载页面。reload()方法接受一个布尔值，如果是false则从浏览器的缓存中重载，如果是true则从服务器上重载，默认值为false；因此要从服务器重载页面可以使用如下代码：

```
location.reload(true);
```

12.5.3 navigator对象

在客户端浏览器检测中最重要的对象就是navigator对象。navigator对象是最早实现的DOM对象之一，始于Netscape Navigator 2.0和IE 4.0。该对象包含了一系列浏览器信息的属性，包括名称、版本号、平台等。

navigator对象的属性和方法有很多（但是4种最常用的浏览器IE、Firefox、Opera和Safari都支持的并不多），如表12.7所示。

表12.7 navigator对象的属性和方法

属性/方法	说明
appCodeName	浏览器代码名的字符串表示（例如“Mozilla”）
appName	官方浏览器名的字符串表示
appVersion	浏览器版本信息的字符串表示
javaEnabled()	布尔值，是否启用了Java
platform	运行浏览器的计算机平台的字符串表示
plugins	安装在浏览器中的插件组数
userAgent	用户代理头字符串的字符串表示

其中最常用的便是userAgent属性，通常浏览器判断都是通过该属性来完成的。最基本的方法就是首先将它的值赋给一个变量，代码如下（本书配套资源：第12章\12-19.html）：

```
1   let sUserAgent = navigator.userAgent;
2   document.write(sUserAgent);
```

以上代码在Windows 10的机器上，在IE 11和Chrome 89中的运行结果分别如图12.7和图12.8所示，从运行结果就能看出userAgent属性的强大。

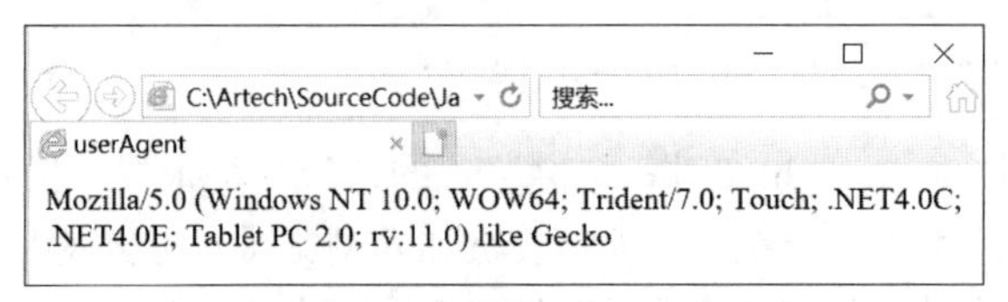

图 12.7　IE 11 上的 userAgent 属性

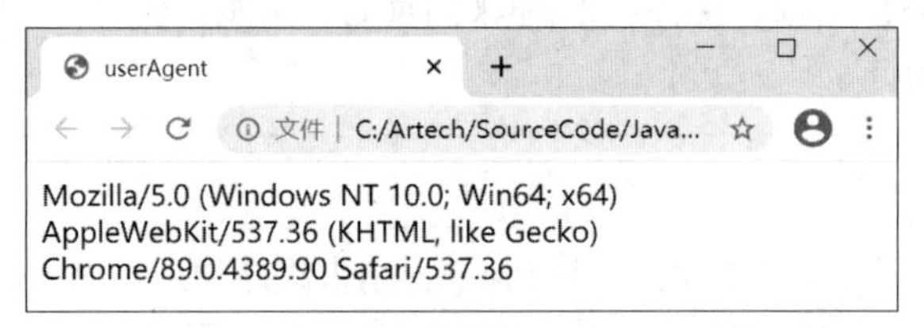

图 12.8　Chrome 89 上的 userAgent 属性

因此，只要总结所有主流浏览器的主流版本所显示的userAgent，就能对浏览器各方面信息做很好的判断。这里不再一一分析各种浏览器的细节，直接给出最终示例如下（本书配套资源：第12章\12-20.html），有兴趣的读者可以安装多个浏览器、多个操作系统逐一测试。

```
1   <html>
2   <head>
3   <title>检测浏览器和操作系统</title>
4   <script>
5   let ua = navigator.userAgent;
6   console.log(ua);
7   //检测浏览器
8   let isChrome = ua.indexOf("Chrome") > -1;
9   let isIE = ua.indexOf("MSIE") > -1 || ua.indexOf("rv:") > -1;
10  let isFirefox = ua.indexOf("Firefox") > -1;
11  let isSafari = ua.indexOf("Safari") > -1 && !isChrome;
12  let isOpera = ua.indexOf("OP") > -1 && !isChrome;
13  //检测操作系统
14  let isWin = (navigator.platform == "Win32") || (navigator.platform == "Windows");
15  let isMac = (navigator.platform == "Mac");
16  let isUnix = (navigator.platform == "X11") && !isWin && !isMac;
17
18  if(isChrome) document.write("Chrome ");
19  if(isSafari) document.write("Safari ");
20  if(isIE) document.write("IE ");
21  if(isFirefox) document.write("Mozilla ");
22  if(isOpera) document.write("Opera ");
23
24  if(isWin) document.write("Windows");
25  if(isMac) document.write("Mac");
26  if(isUnix) document.write("Unix");
27  </script>
28  </head>
29
```

```
30  <body>
31  </body>
32  </html>
```

以上代码在Windows 10的计算机上，在IE 11和Chrome中运行的结果如图12.9所示。

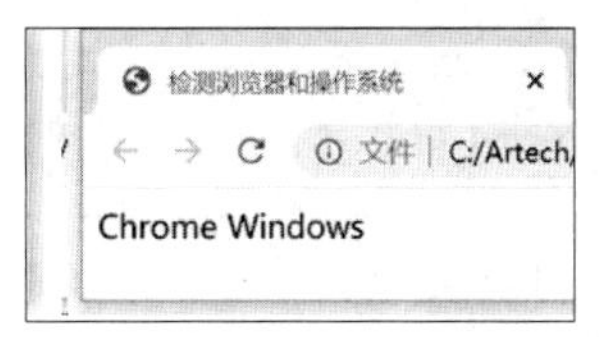

图 12.9 检测浏览器和操作系统

12.5.4 screen对象

screen对象也是window对象的属性之一，主要用来获取用户的屏幕信息，因为有时候需要根据用户屏幕的分辨率来调节新开窗口的大小。screen对象包括的属性如表12.8所示。

表12.8 screen对象包括的属性

属性	说明
availHeight	窗口可以使用的屏幕高度，其中包括操作系统元素（如Windows工具栏）所需的空间，单位是像素
availWidth	窗口可以使用的屏幕宽度
colorDepth	用户表示颜色的位数
height	屏幕的高度
width	屏幕的宽度

在确定窗口大小时，availHeight和availWidth属性非常有用，例如可以使用如下代码来填充用户的屏幕。

```
1   window.moveTo(0,0);
2   window.resizeTo(screen.availWidth, screen.availHeight);
```

12.5.5 history对象

history对象表示当前窗口首次使用以来用户的导航历史记录。因为history是window的属性，所以每个window都有自己的history对象。出于安全考虑，这个对象不会暴露用户访问过的URL，但可以通过它在不知道实际 URL 的情况下前进和后退。

1．导航

go()方法可以在用户历史记录中沿任何方向导航，可以前进也可以后退。这个方法只接受一个参数，这个参数可以是一个整数，表示前进或后退多少步。负值表示在历史记录中后退（类似单击浏览器的“后退”按钮），而正值表示在历史记录中前进（类似单击浏览器的“前进”按钮）。下面来看几个例子：

```
1   // 后退一页
2   history.go(-1);
3
4   // 前进一页
5   history.go(1);
6
7   // 前进两页
8   history.go(2);
```

go()方法的参数也可以是一个字符串。在这种情况下浏览器会导航到历史中包含该字符串的第一个位置。最接近的位置可能涉及后退，也可能涉及前进。如果历史记录中没有匹配的项，则这个方法什么也不做，如下所示：

```
1   // 导航到最近的wrox.com页面
2   history.go("wrox.com");
3
4   // 导航到最近的nczonline.net页面
5   history.go("nczonline.net");
```

go()有两个简写方法：back()和forward()。顾名思义，这两个方法模拟了浏览器的“后退”按钮和“前进”按钮：

```
1   // 后退一页
2   history.back();
3
4   // 前进一页
5   history.forward();
```

history对象还有一个length属性，表示历史记录中有多个条目。这个属性反映了历史记录的数量，包括可以前进和后退的页面。对于窗口或标签页中加载的第一个页面，history.length等于1。

通过以下方法测试这个值，可以确定用户浏览器的起点是不是你的页面，如下：

```
1   if (history.length == 1){
2     // 这是用户窗口中的第一个页面
3   }
```

history对象通常被用于创建“后退”和“前进”按钮，以及确定页面是不是用户历史记录中的第一个页面。

注意

如果页面的URL发生变化，则会在历史记录中生成一个新条目。对于2009年以来发布的主流浏览器，还包括改变URL的散列值（因此，把location.hash设置为一个新值会在这些浏览器的历史记录中增加一条记录）。这个行为常被单页应用程序框架用来模拟前进和后退，这样做是为了不会因导航而触发页面刷新。

2．历史状态管理

现代Web应用程序开发中最难的环节之一就是历史记录管理。用户每次单击都会触发页面刷新的时代早已过去，“后退”和“前进”按钮对用户来说就代表“帮我切换一个状态”的历史也随之结束了。为了解决这个问题，首先出现的是hashchange事件。HTML5也为history对象增加了方便的状态管理特性。

hashchange会在页面URL中的“#”后面的内容变化时被触发。开发者可以在此时执行某些操作。而状态管理API则可以让开发者改变浏览器的URL而不会加载新页面。为此，可以使用pushState()方法。这个方法接受3个参数：一个state对象、一个新状态的标题和一个（可选的）相对URL。例如：

```
1   let stateObject = {foo:"bar"};
2   history.pushState(stateObject, "My title", "baz.html");
```

pushState()方法执行后，状态信息就会被推到历史记录中，浏览器地址栏也会改变以反映新的相对URL。除了这些变化外，即使location.href返回的是地址栏中的内容，浏览器也不会向服务器发送请求。第二个参数并未被当前实现所使用，因此既可以传一个空字符串也可以传一个短标题。第一个参数应该包含正确初始化页面状态所必需的信息。为防止滥用，这个状态的对象大小是有限制的，通常位于500 KB ~ 1 MB。

因为pushState()会创建新的历史记录，所以也会相应地启用“后退”按钮。此时单击“后退”按钮，就会触发window对象上的popstate事件。popstate事件的事件对象有一个state属性，其中包含通过pushState()的第一个参数传入的state对象，如下：

```
1   window.addEventListener("popstate", (event) => {
2       let state = event.state;
3       if (state) { // 第一个页面加载时状态是null
4       processState(state);
5     }
6   });
```

基于这个状态，应该把页面重置为状态对象所表示的状态（因为浏览器不会自动为你做这些）。记住，页面初次加载时没有状态。因此单击“后退”按钮直到返回最初页面时，event.state会为null。

可以通过history.state获取当前的状态对象，也可以使用replaceState()传入与pushState()同样的前两个参数来更新状态。更新状态不会创建新历史记录，而只会覆盖当前状态，如下：

```
history.replaceState({newFoo: "newBar"}, "New title");
```

传给pushState()和replaceState()的state对象应该只包含可以被序列化的信息。因此DOM元素之类并不适合放到状态对象里保存。

注意

使用HTML5状态管理功能时，要确保通过pushState()创建的每个“假”URL背后都对应着服务器上的一个真实的物理URL，否则，单击“刷新”按钮会导致404错误。所有单页应用程序（single page application，SPA）框架都必须通过服务器或客户端的某些配置来解决这个问题。

本章小结

本章重点讲解了JavaScript中对象的概念，并使用了多种方法来创建JavaScript对象；其次介绍了内置的Date对象和Math对象，以及这两个对象常用的方法；然后简要说明了JavaScript 提供的3种特殊的引用类型，即Boolean、Number和String，它们对原始类型进行了装箱；最后介绍了JavaScript在浏览器中常用的对象，这些对象在网页开发中经常会被用到。后面还会继续介绍其他常用的对象。

习题 12

一、关键词解释

类　对象　构造函数　Date对象　Math对象　装箱　Boolean　Number　String　BOM

二、描述题

1. 请简单描述一下如何通过Object()构造函数创建对象。
2. 请简单列出String类型常用的方法和属性都有哪些，它们的含义是什么。
3. 请简单描述一下location对象的作用是什么，常用的属性都有哪些。
4. 请简单描述一下使用哪个对象可以检测当前使用的是什么浏览器，可以检测操作系统的属性是什么。
5. 请简单描述一下screen对象的作用是什么，常用的属性有哪些。
6. 请简单描述一下history对象的作用是什么，常用的方法及含义是什么。

三、实操题

做一个简易的自动售货系统，售货柜中有若干种商品，每种商品有名称（name）、价格（price）、库存（stock）三个属性。实现以下功能。

- 售货柜可以列出当前的所有商品，每种商品显示各自的名称、库存和价格。
- 给售货柜补货，即给指定名称的商品添加一定数量的库存。
- 销售商品，给定商品的名称和数量以及顾客预支配金额，判断金额是否足够，若不够则进行提醒，若足够则减库存并找零。

提示

创建两个类，一个是售货柜类（SellingMachine），另一个是商品类（Product）。

第13章 以集合方式处理数据

在前面的章节中，我们都是使用变量来存储信息的，这样就会存在一些限制。通常一个变量声明一次只能包含一个原始类型的值或者对象。这意味着要在程序中存储多个值，将需要多个变量声明。因此，当需要存储多个值的集合时，使用一个个变量就变得非常烦琐，甚至是不可行的。此外，即使按照需要的数量定义了多个变量，但是依然很难按照一定的规律对其中某个或某些变量进行检索和操作。

因此，JavaScript和很多高级程序设计语言一样，引入了数组等概念来解决这个问题。早期的程序设计语言（包括早期版本的JavaScript语言）都仅有数组这一个单一的集合类型，后来逐渐发现开发人员在写程序时，当面对的数据结构情况更复杂而需要各种不同性质的集合类型时，数组就显得不够用了。因此，程序设计语言一方面扩充了新的集合类型，另一方面提供了更为灵活的模式，例如迭代器等抽象程度更高的基础结构，便于开发人员不限于语言本身提供的集合类型，还能根据自己的需要扩展出合适的新集合类型。本章思维导图如下。

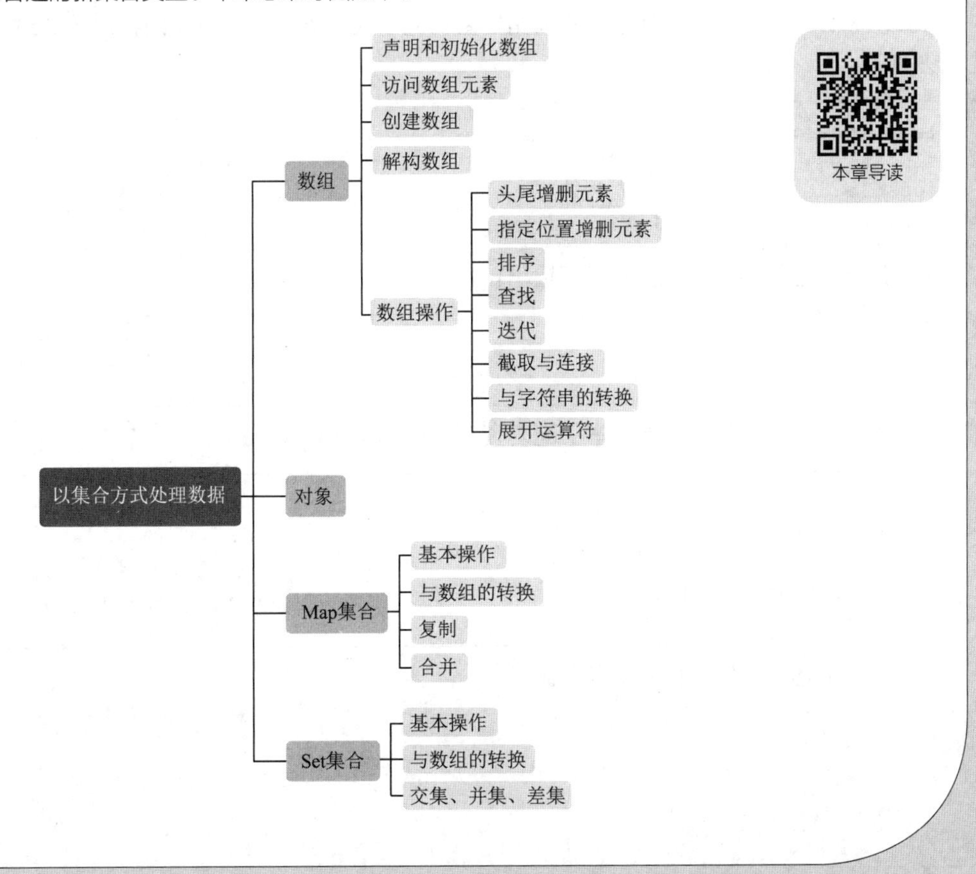

13.1 数组

数组（Array）是最基本的集合类型，由于JavaScript是弱类型语言，因此JavaScript的数组和大多数语言的数组有所区别。在大多数语言中，当声明一个数组时，就会指定其类型，例如如果需要一个字符串类型的数组，那么这个数组中的所有元素都必须是字符串类型的。而在JavaScript中则没有这个限制，一个数组的各个元素都可以是任意类型的数据。此外，JavaScript中的数组也没有长度限制，或者说长度是可以动态改变的，因此随着不断加入新元素，数组的长度也会增加。

13.1.1 数组的基本操作

JavaScript中的数组由于可以存放各种类型的数据，因此使用起来非常灵活。这里先介绍一组与数组相关的基本操作。

1．声明和初始化数组

要在JavaScript中声明和初始化数组，最简单的方法是直接采用字面量的方式。例如，像let numList = [2,4,6,8]这样的声明将会创建一个数组类型的变量。

2．访问数组元素

在数组名称的后面加上方括号，里面指定要访问的元素索引，即可访问指定的数组元素。相关语法如下：

```
1    let alphas;
2    alphas = ["1","2","3","4"]
3    console.log(alphas[0]);
4    console.log(alphas[1]);
```

成功执行上述代码后，将显示以下输出：

```
1    1
2    2
```

单个语句声明和初始化如下（本书配套资源：第13章\13-1.html）。

```
1    let nums = [1,2,3,3]
2    console.log(nums[0]);
3    console.log(nums[1]);
4    console.log(nums[2]);
5    console.log(nums[3]);
```

成功执行上述代码后，将显示以下输出：

```
1    1
2    2
3    3
4    3
```

3．创建数组

除了直接使用字面量的方式，也可以使用Array构造函数来创建数组。Array构造函数可以传递：

（1）表示数组或大小的数值；

（2）逗号分隔的值列表。

以下示例使用此方法创建数组（本书配套资源：第13章\13-2.html）。

```
1   let arrNames = new Array(4)
2   for(let i = 0;i< arrNames.length;i++) {
3      arrNames[i] = i * 2
4      console.log(arrNames[i])
5   }
```

成功执行上述代码后，将显示以下输出：

```
1   0
2   2
3   4
4   6
```

数组构造函数也可以接受以逗号分隔的值，代码如下（本书配套资源：第13章\13-3.html）：

```
1   let names = new Array("Mary","Tom","Jack","Jill")
2   for(let i = 0;i<names.length;i++) {
3      console.log(names[i])
4   }
```

成功执行上述代码后，将显示以下输出：

```
1   Mary
2   Tom
3   Jack
4   Jill
```

4．解构数组

在ES6中引入了一个针对数组的“解构”操作。当我们需要从一个数组中挑选一些元素对另外的一些变量进行赋值时，使用这个操作就特别方便。示例如下（本书配套资源：第13章\13-4.html）：

```
1   let color = ['red', 'green', 'blue'];
2   let [first, second] = color;
3   console.log(first); //red
4   console.log(second); //green
```

解构的语法是let（或者const）后面跟上一对用中括号包裹的变量列表，然后用一个数组对它进行赋值操作，这时前面变量的值就会变为对应位置上数组元素的值。

如果不想要数组中的某个元素，相应位置上的元素留空并用逗号相隔即可，如下代码（本书配套资源：第13章\13-5.html）表示跳过2个元素，把第3个元素赋值给变量third。

```
1  let color = ['red', 'green', 'blue'];
2  let [, , third] = color;
3  console.log(third); // blue
```

如果在解构时希望从某个元素开始，把剩下的所有元素作为一个新的数组赋值给一个变量，则可以使用如下方式（本书配套资源：第13章\13-6.html）：

```
1  let color = ['red', 'green', 'blue'];
2  let [first, ...rest] = color;
3  console.log(rest);  // ['green', 'blue']
```

用这种方法也可以方便地实现数组的复制功能（本书配套资源：第13章\13-7.html）：

```
1  let color = ['red', 'green', 'blue'];
2  let [...rest] = color;
3  console.log(rest);  // ['red', 'green', 'blue']
```

13.1.2 作为不同数据结构的数组

在实际开发中经常需要用到一些线性数据结构，比如先进先出的队列、先进后出的栈等。在JavaScript中，为数组提供了相应的一些方法，以实现对这些数据结构的支持。

1. 从数组尾部增删元素

array.push() 将一个或多个元素添加到数组的末尾，并返回新数组的长度。例如（本书配套资源：第13章\13-8.html）：

```
1  const array = [1, 2, 3];
2  const length = array.push(4, 5);
3  // array: [1, 2, 3, 4, 5]; length: 5
```

array.pop()可从数组中删除最后一个元素，并返回最后一个元素的值，即原数组的最后一个元素被删除。数组为空时返回undefined。例如（本书配套资源：第13章\13-9.html）：

```
1  const array = [1, 2, 3];
2  const poped = array.pop();
3  // array: [1, 2]; poped: 3
```

2. 从数组头部增删元素

array.unshift()可将一个或多个元素添加到数组的开头，并返回新数组的长度。例如（本书配套资源：第13章\13-10.html）：

```
1  const array = [1, 2, 3];
2  const length = array.unshift(4, 5);
3  // array: [ 4, 5, 1, 2, 3]; length: 5
```

array.shift()可删除数组的第一个元素，并返回第一个元素，即原数组的第一个元素被删除。数组为空时返回undefined。例如（本书配套资源：第13章\13-11.html）：

```
1    const array = [1, 2, 3];
2    const shifted = array.shift();
3    // array: [2, 3]; shifted: 1
```

3．在指定位置增删元素

array.splice()从数组中删除元素时，需要带有两个参数，即array.splice(start, deleteCount)。返回值是由被删除的元素组成的一个新数组。如果只删除了一个元素，则返回只包含一个元素的数组。如果没有删除元素，则返回空数组。参数的含义如下：

（1）start指定修改的开始位置（从0开始计数）。如果其超出了数组的长度，则从数组末尾开始添加内容；如果其是负值，则表示从数组末位开始的第几位（从1开始计数）。

（2）deleteCount（可选），表示从start位置开始要删除的元素个数。如果deleteCount是0，则不删除元素。这种情况下，至少应添加一个新元素。如果deleteCount大于start之后的元素的总数，则start后面的元素都将被删除（含第start位）。

例如（本书配套资源：第13章\13-12.html）：

```
1    const deleted = [1, 2, 3, 4, 5].splice(1,3);
2    //[2,3,4]
```

该函数同时还可以实现添加元素的功能，这时将需要添加的元素从第3个参数开始传入，例如（本书配套资源：第13章\13-13.html）：

```
1    const array = [1, 2, 3, 4, 5]
2    array.splice(2, 0, 8, 9); // 在索引为2的位置插入
3    // array 变为 [1, 2, 8, 9, 3, 4, 5]
```

4．排序

array.sort()方法用于对数组的元素进行排序，并返回原数组。如果不带参数，则按照字符串unicode码的顺序进行排序。例如（本书配套资源：第13章\13-14.html）：

```
1    const array = ['a', 'd', 'c', 'b'];
2    array.sort();  //['a', 'b', 'c', 'd']
```

如果传入一个比较函数作为参数，比较函数的规则是：①传两个形参；②当返回值为正数时，交换传入的两个形参在数组中的位置。请读者参考如下代码，并熟悉箭头函数的语法，非常简洁。

```
1    [1, 8, 5].sort((a, b) => a-b); // 从小到大排序
2    // [1, 5, 8]
3
4    [1, 8, 5].sort((a, b) => b-a); // 从大到小排序
5    // [8, 5, 1]
```

5．查找

（1）indexOf()、lastIndexOf()与includes()。

indexOf()和lastIndexOf()方法分别返回某个指定的字符串值在字符串中首次出现的位置和最后出现的位置。这两种方法都接受两个参数，即要查找的元素和开始查找的索引位置。这两种方

法都返回查找的项在数组中的位置，而在没找到的情况下则会返回-1。

includes()则通过布尔值返回数组是否包含参数指定的值。例如（本书配套资源：第13章\13-16.html）：

```
1    [2, 9, 7, 8, 9].indexOf(9); // 1
2    [2, 9, 7, 8, 9].lastIndexOf(9); // 4
3    [2, 9, 7, 8, 9].includes(9); // true
```

（2）find()与findIndex()。

find()和 findIndex()方法都用于找出第一个符合条件的数组元素。参数是一个函数，所有数组成员会依次执行该函数，直到找出第一个返回值为true的成员，然后返回该成员。如果没有符合条件的成员，则返回undefined。区别是find()返回元素本身，而findIndex()返回元素的索引。例如（本书配套资源：第13章\13-17.html）：

```
1    [1, 4, -5, 10].find((n) => n %2 === 0)
2    // 4，返回第一个偶数
```

（3）array.filter()。

array.filter()方法使用指定的函数测试所有元素，并创建一个包含所有测试函数返回true的元素的新数组。例如（本书配套资源：第13章\13-18.html）：

```
1    [1, 4, -5, 10].filter((n) => n %2 === 0)
2    // [4, 10] 返回原数组中所有偶数组成的新数组
```

6. 迭代

array.forEach()为数组的每个元素执行函数参数所指定的方法。例如（本书配套资源：第13章\13-19.html）：

```
1    let a = [];
2    [1, 2, 3, 4, 5].forEach(item =>a.push(item + 1));
3    console.log(a); // [2,3,4,5,6]
```

array.map()方法返回一个由原数组中的每个元素调用（通过参数传入的）函数后的返回值所组成的新数组。例如（本书配套资源：第13章\13-20.html）：

```
1    let a = [1, 2, 3, 4, 5].map(item => item + 2);
2    console.log(a); // [3,4,5,6,7]
```

array.every()方法把数组中的所有元素当作参数，传入指定的测试函数。如果所有元素都返回true，那么array.every方法返回true，否则返回false。例如（本书配套资源：第13章\13-21.html）：

```
1    [1, 4, -5, 10].every((n) => n %2 === 0)
2    // false，因为存在非偶数元素，所以返回false
```

array.some()与array.every()方法类似，也是把数组中的所有元素当作参数，传入指定的测试函数。区别是只要存在的元素都返回true，那么array.some()方法返回true，否则返回false。例如（本书配套资源：第13章\13-22.html）：

```
1    [1, 4, -5, 10].some((n) => n %2 === 0)
2    // true，因为存在偶数元素，所以返回true
```

此外，在实际开发中经常遇到的一个情况是需要基于一个数组，复制出一个新的数组，这时就可以使用Array.from()方法。

```
1    let a = [1, 4, -5, 10]
2    let b = Array.from(a);
```

7．截取与连接

array.slice() 方法可实现截取原数组的一部分，然后返回包含一部分元素的新数组。它需要指定一个或两个参数。

（1）start（必填），设定新数组的起始位置（下标从0开始算起）；如果是负数，则表示从数组尾部开始算起（-1 指最后一个元素，-2 指倒数第二个元素，以此类推）。

（2）end（可选），设定新数组的结束位置；如果不填写该参数，则默认为数组结尾；如果是负数，则表示从数组尾部开始算起（-1 指最后一个元素，-2指倒数第二个元素，以此类推）。

例如（本书配套资源：第13章\13-23.html）：

```
1    // 获取仅包含最后一个元素的子数组
2    let array = [1,2,3,4,5];
3    array.slice(-1); // [5]
4    // 获取不包含最后一个元素的子数组
5    let array2 = [1,2,3,4,5];
6    array2.slice(0, -1); // [1,2,3,4]
```

该方法并不会修改数组，而是会返回一个子数组。如果想删除数组中的一段元素，则应该使用前面介绍过的array.splice()方法。

array.concat()将多个数组连接为一个数组，并返回连接好的新数组。

```
1    const array = [1,2].concat(['a', 'b'], ['name']);
2    // [1, 2, "a", "b", "name"]
```

8．数组与字符串相互转换

array.join()可将数组中的元素通过参数指定的字符连接成字符串，并返回该字符串；如果不指定连接符，则默认用西文逗号','连接。例如（本书配套资源：第13章\13-24.html）：

```
1    const array = [1, 2, 3];
2    let str = array.join(',');
3    // str: "1,2,3"
```

如果数组中某一项的值是 null 或者 undefined，那么该值在join()、toLocaleString()、toString()和 valueOf()方法返回的结果中以空字符串表示。

与join()方法相反的是string.split()方法，它用于把一个字符串分割成字符串数组。例如（本书配套资源：第13章\13-25.html）：

```
1   let str = "abc,abcd,aaa";
2   let array = str.split(",");// 在每个逗号(,)处进行分割
3   // array: [abc,abcd,aaa]
```

9. 展开运算符

展开运算符是三个点（...）。前面讲解数组解时也见过这个符号，在那里它用于表示不定元素，而这里则完全不同。它在此处表示的是展开运算符，即将一个数组转为用逗号分隔的参数序列。

```
1   console.log(...[1, 2, 3])
2   //1 2 3
3
4   console.log(1, ...[2, 3, 4], 5)
5   // 1 2 3 4 5
```

该运算符主要用于函数调用，参考下面的例子（本书配套资源：第13章\13-26.html）。

```
1   function add(x, y, z) {
2     return x + y + z;
3   }
4
5   const para = [4, 5, 6];
6   console.log(add(...[4, 5, 6]))
7   //15
```

注意，扩展运算符如果放在括号中，JavaScript引擎就会认为这是函数调用，进而就会报错。

```
1   console.log((...[1,2]))
2   // Uncaught SyntaxError: Unexpected number
3
4   console.log(...[1, 2])
5   // 1,2
```

13.2 对象

知识点讲解

与常用的基于“类”的语言不同，JavaScript中的对象（Object）本身就可被看作一个集合。比如在Java这样的语言中，对象必须通过“类”来创建，而一个类一旦定义好，我们是不能随意修改其结构的，因此一个普通的对象不可能用来作为集合使用。因此在Java、C#这样的语言中通常会有专门定好的各种集合类型，如字典、链表等。

而JavaScript中的对象则可以随时动态增加属性和值，这本身就是一个很好的类似于“字典”的集合数据结构。由于第12章中已经详细介绍了对象的知识，这里不做详细讲解，仅举一个例子加以说明。通常所说的字典是指“key：value”（键值对）的集合，如下：

```
1   let dict = {
2      key1 : value1 ,
```

```
3      key2 : value2 ,
4      //...
5   };
```

如果将代码中的dict当作一个“对象”，那么key1等都被称为“属性”，冒号后面的value1等都被称为属性值。而如果把它当作一个“字典”，那么key1等都被称为“键”，冒号后面的value1等都被称为“值”，一组“键”和“值”合在一起就被称为一个“键值对”。

下面看几个基本操作，首先创建一个空字典：

```
let dict = {};
```

接着向字典中添加一个“键值对”，或更新某个键对应的值：

```
1   dict[new_key] = new_value;
2   //或者
3   dict.new_key = new_value;
```

此外可以访问一个“键值对”：

```
1   let value = dict[key];
2   //或者
3   let value = dict.key;
```

遍历一个字典中的所有键值对：

```
1   for(let key in dict) {
2      console.log(key + " : " + dict[key]);
3   }
```

和13.1节介绍的数组类似，对象也可以使用解构，用于变量声明。例如（本书配套资源：第13章\13-27.html）：

```
1   let node = {
2       name: 'mike',
3       age: 25
4   };
5   let {name, age} = node;
6   console.log(name);      // mike
7   console.log(age);       // 25
```

13.3 集合类型

ES6中引入了两个集合类型：Map集合与Set集合。本节分别对它们进行介绍。

13.3.1 Map集合

13.2节中介绍了可以将JavaScript的对象作为字典类型的数据结构使用，但是后来ES6中专门引入了一个Map集合类型，用于记录字典型的数据。下面的案例代码（本书配套资源：第13章\13-28.html）演示了如何使用Map集合。

1．基本操作

下面看几个基本操作，首先创建一个空字典：

```
let map = new Map();
```

接着向字典中添加一个“键值对”，或更新某个键对应的值：

```
map.set("key1", "value1")
```

此外还可以访问一个“键值对”：

```
let value = map.get("key1");
```

遍历一个字典中的所有键值对，注意要用for…of，而不是for…in。

```
1    for(let [key, value] of map) {
2       console.log(key + " : " + value);
3    }
```

如果只需要遍历每个键值对中的“键”：

```
1    for(let key of map.keys()) {
2       console.log(key);
3    }
```

如果只需要遍历每个键值对中的“值”：

```
1    for(let key of map.values()) {
2       console.log(value);
3    }
```

也可以使用map的forEach()方法，其参数是一个处理函数，表示对每个键值对都要进行的操作：

```
1    map.forEach(function(value, key) {
2      console.log(key + " = " + value);
3    })
```

作为参数的函数也可以被写成箭头函数的形式：

```
map.forEach((value, key)=> console.log(key + " = " + value))
```

2．Map集合与数组的转换

```
1    let kletray = [["key1", "value1"], ["key2", "value2"]];
2
3    // Map构造函数可以将一个二维键值对数组转换成一个Map对象
```

```
4    let myMap = new Map(kletray);
5
6    // 使用Array.from函数可以将一个Map对象转换成一个二维键值对数组
7    let outArray = Array.from(myMap);
```

3. 复制

```
1    let myMap1 = new Map([["key1", "value1"], ["key2", "value2"]]);
2    let myMap2 = new Map(myMap1);
3
4    console.log(myMap1 === myMap2);
5    // 打印false。Map对象构造函数生成实例，迭代出新的对象
```

4. 合并

```
1    let first = new Map([[1, 'one'], [2, 'two'], [3, 'three'],]);
2    let second = new Map([[1, 'uno'], [2, 'dos']]);
3
4    // 合并两个Map对象时，如果有重复的键值，则后面的会覆盖前面的，对应值即uno，dos，three
5    let merged = new Map([...first, ...second]);
```

可以看到，对于大多数场景，Object和Map是可以互相替换的。如果是简单的开发，比如通常的Web开发，用哪一个都是可以的，完全支持根据开发者的个人偏好选择。

注意

Map的性能主要涉及4个方面：内存占用、插入操作、查找操作、删除操作。使用Map的程序都会比使用对象的更好。

13.3.2 Set集合

Set集合是ES6引入的另一种集合类型，它更接近于普通的数组，可以存储所有类型的值，但是区别在于Set集合的元素必须是唯一的，即不能重复。

由于Set集合中存储的值必须是唯一的，因此需要判断两个值是否恒等。有几个特殊值需要特殊对待。

（1）+0与-0在存储判断唯一性时是恒等的，在Set集合中只能存一个。

（2）undefined与undefined是恒等的，在Set集合中只能存一个。

（3）NaN与NaN是不恒等的，但是在Set集合中只能存一个。

（4）{}与{}是不同的，可以在一个Set集合中存多个{}。

以下案例代码位于本书配套资源：第13章\13-29.html。

1. 基本操作

Set集合最基本的操作就是向集合中加入一个元素，如果加入的元素重复了，就忽略这次加入操作。

```
1   let set = new Set();
2
3   set.add(1);
4   set.add(5);
5   set.add(5);
6   set.add("text");
7   let o = {a: 1, b: 2};
8   set.add(o);
9   set.add({a: 1, b: 2});
10  console.log(set.size); //5
```

经过上述操作后，set集合中有了5个元素，数值5虽然被插入了两次，但是第二次是无效的。最后两次插入的对象内容看起来一样，但实际上是两个对象，因此它们都会被存入set集合中。

2．Set集合与数组的转换

Set集合与数组可以相互转换：

```
1   // 数组转为Set
2   let mySet = new Set(["value1", "value2", "value3"]);
3   // 用展开操作符，将Set转为数组
4   let myArray = [...mySet];
```

通过数组与Set集合的相互转换，可以实现数组去重功能，代码如下：

```
1   let a = [1, 2, 3, 3, 4, 4];
2   let set = new Set(a);
3   a = [...set]; // [1, 2, 3, 4]
```

3．并集、交集和差集

求两个集合的并集、交集和差集是经常会遇到的场景，下面的代码中给出了相关演示。

```
1   let a = new Set([1, 2, 3]);
2   let b = new Set([4, 3, 2]);
3   let union = new Set([...a, ...b]); // {1, 2, 3, 4}
4   let intersect = new Set([...a].filter(x => b.has(x))); // {2, 3}
5   let difference = new Set([...a].filter(x => !b.has(x))); // {1}
```

本章小结

对集合的操作是任何程序设计语言都会提供的，在开发过程中随时会被遇到。本章重点讲解了JavaScript中的数组对象Array，并且详细介绍了操作数组的各种方法，希望读者能够熟练运用它们。特别地，JavaScript中的对象也能够被当作一种“键值对”集合来处理，这种方式带来了极大的方便。最后简单介绍了ES6中引入的两个集合——Map集合与Set集合，它们也是其他语言中常用的集合。

习题13

一、关键词解释

数组　解构　展开运算符　Map集合　Set集合　并集　交集　差集

二、描述题

1. 请简单描述一下操作数组的常用方法有哪些。
2. 请谈一谈你对展开运算符的理解。
3. 请简单描述一下Map集合的作用。
4. 请简单描述一下Set集合的作用。

三、实操题

以下是某个班级学生的成绩，分别包含学生的学号及其语文、数学、英语三科成绩，请按要求编写程序。

（1）计算每个人的总分，并按总分排名输出学号和总分。

（2）统计各单科成绩的前三名，并输出对应的学号和成绩。

```
1   const scores = [
2     { number: 'N1047', chinese: 95, math: 79, english: 98 },
3     { number: 'N1176', chinese: 84, math: 72, english: 76 },
4     { number: 'N1087', chinese: 82, math: 99, english: 97 },
5     { number: 'N1808', chinese: 77, math: 89, english: 70 },
6     { number: 'N1365', chinese: 93, math: 79, english: 71 },
7     { number: 'N1416', chinese: 90, math: 91, english: 91 },
8     { number: 'N1048', chinese: 74, math: 89, english: 85 },
9     { number: 'N1126', chinese: 74, math: 82, english: 85 },
10    { number: 'N1386', chinese: 77, math: 77, english: 85 },
11    { number: 'N1869', chinese: 90, math: 74, english: 99 }
12  ]
```

第14章 DOM

DOM（document object module，文档对象模型）定义了用户操作文档对象的接口，可以说其是自HTML将网上相关文档连接起来后最伟大的创新。它使得用户对HTML有了空前的访问能力，并使开发者能将HTML作为XML文档来处理。本章主要介绍DOM的基础，包括页面中的节点，如何使用DOM、CSS和事件等。本章思维导图如下。

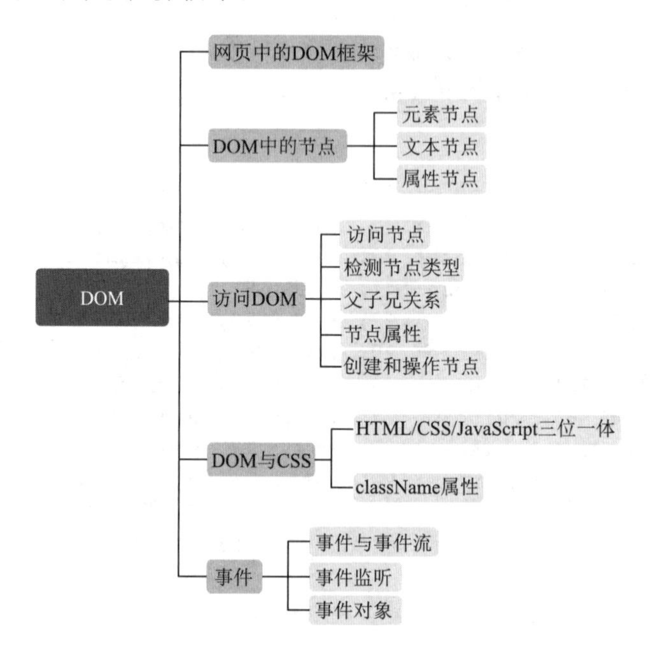

14.1 网页中的DOM框架

可以说DOM是网页的核心结构，无论是HTML、CSS还是JavaScript都和DOM密切相关。HTML的作用是构建DOM结构，CSS是设定样式，而JavaScript则用于读取、控制和修改DOM。

例如一段简单的HTML代码可以被分解为树形图，如图14.1所示。

```
1    <html>
2    <head>
3        <meta charset="utf-8">
```

```
4        <title>DOM Page</title>
5    </head>
6
7    <body>
8        <h2><a href="#tom">标题1</a></h2>
9        <p>段落1</p>
10       <ul id="myUl">
11           <li>JavaScript</li>
12           <li>DOM</li>
13           <li>CSS</li>
14       </ul>
15   </body>
16   </html>
```

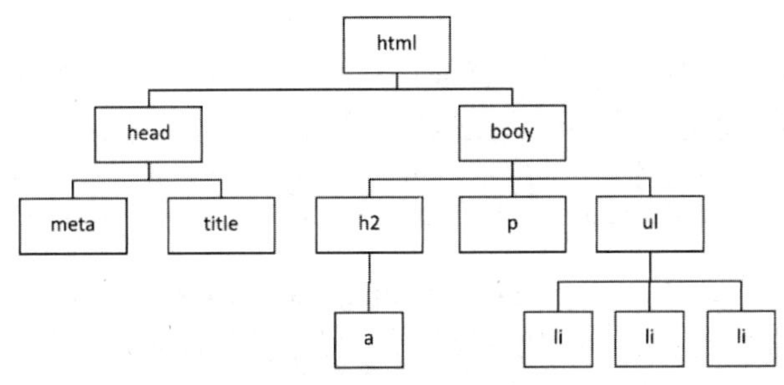

图 14.1　DOM 节点树形图

在这个树形图中，<html>元素位于最顶端，它没有父辈，也没有兄弟，被称为DOM的根节点。更深入一层会发现，<html>有<head>和<body>两个分支，它们在同一层而不互相包含，因此它们是兄弟关系，有着共同的父元素<html>。再往下会发现<head>有两个子元素<meta>和<title>，它们互为兄弟，而<body>有三个子元素，分别是<h2>、<p>和<ul>。再继续深入还会发现<h2>和<ul>都有自己的子元素。

通过这样的关系划分，整个HTML文档的结构清晰可见，各个元素之间的关系很容易表达出来，这正是DOM所要完成的。

14.2 DOM中的节点

节点（node）最初来源于计算机网络，它代表着网络中的一个连接点，可以说网络就是由节点构成的集合。DOM的情况也很类似，文档可以说也是由节点构成的集合。在DOM中有三种节点，分别是元素节点、文本节点和属性节点，本节将一一介绍。

14.2.1 元素节点

可以说整个DOM都是由元素节点（element node）构成的。图14.1中显示的所有节点（包括<html>、<body>、<title>、<h2>、<p>、<li>等）都是元素节点，各种标签便是这些元素节点的名称，例如文本段落元素的名称为“p”，无序清单的名称为“ul”等。

元素节点可以包含其他元素，例如上例中所有的项目列表<li>都包含在<ul>中，唯一没有被包含的就只有根元素<html>。

14.2.2 文本节点

在HTML中只用标签搭建框架是不够的，因为页面的最终目的是向用户展示内容。例如上例在<h2>标签中有文本“标题1”，项目列表<li>中有JavaScript、DOM、CSS等。这些具体的文本在DOM中被称为文本节点（text node）。

在XHTML文档中，文本节点总是被包含在元素节点的内部，但并不是所有的元素节点都包含文本节点。例如<ul>节点中就没有直接包含任何文本节点，只是包含了一些元素节点<li>，<li>中才包含着文本节点。

14.2.3 属性节点

作为页面中的元素，或多或少会有一些属性，例如几乎所有元素都有一个title属性。开发者可以利用这些属性来对包含在元素中的对象做出更准确的描述，例如：

```
<a title="CSS" href="http://learning.artech.cn">Artech's Blog</a>
```

上面的代码中title="CSS" 和href="http://learning.artech.cn"就分别是两个属性节点（attribute node）。由于属性总是被放在标签中，因此属性节点总是被包含在元素节点中，如图14.2所示。

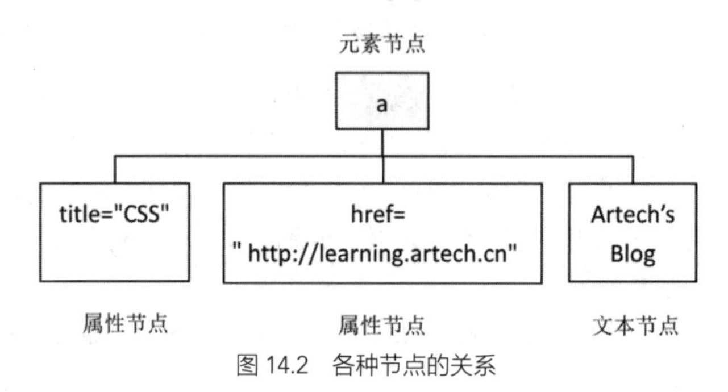

图 14.2　各种节点的关系

14.3 通过JavaScript访问DOM

在了解DOM的框架以及节点后，最重要的是使用这些节点来处理HTML页面。本节主要介绍如何利用DOM来操作页面文档。

对于每一个DOM节点Node，都有一系列的属性/方法可以使用。首先将常用的属性/方法罗列在表14.1中，供读者需要时查询。

表14.1　DOM节点的属性/方法

属性/方法	类型/返回类型	说明
nodeName	String	节点名称，根据节点的类型而定义
nodeValue	String	节点的值，同样根据节点的类型而定义
nodeType	Number	节点类型常量值之一

续表

属性/方法	类型/返回类型	说明
firstChild	Node	指向childNodes列表中的第一个节点
lastChild	Node	指向childNodes列表中的最后一个节点
childNodes	NodeList	所有子节点的列表，方法item(i)可以访问第i+1个节点
parentNode	Node	指向节点的父节点，如果已是根节点，则返回null
previousSibling	Node	指向前一个兄弟节点，如果该节点已经是第一个节点，则返回null
nextSibling	Node	指向后一个兄弟节点，如果该节点已经是最后一个节点，则返回null
hasChildNodes()	Boolean	当childNodes包含一个或多个节点时，返回true
attributes	NameNodeMap	包含一个元素特性的Attr对象，仅用于元素节点
appendChild(node)	Node	将node节点添加到childNodes的末尾
removeChild(node)	Node	从childNodes中删除node节点
replaceChild(newnode, oldnode)	Node	将childNodes中的oldnode节点替换成newnode节点
insertBefore(newnode, refnode)	Node	在childNodes中的refnode节点之前插入newnode节点

14.3.1 访问节点

DOM还提供了一些便捷的方法来访问某些特定的节点。这里介绍两种最常用的方法：getElementsByTagName()和getElementById()。

getElementsByTagName()用来返回一个包含某个相同标签名的元素的NodeList，例如<img>标签的标签名为“img”，而下面这行代码可返回文档中所有<li>元素的列表：

```
let oLi = document.getElementsByTagName("li");
```

这里需要特别指出的是，文档的DOM结构必须是在整个文档加载完毕后才能正确分析出来，因此以上语句必须在页面加载完成后执行才能生效。getElementsByTagName()的用法如下，相关文件请参考本书配套资源“第14章\14-1.html”。

```
1    <!DOCTYPE html>
2    <html>
3    <head>
4    <title>getElementsByTagName()</title>
5    <script>
6    function searchDOM(){
7        //放在函数内，页面加载完后才用<body>的onload加载
8        let oLi = document.getElementsByTagName("li");
9        //输出长度、标签名以及某项的文本节点值
10       console.log(
11   '${oLi.length} ${oLi[0].tagName} ${oLi[3].childNodes[0].nodeValue}'
```

```
12  );
13  }
14
15  </script>
16  </head>
17  <body onload="searchDOM()">
18      <ul>客户端语言
19          <li>HTML</li>
20          <li>JavaScript</li>
21          <li>CSS</li>
22      </ul>
23      <ul>服务器端语言
24          <li>JAVA</li>
25          <li>PHP</li>
26          <li>C#</li>
27      </ul>
28  </body>
29  </html>
```

以上页面的正文部分由两个<ul>组成，分别有一些项目列表，每个子项各有一些文本内容。通过getElementsByTagName("li")将所有的<li>标签取出，并选择性地访问它们，运行后在控制台得到如下结果。

```
6  LI  JAVA
```

从运行结果可以看出，该方法将所有6个<li>标签提取出来，并且利用与数组类似的方法便可对它们进行逐一访问。另外，大部分浏览器将标签名tagName设置为大写，应该稍加注意。

除了上述方法外，getElementById()也是最常用的方法之一。该方法返回id为指定值的元素。而标准的HTML中id都是唯一的，因此该方法主要用来获取某个指定的元素。例如在上例中如果某个<li>指定了id，则可以直接访问它。例如我们把上面例子中的searchDOM()修改使用getElementById()方法，相关文件请参考本书配套资源“第14章\14-2.html”。

```
1   function searchDOM(){
2       let oLi = document.getElementById("cssLi");
3       //输出标签名以及文本节点值
4       console.log(oLi.tagName + " " + oLi.childNodes[0].nodeValue);
5   }
```

然后为某一个<li>标签加上id属性：

```
<li id="cssLi">CSS</li>
```

执行后，控制台输出：

```
LI  JavaScript
```

可以看到用getElementById("cssLi")获取后不再需要像getElementsByTagName()那样用类似数组的方式来访问，因为getElementById()方法返回的是唯一的节点。

14.3.2 检测节点类型

通过节点的nodeType属性可以检测出节点的类型。该属性返回一个代表节点类型的整数值（总共有12个可取的值），例如：

```
console.log(document.nodeType);
```

以上代码显示值为9，表示DOCUMENT_NODE节点。然而实际上，对于大多数情况而言，真正有用的还是7.2节中提到的3种节点，即元素节点、文本节点和属性节点，它们的nodeType属性值分别为：

（1）元素节点的nodeType属性值为1；

（2）属性节点的nodeType属性值为2；

（3）文本节点的nodeType属性值为3。

这就意味着可以对某种类型的节点做单独处理。这在搜索节点时非常实用。

14.3.3 父子兄关系

父子兄关系是DOM中节点之间非常重要的关系。14.3.2小节的例子中已经使用节点的childNodes属性来访问过元素节点所包含的文本节点，本小节将进一步讨论父子兄关系在查找节点中的运用。

在获取了某个节点后，可以通过父子关系，利用hasChildNodes()方法和childNodes属性获取该节点所包含的所有子节点，例如（本书配套资源：第14章\14-3.html）：

```
1    <!DOCTYPE html>
2    <html>
3    <head>
4    <script>
5    function myDOMInspector(){
6        let oUl = document.getElementById("myList");  //获取<ul>标签
7        let DOMString = "";
8        if(oUl.hasChildNodes()){                       //判断是否有子节点
9            for(let item of oUl.childNodes)            //逐一查找
10               DOMString += item.nodeName + "\n";
11       }
12       console.log(DOMString);
13   }
14   </script>
15   </head>
16   <body onload="myDOMInspector()">
17       <ul id="myList">
18           <li>Java</li>
19           <li>Node.js</li>
20           <li>C#</li>
21       </ul>
22   </body>
23   </html>
```

这个例子的函数中首先获取<ul>标签，然后利用hasChildNodes()判断其是否有子节点，如果有则利用childNodes遍历它的所有节点。执行后控制台的输出结果如下，可以看到其包括4个文本节点和3个元素节点。

```
1   #text
2   LI
3   #text
4   LI
5   #text
6   LI
7   #text
```

通过父节点可以很轻松地找到子节点，反过来也是一样的。利用parentNode属性，可以获得一个节点的父节点，例如（本书配套资源：第14章\14-4.html）：

```
1   <!DOCTYPE html>
2   <html>
3   <head>
4   <title>parentNode</title>
5   <script>
6   function myDOMInspector(){
7       let myItem = document.getElementById("cssLi");
8       console.log(myItem.parentNode.tagName);         //访问父节点
9   }
10  </script>
11  </head>
12  <body onload="myDOMInspector()">
13      <ul>
14          <li>Java</li>
15          <li id="cssLi">Node.js</li>
16          <li>C#</li>
17      </ul>
18  </body>
19  </html>
```

通过parentNode属性，成功获得了指定节点的父节点，运行后在控制台输出：

```
UL
```

由于任何节点都拥有parentNode属性，因此可以顺藤摸瓜由子节点一直往上搜索，直到body为止，例如（本书配套资源：第14章\14-5.html）：

```
1   <!DOCTYPE html>
2   <html>
3   <head>
4   <title>parentNode</title>
5   <script>
6   function myDOMInspector(){
7       let myItem = document.getElementById("myDearFood");
8       let parentElm = myItem.parentNode;
9       while(parentElm.className != "colorful" && parentElm != document.body)
```

```
10            parentElm = parentElm.parentNode;     //一直往上搜索
11        alert(parentElm.tagName);
12    }
13    </script>
14    </head>
15    <body onload="myDOMInspector()">
16    <div class="colorful">
17        <ul>
18            <li>Java</li>
19            <li id="cssLi">Node.js</li>
20            <li>C#</li>
21        </ul>
22    </div>
23    </body>
24    </html>
```

以上代码从某个子节点开始，一直往上搜索父节点，直到节点的CSS类名为“colorful”或者<body>节点为止，运行后在控制台输出：

```
DIV
```

在DOM中父子关系属于两个不同层次之间的关系，而在同一个层中常用到的便是兄弟关系。DOM同样提供了一些属性、方法来处理兄弟之间的关系，简单的示例如下，相关文件请参考本书配套资源“第14章\14-6.html”。

```
1     <!DOCTYPE html>
2     <html>
3     <head>
4     <script>
5     function myDOMInspector(){
6         let myItem = document.getElementById("cssLi");
7         //访问兄弟节点
8         let nextListItem = myItem.nextSibling;
9         let nextNextListItem = nextListItem.nextSibling;
10        let preListItem = myItem.previousSibling;
11        let prePreListItem = preListItem.previousSibling;
12        console.log(prePreListItem.tagName +"  "+ preListItem.tagName
13          + "   " + nextListItem.tagName +"  "+ nextNextListItem.tagName);
14    }
15    </script>
16    </head>
17    <body onload="myDOMInspector()">
18        <ul>
19            <li>Java</li>
20            <li id="cssLi">Node.js</li>
21            <li>C#</li>
22        </ul>
23    </body>
24    </html>
```

以上代码采用nextSibling和previousSibling属性访问兄弟节点，我们取了选中节点的前一个兄弟、再前一个兄弟、后一个兄弟、再后一个兄弟，共4个节点，运行后在控制台输出：

```
LI undefined  undefined LI
```

可以看到<li>节点的前后兄弟节点都是文本节点，因此它的tagName属性是undefined。如果把上面代码中与<ul>相关的代码改为如下写法，即在<li>之间不要有任何空格：

```
1       <ul>
2           <li>Java</li><li id="cssLi">Node.js</li><li>C#</li>
3       </ul>
```

此时结果就会变为：

```
undefined LI  LI undefined
```

请读者自行思考原因，这也说明虽然<html>中的空格不影响页面的显示效果，但是如果涉及JavaScript时，源代码的排版就可能会对程序结果产生影响。

14.3.4 节点属性

在找到需要的节点后通常希望对其属性做相应的设置。DOM定义了两个便捷的方法来查询和设置节点的属性，即getAttribute()方法和setAttribute()方法。

getAttribute()方法是一个函数，它只有一个参数，即要查询的属性名称。需要注意的是，该方法不能通过document对象调用，而只能通过一个元素节点对象来调用。下面的例子便获取了图片的title属性，相关文件请参考本书配套资源“第14章\14-7.html”。

```
1   <!DOCTYPE html>
2   <html>
3   <head>
4   <script>
5   function myDOMInspector(){
6       //获取图片
7       let myImg = document.getElementsByTagName("img")[0];
8       //获取图片的title属性
9       console.log(myImg.getAttribute("title"));
10  }
11  </script>
12  </head>
13  <body onload="myDOMInspector()">
14      <img src="01.jpg" title="一幅图片" />
15  </body>
16  </html>
```

以上代码首先通过getElementsByTagName()方法在DOM中找到图片，然后利用getAttribute()方法读取图片的title属性，运行后在控制台中就会显示图片的title属性值了。

除了获取属性外，另外一种方法setAttribute()可以修改节点的相关属性。该方法接受两个参数，第一个参数为属性的名称，第二个参数为要修改的值，代码如下所示，相关文件请参考本书配套资源“第14章\14-8.html”。

```
1	<!DOCTYPE html>
2	<html>
3	<head>
4	<script>
5	function changePic(){
6		//获取图片
7		let myImg = document.getElementsByTagName("img")[0];
8		//设置图片的src和title属性
9		myImg.setAttribute("src","02.jpg");
10		myImg.setAttribute("title","一幅图片");
11	}
12	</script>
13	</head>
14	<body>
15		<img src="01.jpg" title="另一幅图片" onclick="changePic()" />
16	</body>
17	</html>
```

以上代码为<img>标签增添了onclick函数，单击图片后再利用setAttribute()方法来替换图片的src和title属性，从而实现了单击切换的效果。这种单击图片直接切换的效果是经常会被用到的。通过setAttribute()方法更新元素的各种属性可以实现友好的用户体验。

14.3.5 创建和操作节点

除了查找节点并处理节点的属性外，DOM同样提供了很多便捷的方法来管理节点，主要包括创建、删除、替换、插入等。

1．创建节点

创建节点的过程在DOM中比较规范，而且对于不同类型的节点方法还略有区别。例如创建元素节点采用createElement()，创建文本节点采用createTextNode()，创建文档片段节点采用createDocumentFragment()等。假设有如下HTML文档：

```
1	<html>
2	<head>
3	<title>创建新节点</title>
4	</head>
5	<body>
6	
7	</body>
8	</html>
```

希望在<body>中动态地添加如下代码：

```
<p>这是一段真实的故事</p>
```

可以利用刚才所提到的两个方法来完成。首先利用createElement()创建<p>元素，如下：

```
let oP = document.createElement("p");
```

然后利用createTextNode()方法创建文本节点，并利用appendChild()方法将其添加到oP节点的childNodes列表的最后，如下：

```
1    let oText = document.createTextNode("这是一段真实的故事");
2    oP.appendChild(oText);
```

最后将已经包含了文本节点的元素<p>添加到<body>中，仍然采用appendChild()方法，如下：

```
document.body.appendChild(oP);
```

这样便完成了<body>中<p>元素的创建。如果希望考察appendChild()方法添加对象的位置，可以在<body>中预先设置一段文本，这样就会发现appendChild()方法添加的位置永远是节点childNodes列表的尾部，完整代码如下，相关文件请参考本书配套资源“第14章\14-9.html”。

```
1    <!DOCTYPE html>
2    <html>
3    <head>
4    <script>
5    function createP(){
6        let oP = document.createElement("p");
7        let oText = document.createTextNode("这是一段感人的故事");
8        oP.appendChild(oText);
9        document.body.appendChild(oP);
10   }
11   </script>
12   </head>
13   <body onload="createP()">
14   <p>事先在这里写一行文字，测试appendChild()方法的添加位置</p>
15   </body>
16   </html>
```

代码运行结果是<p>元素被添加到了<body>的末尾。

2. 删除节点

DOM能够添加节点，自然也能够删除节点。删除节点是通过父节点的removeChild()方法来完成的，通常的做法是首先找到要删除的节点，然后利用parentNode属性找到其父节点，最后删除之，例如（本书配套资源：第14章\14-10.html）：

```
1    <!DOCTYPE html>
2    <html>
3    <head>
4    <script>
5    function deleteP(){
6        let oP = document.getElementsByTagName("p")[0];
7        oP.parentNode.removeChild(oP);          //删除节点
8    }
9    </script>
10   </head>
11   <body>
12   <p onclick="deleteP()">单击一下，这行文字就看不到了</p>
```

```
13  </body>
14  </html>
```

以上代码十分简单，运行之后浏览器显示空白，这是因为在页面加载完成的瞬间<p>节点已经被成功删除了。

3. 替换节点

有时不仅需要添加和删除节点，而且需要替换页面中的某个节点。DOM同样提供了replace Child()方法来完成这项任务。该方法同样是针对要替换节点的父节点来执行操作的，例如（本书配套资源：第14章\14-11.html）：

```
1   <!DOCTYPE html>
2   <html>
3   <head>
4   <script>
5   function replaceP(){
6       let oOldP = document.getElementsByTagName("p")[0];
7       let oNewP = document.createElement("p");                 //新建节点
8       let oText = document.createTextNode("这是一个真实的故事");
9       oNewP.appendChild(oText);
10      oOldP.parentNode.replaceChild(oNewP,oOldP);              //替换节点
11  }
12  </script>
13  </head>
14  <body>
15    <p onclick="replaceP()">单击一下，这行文字就被替换了</p>
16  </body>
17  </html>
```

当<p>节点被单击后，执行replaceP()函数，即首先创建一个新的<p>节点，然后利用oOldP父节点的replaceChild()方法将oOldP替换成oNewP。

4. 插入到指定节点前面

在14-9.html中，新创建的<p>节点插到了<body>子节点列表的末尾，如果希望这个节点能够插到已知节点之前，则可以采用insertBefore()方法。与replaceChild()方法一样，该方法同样接受两个参数，一个参数是新节点，另一个参数是目标节点，代码如下，相关文件请参考本书配套资源“第14章\14-12.html”。

```
1   <!DOCTYPE html>
2   <html>
3   <head>
4   <script>
5   function insertP(){
6       let oOldP = document.getElementsByTagName("p")[0];
7       let oNewP = document.createElement("p");                 //新建节点
8       let oText = document.createTextNode("这是一个真实的故事");
9       oNewP.appendChild(oText);
10      oOldP.parentNode.insertBefore(oNewP,oOldP);              //插入节点
11  }
```

```
12  </script>
13  </head>
14  <body>
15  <p onclick="insertP()">单击一下，就会有文字插到这行文字之前</p>
16  </body>
17  </html>
```

以上代码同样是新建一个元素节点，然后利用insertBefore()方法将节点插到目标节点之前，打开页面之后，单击两次<p>节点的结果如图14.3所示。

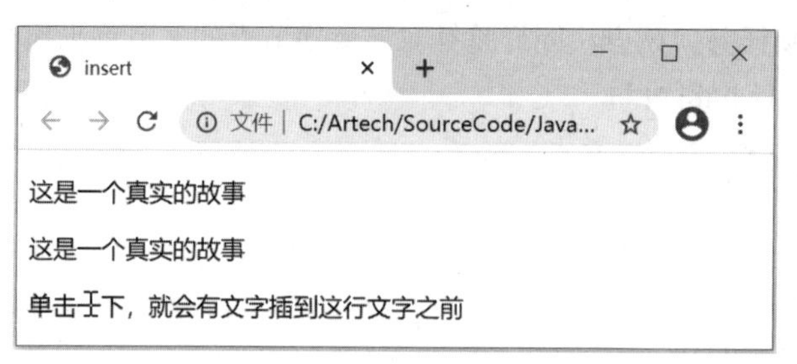

图 14.3　插入节点

5．文档片段

通常将节点添加到实际页面中时，页面会立即更新并反映出这个变化。对于少量的更新情况，前面介绍的方法是非常实用的。而一旦添加的节点非常多，页面执行的效率就会很低。通常的解决办法是创建一个文档片段，把新的节点先添加到该片段上，然后一次性将它们添加到实际的页面中，如下所示，相关文件请参考本书配套资源“第14章\14-13.html”。

```
1   <!DOCTYPE html>
2   <html>
3   <head>
4   <script>
5   function insertColor(){
6       let aColors =
7          ["red","green","blue","magenta","yellow","chocolate"];
8       let oFragment = document.createDocumentFragment(); //创建文档片段
9       for(let item of aColors){
10          let oP = document.createElement("p");
11          let oText = document.createTextNode(item);
12          oP.appendChild(oText);
13          oFragment.appendChild(oP);                    //将节点先添加到片段中
14      }
15      document.body.appendChild(oFragment);             //最后一次性添加到页面中
16  }
17  </script>
18  </head>
19  <body onload="insertColor()">
20  </body>
21  </html>
```

原本页面的<body>节点内部是空的，而执行完insertColor()后，页面中插入了5个<p>节点。这5个节点不是一次一次地插入页面中的，而是先组合在一起成为一个文档片段，然后一次性插入页面，这种方式性能更好。

14.4 DOM与CSS

CSS是通过标记、类型、ID等来设置元素的样式风格的，DOM则是通过HTML的框架来实现各个节点操作的。单从对HTML页面的结构分析来看，二者是完全相同的。本节再次回顾标准Web三位一体的页面结构，并简单介绍className的运用。

14.4.1 HTML、CSS、JavaScript三位一体

在第1章的1.4节中曾经提到过结构、表现、行为三者的分离，现在对JavaScript、CSS以及DOM有了新的认识后，读者可以再重新审视一下这种思路，会觉得更加清晰。

网页的结构（structure）层由HTML负责创建的，标记（tag）则会对页面各个部分的含义做出描述，例如<ul>标记表示这是一个无序的项目列表，如下：

```
1    <ul>
2        <li>HTML</li>
3        <li>JavaScript</li>
4        <li>CSS</li>
5    </ul>
```

页面的表现（presentation）层由CSS来创建，主要考虑如何显示这些内容，例如采用蓝色、字体为Arial、粗体显示：

```
1    .myUL1{
2        color:#0000FF;
3        font-family:Arial;
4        font-weight:bold;
5    }
```

行为（behavior）层负责内容应该如何对事件做出反应，这正是JavaScript和DOM所要完成的，例如当用户单击项目列表时，会弹出对话框，代码如下：

```
1    function check(){
2        let oMy = document.getElementsByTagName("ul")[0];
3        alert(“你单击了这个项目列表”);
4    }
5
6    <ul onclick="check()" class="myUL1">
7        <li>HTML</li>
8        <li>JavaScript</li>
9        <li>CSS</li>
10   </ul>
```

网页的表现层和行为层总是存在的，即使没有明确给出具体的定义、指令，因为Web浏览器会把其默认样式和默认事件加载到网页的结构层中。例如浏览器会在呈现文本的地方留出页边距，会在用户把鼠标指针移动到某个元素上方时弹出title属性的提示框等。

现在再回头看标准Web三位一体的结构，其对于整个网站的重要性不言而喻。

14.4.2 className属性

前面提到的DOM都是与结构层打交道的，如查找节点、添加节点等，而DOM还有一个非常实用的className属性，可以修改一个节点的CSS类别，这里仅做简单的介绍。首先看下面的示例，相关文件请参考本书配套资源“第14章\14-14.html”。

```
1   <!DOCTYPE html>
2   <html>
3   <head>
4   <style type="text/css">
5   .dark{
6       color:#666;
7   }
8   .light{
9       color:#CCC;
10  }
11  </style>
12  <script>
13  function check(){
14      let oMy = document.getElementsByTagName("ul")[0];
15      oMy.className = "light";         //修改CSS类
16  }
17  </script>
18  </head>
19
20  <body>
21      <ul onclick="check()" class="dark">
22          <li>HTML</li>
23          <li>JavaScript</li>
24          <li>CSS</li>
25      </ul>
26  </body>
27  </html>
```

这里还是采用了前面的项目列表，但是在单击列表时将<ul>标记的className属性进行了修改，用light覆盖了dark，可以看到项目的颜色就由深变浅了。

从上面的例子中能清晰地看到，修改className属性是对CSS样式进行替换，而不是添加，但很多时候并不希望将原有的CSS样式替换，这时完全可以采用追加，前提是保证追加的CSS样式中的各个属性与原先的属性不重复，如下：

```
oMy.className += " newCssClass";     //替换newCssClass类，注意空格
```

14.5 事件

事件可以说是JavaScript最引人注目的特性，因为它提供了一个平台，让用户不仅能够浏览页面中的内容，而且能够跟页面进行交互。本节围绕JavaScript处理事件的特性进行讲解，主要介绍事件与事件流、事件的监听和事件对象等。

14.5.1 事件与事件流

“事件”是发生在HTML元素上的某些特定的事情，而它的目的是使页面具有某些行为，并执行某些“动作”。例如，学生听到“上课铃响”就会“走进教室”。这里“上课铃响”就是“事件”，“走进教室”就是响应事件的“动作”。

在一个网页中，已经预先定义好了很多事件，开发人员可以编写相应的“事件处理程序”来响应相应的事件。

事件可以是浏览器行为，也可以是用户行为。例如下面三者都是事件：一个页面完成加载；某个按钮被单击；鼠标指针移到了某个元素的上面。

页面随时都会产生各种各样的事件，但绝大部分事件我们并不关心，我们只需要关注特定少量的事件。例如鼠标指针在页面上移动的每时每刻都在产生鼠标指针移动事件，但是除非我们希望鼠标指针移动时产生某些特殊的效果或行为，而在一般情况下我们不会关心这些事件的发生。因此，针对一个事件，重要的是发生的对象和事件的类型，因为我们仅关心具有特定目标和特定类型的事件。

例如某个特定的<div>元素被单击时，我们希望弹出一个对话框，那么就会关心“这个<div>元素”的“鼠标单击”事件，然后针对它编写“事件处理程序”。这里先了解一下这个概念，后面我们再具体讲解如何编写代码。

了解了事件的概念后，还需要了解“事件流”的概念。由于DOM是树形结构，当某个子元素被单击时，它的父元素实际上也被单击了，它的父元素的父元素也被单击了，一直到根元素。因此一个“鼠标单击”事件引发的并不是一个事件，而是一系列事件。这一系列事件就组成了“事件流”。

一般情况下，当某个事件发生时，实际都会产生一个事件流，而我们并不需要对事件流中的所有事件编写处理程序，而只对关心的那一个事件进行编写处理程序就可以了。

既然事件发生时总是以“流”的形式一次发生，那么就一定要分个先后顺序。因此，图14.4说明了一个事件流发生的顺序。假设某个页面上有一个<div>元素，它的里面有个<p>元素，当鼠标单击了<p>元素，图14.4就说明了这个单击所产生的事件流顺序。总体来说，浏览器产生事件流分为3个阶段。从最外层的根元素<html>开始依次向下，这被称为“捕获阶段”；到达目标元素时，被称为“到达阶段”；最后再依次向上回到根元素，被称为“冒泡阶段”。

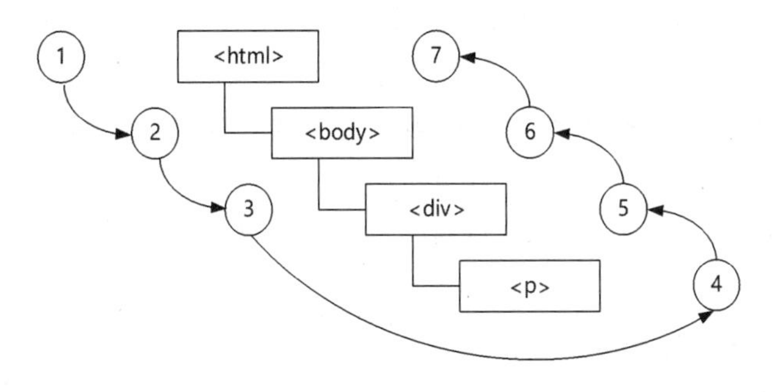

图 14.4 事件流发生的顺序

DOM规范中规定，捕获阶段不会命中事件，但是实际上目前的各种浏览器对此都进行了扩展。如果需要的话，每个对象在捕获阶段和冒泡阶段都可以获得一次处理事件的机会。

这里仅做概念描述，读者可以在了解了具体的编程方法后，再来验证一下这里所描述的概念。

14.5.2 事件监听

从14.5.1小节的例子中可以看到，页面中的事件都需要一个函数来响应，这类函数通常被称为事件处理（event handler）函数，或者从另外一个角度看，这些函数时时都在监听着是否有事件发生，因此它们也被称为事件监听（event listener）函数。然而对于不同的浏览器而言，事件监听函数的调用有一定的区别，好在经过多年的发展，目前主流的浏览器已经对DOM规范有了比较好的支持。

1．简单的行内写法

通常对于简单的事件，没有必要编写大量复杂的代码，直接在HTML的标签中就可以定义事件处理函数，而且通常兼容性很好。例如在下面代码中，给<p>元素添加了一个onclick属性，并直接通过JavaScript语句定义了如何响应鼠标单击事件。

```
<p onclick="alert('我被点击了');">Click Me</p>
```

这种写法虽然方便，但是有两个缺点。

（1）如果有多个元素，它们需要有相同的事件处理方式，则需要针对每个元素单独编写处理函数，这样很不方便。

（2）这种方式不符合“结构”与“行为”分离的指导思想。

因此可以使用下面介绍的更常用的规范方法。

2．设置事件监听函数

标准DOM定义了两种方法分别来添加和删除事件监听函数，即addEventListener()和removeEvent Listener()。参考下面的案例代码，实例文件位于本书配套资源“第14章\14-15.html”。

```
1    <body>
2      <div>
3        <p>这是一个段落<p>
4      </div>
5      <script>
6
7    document
8      .querySelectorAll("*")
9      .forEach(element => element.addEventListener('click',
10       (event) => {
11         console.log(event.target.tagName
12         + " - " + event.currentTarget.tagName
13         + " - " + event.eventPhase);
14       },
15       false   //在冒泡阶段触发事件
16   ));
17   </script>
18   </body>
```

这个案例中，先通过document.querySelectorAll("*")方法获得页面上的所有元素，然后对结果集合中的每一个元素添加事件监听函数。事件监听函数带有3个参数：第1个参数是事件的名称，例如对于click事件就是鼠标单击事件；第2个参数是一个函数，其在这里做的是在控制台输出事件对象的3个属性；第3个参数用于指定事件触发的阶段，可以省略此参数，默认是false，即在冒泡阶段触发事件。

运行上述代码后，可以看到页面上只有一行段落文字，用鼠标指针单击该段落后，在控制台就会立即出现如下结果：

```
1   P - P - 2
2   P - DIV - 3
3   P - BODY - 3
4   P - HTML - 3
```

结果中的每一行均输出了3个信息：事件的目标，事件在某个阶段的目标，事件所处的阶段。例如：第1行，第一个（P）表示事件目标的标记名称是P，第二个（P）表示此时所处阶段的目标标记是P标记，第三个（2）表示当时所处的阶段，数字2表示“到达阶段”。第2行，第一个（P）表示事件目标的标记名称是P，第二个（DIV）表示此时所处阶段的目标标记是DIV标记，第三个（3）表示当时所处的阶段，数字3表示“冒泡阶段”。

这个结果正说明了14.5.1小节中介绍的事件流中各个事件的发生顺序。在默认情况下，事件发生在“冒泡阶段”，因此，第1行是到达单击事件的目标时触发的，然后开始冒泡；第2行是冒泡到达父元素<div>时触发的，以此类推。

如果稍稍修改上面的代码，将addEventListener()函数的第3个参数改为true（相关文件请参考本书配套资源“第14章\14-16.html”）如下：

```
1   document
2     .querySelectorAll("*")
3     .forEach(element => element.addEventListener('click',
4       (event) => {
5         console.log(event.target.tagName
6         + " - " + event.currentTarget.tagName
7         + " - " + event.eventPhase);
8       },
9       true   //在捕获阶段触发事件
10  ));
```

这时控制台输出的结果就跟刚才不同了，可以看到4行结果的顺序正好反过来了，且数字3变成了数字1，表示处于“捕获阶段”。

```
1   P - HTML - 1
2   P - BODY - 1
3   P - DIV - 1
4   P - P - 2
```

这个例子正好验证了14.5.1小节中图14.4中所描述的事件流顺序，即先从根元素向下一直到目标元素，然后在向上冒泡一直回到根元素。此外，设置事件监听函数也常常被称为给元素“绑定”事件监听函数。

这一点非常重要，通常情况下，我们都使用默认事件冒泡机制。因此，如果一个容器元素（如<div>元素）中有多个同类子元素，且要给这些子元素绑定同一个事件监听函数，通常有两种方法。

（1）选出所有子元素，然后分别给它们绑定事件监听函数。

（2）把事件监听函数绑定到这个容器元素上，然后在函数内部过滤出需要绑定函数的子元素，然后进行绑定。

最后总结一下，事件监听函数的格式是：

```
[object].addEventListener("event_name", fnHandler, bCapture);
```

相应的removeEventListener()方法用于移除某个事件监听函数，这里不再举例说明。

14.5.3 事件对象

浏览器中的事件都是以对象的形式存在的。标准的DOM中规定event对象必须作为唯一的参数传给事件处理函数，因此访问事件对象通常会将其作为参数。例如（本书配套资源：第14章\14-17.html）：

```
1   <body>
2   <div id="target">
3     <p>click p</p>
4     click div
5   </div>
6   <script>
7   document
8     .querySelector("div#target")
9     .addEventListener('click',
10      (event) => {
11        console.log(event.target.tagName)
12      }
13    );
14  </script>
15  </body>
```

上面的代码中，首先根据CSS选择器在页面中选中了一个对象，然后给它绑定事件监听函数。可以看到，箭头函数的参数就是“事件对象”，其描述了事件的详细信息。开发者可以根据这些信息做相应的处理，实现特定的功能。例如上面的代码实现了显示出事件目标的标记名称。

不同的事件对应的事件属性也不同，例如鼠标移动相关的事件就会有坐标信息，而其他事件则不会包含坐标信息。但是有一些属性和方法是所有事件都会包含的，例如前面已经用过的target、currentTaget、phase等。

表14.2中列出了一些事件对象中的常见属性。读者在具体使用时还可以查阅更详细的介绍文档。

表14.2　事件对象中的常见属性

标准DOM	类型	读/写	说明
altKey	Boolean	读写	按下ALT键为true，否则为false
button	Integer	读写	鼠标单击事件，值对应按下的鼠标键，详见14.5.1小节

续表

标准DOM	类型	读/写	说明
cancelable	Boolean	只读	是否可以取消事件的默认行为
stopPropagation()	Function	不可用	可以调用该方法来阻止事件向上冒泡
clientX/clientY	Integer	只读	鼠标指针在客户端区域的坐标，不包括工具栏、滚动条等
ctrlKey	Boolean	只读	按下“Ctrl”键则为true，否则为false
relatedTarget	Element	只读	鼠标正在进入/离开的元素
charCode	Integer	只读	按下按键的unicode值
keyCode	Integer	读写	keypress时为0，其余为按下按键的数字代号
detail	Integer	只读	鼠标按钮单击的次数
preventDefault()	Function	不可用	可以调用该方法来阻止事件的默认行为
screenX/screenY	Integer	只读	鼠标指针相对于整个计算机屏幕的坐标值
shiftKey	Boolean	只读	按下“Shift”键则为true，否则为false
target	Element	只读	引起事件的元素/对象
type	String	只读	事件的类型

浏览器支持的事件种类非常多，每类中又有很多事件。具体而言，事件可以分为以下几类。

（1）用户界面事件：涉及与BOM交互的通用浏览器事件。

（2）焦点事件：在元素获得或者失去焦点时所触发的事件。

（3）鼠标事件：使用鼠标在页面上执行某些操作时所触发的事件。

（4）滚轮事件：使用鼠标滚轮时所触发的事件。

（5）输入事件：向文档中输入文本时所触发的事件。

（6）键盘事件：使用键盘在页面上执行某些操作时所触发的事件。

（7）输入法事件：使用某些输入法时所触发的事件。

当然随着浏览器的发展，事件也在不断变化。鉴于篇幅所限，本书不再进行详细的关于事件的讲解。

本章小结

本章主要讲解了JavaScript在网页中的运用，具体而言，首先介绍了DOM的概念；然后说明了如何使用JavaScript来控制DOM，主要包括选择DOM节点、操作DOM节点以及节点的属性，同时讲解了HTML、CSS和JavaScript在网页开发中的分工和关系；最后简单介绍了与事件相关的知识。

习题 14

一、关键词解释

DOM框架　DOM中的节点　事件　事件流　事件监听　事件对象

二、描述题

1. 请简单描述一下DOM中有几种节点，分别是什么。
2. 请简单描述一下常用的节点的属性和方法有哪些，分别具有什么含义。
3. 请简单描述一下本章中DOM访问节点的两种方式是什么。
4. 请简单描述一下父节点、子节点和兄节点之间如何互相寻找。
5. 请简单描述一下操作节点的方式有哪些，对应的含义都是什么。
6. 请简单描述一下DOM通过什么属性可以修改节点的CSS类别。
7. 请简单列出事件对象中常用的属性有哪些，它们的含义都是什么。
8. 请简单描述一下事件种类大致分为哪几个，它们的含义都是什么。

三、实操题

做一个猜奖游戏，用<table>元素制作一个九宫格，并将奖品随机地放入其中一个格子。鼠标左键单击某个格子后，判断是否中奖，并给出结果。每个格子只能响应一次鼠标单击事件，中奖后所有格子都不再响应单击事件，游戏结束。游戏效果如题图14.1所示。

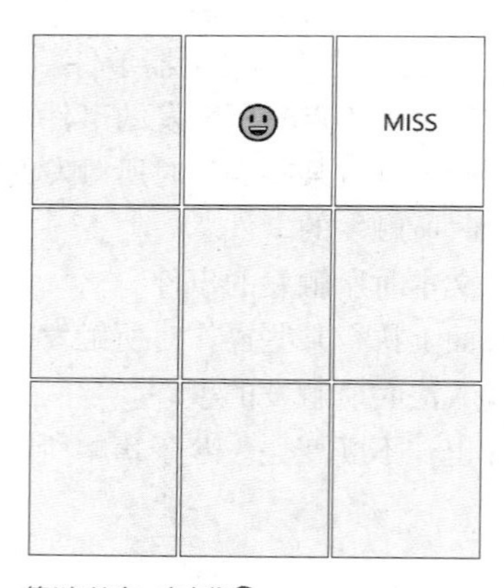

题图 14.1　游戏效果